工信学术出版基金
Industry and Information Technology Academic Publishing Fund

网络空间安全科学与技术丛书

博弈论与数据保护

隋智源 孙玉姣 朱建明 ◎ 编著

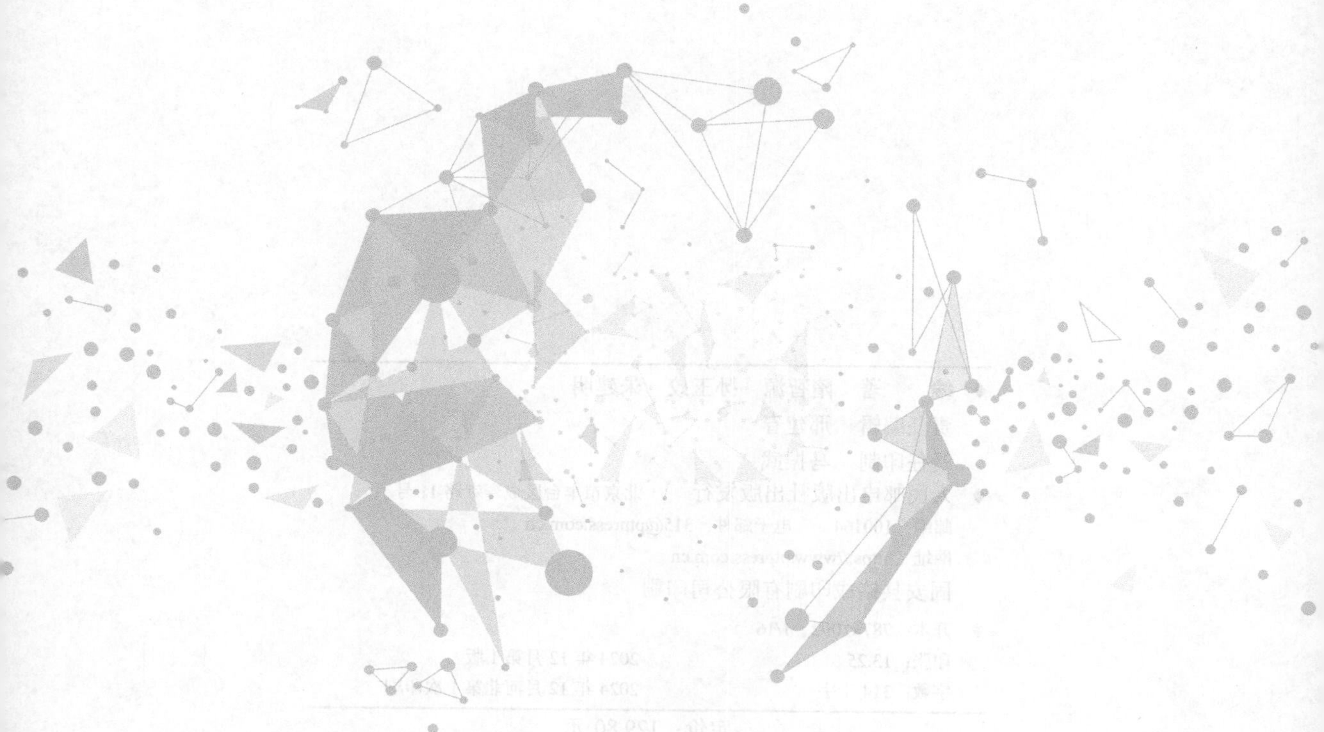

人民邮电出版社
北京

图书在版编目（CIP）数据

博弈论与数据保护 / 隋智源，孙玉姣，朱建明编著.
北京 ： 人民邮电出版社，2024. -- (网络空间安全科学与技术丛书). -- ISBN 978-7-115-65224-9

Ⅰ. TP309.2

中国国家版本馆 CIP 数据核字第 2024114UU5 号

内 容 提 要

本书选取近年来可以利用博弈论解决的信息安全问题，根据博弈论的基本思想进行分类。本书共 7 章，从对博弈论与信息安全的概述开始，介绍了完全信息静态博弈、完美信息动态博弈、不完全信息静态博弈、不完美信息动态博弈、重复博弈和演化博弈在信息安全中的应用。

本书内容既注重扎实的理论，又强调博弈论在信息安全领域中的应用，为信息安全从业者和学习者提供了直接具体的安全实例，有助于其理解博弈论在信息安全中的应用。本书既可作为信息安全专业高年级本科生和研究生的教材，又可供博弈论专家及网络安全、信息安全、计算机及相关学科的研究人员阅读。

◆ 编　　著　隋智源　孙玉姣　朱建明
　责任编辑　邢建春
　责任印制　马振武
◆ 人民邮电出版社出版发行　　北京市丰台区成寿寺路 11 号
　邮编　100164　　电子邮件　315@ptpress.com.cn
　网址　https://www.ptpress.com.cn
　固安县铭成印刷有限公司印刷
◆ 开本：787×1092　1/16
　印张：13.25　　　　　　2024 年 12 月第 1 版
　字数：314 千字　　　　　2024 年 12 月河北第 1 次印刷

定价：129.80 元

读者服务热线：(010) 53913866　印装质量热线：(010) 81055316
反盗版热线：(010) 81055315
广告经营许可证：京东市监广登字 20170147 号

前言

数据保护是信息技术领域中的一项核心要求。它通过采取一系列的技术、管理和法律措施，确保数据资产的使用安全、流动安全和存储安全，防止机密信息泄露和窃取。数据保护在当今数字化的时代尤为关键，它涉及个人隐私保护、商业机密维护、国家安全保障等多个层面。随着科技的发展，尤其是互联网和移动设备的普及，个人信息和隐私的暴露风险日益增加。这种风险不仅来自个人在使用互联网产品和服务时产生的数据，还来自企业等外部机构对个人信息的收集和利用。因此，确保数据的安全性变得尤为关键。为此，欧盟于2016年通过了《通用数据保护条例》，强调了对用户隐私数据的保护，引起了国际社会强烈的反响。我国在2016年11月通过的《中华人民共和国网络安全法》和在2021年8月通过的《中华人民共和国个人信息保护法》也规范了隐私保护的具体要求。这些都标志着对公民个人隐私数据的保护已经是全社会的共识。

人民群众对于隐私保护意识的提高为数据保护技术带来了新的要求。博弈论作为现代数学的重要分支，不但已经成为主流经济学的重要基石，而且在管理学、社会学、政治学和生物学等领域展现出其强大的理论分析能力。这种分析能力随着博弈论的不断发展开始逐渐向数据保护领域渗透。数据保护是一项复杂而重要的任务，它涉及技术、管理和政策等多个层面。每个层面都需要各种方案、技术和机制的相互协作。面对这些眼花缭乱的数据保护方法，博弈论提供了一种分析数据保护问题的新视角。博弈论可以帮助用户理解和预测模型中的行为和策略选择，从而为用户从各种角度提供最优的建议。

但是目前流行的博弈论的专著，除针对数学模型理论推导外，大都针对经济管理科学。这些书籍要么对读者的数学知识要求较高，要么需要读者有一定的经济学知识，不太适合信息安全专业学生学习。但是随着网络空间安全问题日益严重，博弈论目前已经在数据安全领域流行开来，比如联邦学习、隐私保护、网络攻防、区块链等方向。仅有的信息安全方面的博弈论专著还是把注意力放在比较复杂的模型构造上，不太适合对博弈论了解不深的信息安全专业人员。

如果刚开始学习博弈论就试图了解这类书籍的内容，难度似乎更大。

为此，本书针对上述问题，根据数据安全领域自身特点，力图将博弈论的基本知识应用于数据保护相关方向，紧密结合数据安全与隐私保护场景，由浅入深、循序渐进地引导读者逐步掌握博弈论的相关知识。本书通过大量引入数据保护领域相关案例来深入解析博弈论在数据保护应用中的作用与挑战，在提升博弈论的应用性的基础上，并没有弱化理论推导和符号演绎。另外，本书在对博弈模型进行逻辑推导的过程中，适当引入思政内容，引起读者在现实生活中应用博弈模型进行抽象分析的兴趣，使所学内容与生活紧密结合。本书尤为适合作为信息安全专业高年级本科生和研究生的教材。除了学生，本书还适合两类读者：一类是有一定信息安全专业背景的博弈论初学者，通过阅读本书可以更快速地掌握信息安全背景下的博弈理论，从而找到合适的博弈模型来分析自己所需要的数据保护技术；另一类是博弈论专家，需要为自己构建的博弈模型在信息安全领域找到一个应用背景。

全书共 7 章，包括绪论、完全信息静态博弈、完美信息动态博弈、不完全信息静态博弈、不完美信息动态博弈、重复博弈和演化博弈等理论。其内容选择和章节结构对于信息安全专业高年级本科生和研究生难易度适中，包含了 32 学时课程内容。本书选取了数据安全领域常见的博弈模型做例子，并对一些复杂的博弈模型进行了简化，使读者可以快速掌握基本博弈知识。但是，这也使得本书内容与实际问题还有一定的距离。因此，如果读者希望在数据保护的博弈方向做进一步研究，在熟练掌握本书内容的基础上，还需要深入了解数据保护领域更为实用的博弈模型。本书的主要目标是为读者以后进一步了解复杂博弈模型在数据安全领域的应用打下坚实基础。由于时间仓促和作者水平有限，疏漏不当之处在所难免，衷心希望读者不吝赐教。

作者

2024 年 1 月 28 日

目录

第 1 章

绪论

1.1 博弈论

1.1.1 赤壁之战的背景

赤壁之战是中国历史上一场以少胜多、以弱胜强的经典战役。它确立了三国鼎立的格局，奠定了三国历史的基础。曹操在战后失去了在短时间内统一全国的可能性，而孙权和刘备则借此机会发展壮大各自的势力。此后，三国之间的政治、军事斗争成为历史的主线，对后世产生了深远的影响。赤壁之战一直是文学创作的重要题材，许多文学作品都以此为背景，展现了当时的历史风貌和人物形象。

根据《三国志・魏书》的记载，曹操成功统一北方后，意图进一步扩张势力至江南地区。公元 208 年，曹操率领二十万众顺江而下，意图一举统一江南。不久，刘表因病去世，其子刘琮接管荆州。面对曹操大军压境，刘表的老部下都劝刘琮投降曹操，但是刘琮试图反抗。这时刘琮的部下东曹掾傅巽为刘琮谋划说："诚以刘备不足御曹公乎，则虽保楚之地，不足以自存也；诚以刘备足御曹公乎，则备不为将军下也。愿将军勿疑。"刘琮现在只有两个办法，一个是投降，另一个是抵抗。如果投降，刘琮还可以因为荆州服从之功被任命为青州刺史，封列侯；如果抵抗，必须依赖刘备。而即使依赖刘备也有两种可能，一种是刘备抵抗失败，那么最后荆州被曹操拿下；另一种是刘备抵抗成功，那么凭刘备的战功，肯定会取代刘琮掌管荆州。所以，刘琮只要抵抗，那么荆州也就没有刘琮什么事儿了。最终结果就是刘琮听从众人的建议，遣使者投降曹操。

傅巽劝降刘琮的过程，其实就是刘琮、刘备和曹操博弈的过程。其中，刘琮的得失如图 1.1

所示。当然，刘琮已经意识到了自己需要利用刘备才有可能成功抵抗曹操。这是一个大前提。如果抵抗失败，那么曹操占领荆州，自己可能一无所有；如果抵抗成功，刘备掌管荆州，自己肯定一无所有，还不如抵抗失败。也就是说，自己抵抗最好的结果就是抵抗失败。如果投降，则能保住自己的富贵，所以刘琮选择抵抗肯定不如选择投降。

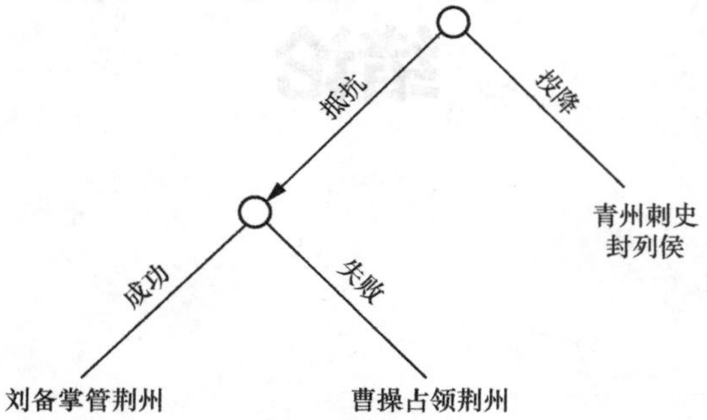

图 1.1　刘琮的得失

曹操占领荆州之后，便计划渡江东侵。这时江东的孙权面临的也是将领们的劝降。只有鲁肃私下对孙权说："我投降也就算了，大不了回去当个小官。而将军您投降曹操，他该把您如何安置呢？"跟刚继任的刘琮依靠刘备抵抗曹操不同，此时孙权已经执政 8 年，有很深的政治基础。打赢曹操后所获得的利益是巨大的，而投降曹操只能一无所有，所以孙权最终选择了抵抗。其实鲁肃劝说孙权的办法和傅巽劝说刘琮的办法是一致的，都是把所有选择，以及每种选择的结果罗列出来，然后比较这些结果中，哪个结果是对方最希望的。这种方法就是博弈。

1.1.2　博弈论的基本概念

在搞懂博弈论之前，我们先来看一下什么是"博弈"。"博弈"一词最早出自《论语·阳货》。子曰："饱食终日，无所用心，难矣哉！不有博弈者乎？为之，犹贤乎已。"意思就是整天吃饱了没事儿干实在是不行的啊。实在没事儿干，掷骰子、下棋也比闲着好啊。朱熹在此作注：博，局戏；弈，围棋也。"局戏"也称"六博"，由于年代久远，其玩法现已失传。关于其最著名的记载是汉景帝刘启用六博的棋盘砸死了吴王太子，成了后来七国之乱的借口。"围棋"至今的变化不大。今天"围棋"已经成为一项高雅活动，但是《论语·阳货》中显示当时对围棋的评价并不高，类似于今天的手机游戏，仅仅是一种消遣活动。

"博弈论"的英文翻译就直观得多，"Game Theory"意思就是"游戏理论"。直观上说，就是教人打游戏。围棋第一手为什么很少有棋手会下在天元？玩《三国杀》的时候，在队友选择了吕布的情况下，自己为什么要选择陈宫？这些都可以用博弈的理论来解释。所以“博弈论”并不是什么高不可攀的理论技术，而是现实生活中大家都经常用到的一些方法。例如，早晨出门，要不要带伞，要不要添衣服；选课的时候要选哪几门课，等等。

当然，博弈论本身的应用很广。往大了说，刘琮为什么要投降曹操，而孙权为什么不能投降曹操？如果抛开背景，这些问题都是如何从多个选项中选择一个选项。那么问题就来了，那么多的选项，到底该选择哪一个？其实，不需要什么理论，因为“趋利避害”是人的本能。看天气预报也好，根据早晨的天空推测也好，如果感觉今天会下雨，那么肯定要拿伞；如果感觉今天不会下雨，那么拿伞还占书包的地方，不拿伞书包就可以多装一袋薯片，那还是不拿伞。如果感觉今天会降温，那就添衣服；如果感觉不会降温，那就不添衣服。理性的人总是选择使自己获益最大的选项。当然，如果多个选项获益相当也是一个很令人头疼的问题，所以很多人都有选择困难症。

博弈论就是把人的选择标准化的理论。需要做选择的自然人或者自然人的群体被称作“参与人”。很明显，参与人不只是自然人。其实，一个国家可以被抽象为一个参与人，一个企业、一支球队也可以被抽象为一个参与人。参与人需要做选择的选项被称为“策略”。每个相关的参与人都做出策略选择后，所有参与人的策略选择就形成了一个策略组合。每种组合都会给所有参与人带来一种结果，而这些结果不一定相同。这种结果被称作参与人的“收益”。这些结果可以按照从参与人最希望得到的到最不希望得到的排列起来，就形成了参与人对不同的结果的偏好。参与人可以根据这些偏好选择自己的策略，所以博弈论就是一套帮助参与人分析预测策略选择的数学模型。所谓模型是指“通过主观意识借助实体或者虚拟表现构成客观阐述形态结构的一种表达目的的物件（物件并不等于物体，不局限于实体与虚拟、不限于平面与立体）”。例如，米开朗基罗的雕像《大卫》展现的“客观”是一个有力的青年男子。但是青年男子首先是个人，是由蛋白质、脂肪和碳水化合物等构成的，而《大卫》是由碳酸钙构成的。所以很明显《大卫》不是一个男子。米开朗基罗将青年男子的特征利用“实体”大理石表现了出来，所以《大卫》就是一个关于男人的大理石模型。那么“数学模型”就是利用“数学工具”表现所需要的“形态结构”的方法。中国著名数学模型专家姜启源对“数学模型”做出的定义是：对一个特定的对象为了一个特定的目标，根据特有的内在规律，做出一些必要的简化假设，得到的由数字、字母或其他数学符号组成的，描述特定对象数量规律的数学公式、算法或图形等。如此，一个复杂的现实问题便可以用数学方法来解决。而数学本身是已经被分析研究了几千年的方法，其自身有一套简洁、严谨和易于推广的特性，便于解决复杂的问题。

构建数学模型的第一步便是构建模型假设，博弈论也不例外。根据上文分析，博弈模型的一个最基本的假设就是参与人的理性。博弈模型中参与人是注重功利的，收益越大，其偏好越高。很明显，偏好是有传递性的。参与人相比 a 结果，更喜欢 b 结果；同时相对于 b 结果，更喜欢 c 结果。那么参与人相对于 a 结果，一定更喜欢 c 结果。如果参与人选择两个策略得到的收益相等，那么这两个策略就是无差别的。如果参与人只有 A 和 B 两个策略，策略 A 为参与人带来的收益是 0，策略 B 为参与人带来的收益是 1 单位还是 100 单位，从数学上对于参与人来讲也是无差别的。因为总有 A 的收益小于 B 的收益，所以参与人总会选择策略 B。当然，以后会讲到在实际应用中，一个策略收益的大小对策略选择还是有影响的。

博弈论的核心在于研究决策过程中各方的行为、决策及这些决策可能带来的结果。它假设每个参与人都是理性的。当然，完全的理性是一个严格的假设。这相当于认为所有的参与人都是极端自私的，在模型中“毫不利人，专门利己”，甚至“损人利己”。从这个角度来看，参与人达到“共赢”的策略选择似乎是不可能的。因为博弈论认为参与人不会选择一个对自己的收益造成损失的策略。这样，每个参与人的决策又会受到其他参与人决策的影响，因此，博弈论研究的是一种相互依赖的决策情境。然而，在现实中还是有人“见义勇为”的。博弈论对这种“非理性”有自己的解释，在非理性行为存在的情况下，参与人是否选择“理性策略”也是一个“理性”的选择。

博弈论不仅假设每个参与人都希望自己的收益最大化，还要假设每个参与人都知道其余参与人都希望自己的收益最大化。不只如此，每个参与人还都知道其余参与人知道自己希望自己的收益最大化。如此便可以大大简化模型，从而能够更容易地分析预测每个参与人的策略选择。而因为博弈模型中的相关知识是每个参与人都知道的，所以每个参与人的预测结果都是相同的。既然所有参与人都能预测到这一结果，那么这一结果肯定会出现。这就是博弈论中的一致性原则。总的来说，博弈论是一种研究决策过程的重要理论和工具，它不仅可以帮助我们理解各种竞争和合作情境下的决策行为，还可以为我们提供有效的决策支持和指导。随着科技的进步和社会的发展，博弈论的应用领域已经十分广泛，其研究方法和工具也在不断更新和完善。

1.1.3 博弈论的发展历程

正如上一节所说，博弈论并不是什么高不可攀的理论技术。其基本思想就是“趋利避害”。而趋利避害可以说是人的本能。所以从人类文明开始就应该有朴素的博弈思想，其起源已经无据可考。我国东周时期就已经有围棋的记载，这说明至少在那个时代就需要研究博弈思想了。当时的军事巨著《孙子兵法》也多次强调对战双方通过了解和分析对方的情况来选择比较适合自己的决策，从而达到有利于自己的结果。这与博弈论中根据双方的利益和能力进行客观、全面的分析，以便确定最优的策略的思想是一致的。国际上认为对于现代合作博弈的最早记录是《塔木德·妇女部·婚书卷》中对遗产继承的规定。之后对于博弈问题的研究也一直未停止。一些经典的博弈模型相继被提出，如古诺模型、伯川德模型等。但是这些研究是碎片化的，并不系统。

真正将博弈论系统化、理论化，则是近现代的事。20 世纪初，法国数学家埃米尔·博雷尔提出了博弈论的初步框架，用于研究象棋等游戏中的最优策略。随后，他的工作被世界著名数学家、博弈论之父、计算机之父约翰·冯·诺依曼拓展。冯·诺依曼将数学引入博弈论，用数学方法证明了博弈论的基本原理，奠定了现代博弈论的基础。从此博弈论成为数学的一个分支。另外，冯·诺依曼还和著名经济学家莫根施特恩在 1944 年合著了《博弈论与经济行为》。这本书首次将博弈论系统地应用于经济学领域，定义了博弈的表达方法，包括标准式和扩展式，定义了极大值极小值定理，拓展了博弈论在现实中的应用范围。但是冯·诺依曼此时的主要工作还是在二人零和博弈上，博弈论的使用范围受到限制。

20 世纪 50 年代，约翰·纳什提出了著名的纳什均衡概念，为博弈论的发展开辟了新的方向。纳什均衡描述了在多人博弈中，所有参与人都采取最优策略时的一种稳定状态。纳什的工作对博弈论产生了深远的影响，使他成为博弈论领域的奠基人之一。除此之外，纳什还对合作博弈与非合作博弈进行了明确的区分。他认为，在合作博弈中，参与人之间可以进行协商和沟通，以达成对所有人都有利的协议。而在非合作博弈中，参与人之间无法进行有效的协商和沟通，每个人都必须独立做出决策。这种区分使得博弈论的研究范围更加广泛，也更加贴近现实生活中的情况。纳什均衡概念将博弈论从经济学范畴扩展到了其他学科。此外，纳什均衡极强的数学特征也改变了经济学对于博弈问题研究的表述方式，使其更加规范、科学。之后便是博弈论发展的黄金年代，博弈论得到了迅速的发展。赖因哈德·泽尔滕将纳什均衡的概念引入动态分析，通过引入子博弈的概念，对纳什均衡进行了完善。他认为，在动态博弈中，参与人的策略选择不仅需要考虑整个博弈的结构和其他参与人的策略，还需要考虑在各个子博弈中的最优选择。因此，他提出了子博弈精炼纳什均衡，要求参与人在每个子博弈中都采取最优策略，从而实现整体的最优结果。此外，约翰·海萨尼还建立了不完全信息博弈的一般解法，并提出了“贝叶斯纳什均衡”的概念。贝叶斯纳什均衡是一种策略组合，在考虑其他参与人可能的类型和策略选择的情况下，使得每个参与人的期望收益最大化。这一概念为分析不完全信息博弈提供了有力的工具。因为他们在博弈论做出的贡献，约翰·纳什、赖因哈德·泽尔滕和约翰·海萨尼共同获得 1994 年的诺贝尔经济学奖。

随后的几十年里，重复博弈、演化博弈、合作博弈等概念和理论逐渐丰富和完善。博弈论的应用领域也不断拓宽，除了传统的经济学和政治学领域，还拓展到了生态学、神经科学、人工智能等新兴领域。进入 21 世纪，博弈论的发展更加多元化。一方面，随着计算机科学的进步，计算博弈论和算法博弈论成为研究的热点，关注如何设计高效的算法来求解复杂的博弈问题；另一方面，行为博弈论和实验博弈论的兴起，使得博弈论更加注重现实世界中个体的决策行为和心理因素。

1.1.4 博弈的分类

博弈论中一个博弈模型会有很多特征，根据不同的特征可以对博弈模型进行不同的分类。通常来讲，不同种类的博弈模型表示着不同的分析方法，对所需要的最终分析和预测的解释也不同。

（1）博弈模型最大的一个特征就是模型中参与人策略选择的先后顺序。根据这个特征进行分类，博弈模型可以被分为静态博弈和动态博弈。

静态博弈是指参与人同时进行决策，即参与人之间不存在先后顺序，或者逻辑上是同时的，即使参与人之间有顺序，彼此之间也不知道其他参与人的策略选择。动态博弈则是指参与人的行动有先后顺序，且后行动者有可能观察到先行动者的行为。

（2）另外，参与人之间的了解程度也是博弈模型中的另一个重要特征。根据这个特征进行分类，博弈模型可以被分为完全信息博弈和不完全信息博弈。

完全信息博弈模型是博弈模型中每个参与人对模型中其他所有参与人的特征、策略集选择，以及每种策略组合下的收益都没有任何不确定性的博弈模型。完全信息博弈模型中给出的信息量是充足的，足够构建一个博弈模型。对于完全信息博弈模型的分析已日趋成熟，大多数完全信息博弈模型下的通解都已经被证明。完全信息博弈中有一种比较特殊的博弈模型叫作完美信息博弈。完美信息博弈要求每个参与人不只有完全信息，还要确定已经行动的参与人的策略选择。博弈模型中除了完全信息博弈，剩下的都是不完全信息博弈。遗憾的是对不完全信息博弈模型的分析方法研究得还不够成熟，目前只能对参与人类型的分布没有不确定性这一类不完全信息博弈进行有效分析。

（3）参与人的行动顺序和所获得的信息量是博弈模型中最重要的两个特征。这两个特征将最基础的博弈模型分成了 4 个部分。大多数介绍博弈论的专著都按照这种分类方法来讲述博弈论的基础知识。除了这两个特征，根据参与人策略集的特征，博弈模型可以被分为有限博弈和无限博弈。

有限博弈指的是参与人和每个参与人的策略集都是有限集合的博弈。显而易见，有限博弈模型更容易被表达和分析。而无限博弈中的参与人和每个参与人的策略集是无限的，通常是一段连续的函数。直观来看，有限博弈至少可以对参与人的策略逐个分析，从中得出最优解；而无限博弈不存在这种解决方法。

（4）根据所有参与人策略组合下的收益之和，博弈模型又可以被分为零和博弈、常和博弈和变和博弈。

零和博弈是指参与人之间的收益之和为零，即一个人的收益必然是另一个人的损失，如双人棋牌类游戏。这是博弈论建立最开始关注的博弈模型，其构造也比较简单。非零和博弈则是指参与人之间的收益之和不为零，可以是常和博弈（即所有参与人的收益之和都是相同的常数）或变和博弈（存在两个参与人收益之和不相等）。很明显，零和博弈是常和博弈的特例。所以本书不强调此种分类。如果没有特别指出，本书所介绍的所有博弈都是变和博弈。

（5）以上分类都是最基本的博弈分类。随着博弈论的发展，出现了越来越多的具有新的特征的博弈模型。例如，根据模型中参与人每阶段的策略集是否相同，博弈模型被分为非重复博弈和重复博弈。

如果一个博弈模型可以被看作另一个博弈模型多阶段的重复的话，那么前者就被称作重复博弈，否则就被称作非重复博弈。进一步，重复博弈还可以被继续分为有限次数重复博弈和无限次数重复博弈。明显，如果一个博弈模型是重复博弈，那么其中的参与人会有多次策略选择，所以重复博弈是动态博弈的一种特例。因此，动态博弈模型分析方法可以被直接应用于重复博弈。但是由于重复博弈有重复的特性，在很多情况下，重复博弈的解并不是单个博弈的线性叠加。也就是说，对一个模型的重复有可能会改变模型解的结构。

（6）根据博弈模型中参与人是否完全理性，博弈模型可以被分为传统博弈和演化博弈。

传统博弈主要基于完全理性的假设。在这种框架下，参与人被视为拥有完全认知能力和完美知识的决策者。他们总是能够做出最优决策以最大化自身利益。传统博弈关注的是静态均衡和策略稳定性。它侧重于分析给定信息结构下的最优策略和预测行为结果。

相比之下，演化博弈则采用了更为动态和更具适应性的视角。它不再假设参与人是完全理性的，而是允许他们具有有限的信息和计算能力，并在实践中通过试错和学习来逐渐改进策略。演化博弈强调参与人在动态环境中的适应性和演化过程，以及策略如何随着时间的推移而发生变化。它关注系统的长期演化趋势和多样性的产生，而不仅仅是短期内的最优决策。

（7）根据博弈模型中的参与人之间是否有某种约束，博弈模型又可以被分为合作博弈和非合作博弈。

上文介绍的博弈通常来说都是非合作博弈。其中，参与人之间没有约束关系，并且每个参与人都独立地追求自身利益的最大化。合作博弈是指参与人之间能够达成一种具有约束力的协议，在协议范围内选择有利于双方的策略。其强调参与人之间的合作与共同利益最大化。

1.2 数据保护

随着大数据和移动互联网技术的飞速发展，数据已经成为生活中的重要组成部分。无论是个人信息、企业数据还是政府记录，都是信息时代的核心资产。因此，数据保护成为这个时代的一项重要任务。

个人数据可能会被用来进行身份盗窃、欺诈活动，甚至可能导致个人的生命和财产安全受到威胁。现代网络电信诈骗的一个特点就是精准性，也就是说嫌疑人在实施诈骗前就知道受害者的个人信息，进而能够精确定位受害者。

数据保护不仅关乎个人隐私，更关乎国家安全和社会稳定。一旦数据泄露或被滥用，后果可能是灾难性的。2018 年 2 月 24 日某儿童医院信息系统遭受黑客攻击，导致系统大面积瘫痪，造成院内诊疗流程无法正常运转。而整个医院不能正常运行直接影响了当地社会秩序。所以信息系统安全稳定运行会直接影响整个社会的正常运行。

对于政府而言，数据保护则直接关系到国家安全。近年来，数据泄露影响国家走向最著名的事件之一是美国的“棱镜门”事件。“棱镜门”事件引发了关于隐私权和国家安全之间的讨论和反思。自那之后，世界各国都开始重视数据保护。在中国，网络安全也上升至国家层面，成为国家安全战略的重要组成部分。

数据保护涉及对数据整个生命周期的保护。目前数据的生命周期模型也有很多，最基本的包括数据生成、传输、存储、处理和使用等。所以，对于一个庞大而复杂的信息系统，其面临的安全威胁是多方面的，而攻击信息系统的途径更是复杂和多变的。不同的计算机信息系统有着不同的安全需求，所以需要从实际出发，根据信息系统的安全目标，对信息系统进行全面分析，统筹规划信息安全保护措施。而作为曾经运筹学的一个分支，博弈论给了我们新的视角来探讨策略与收益的均衡及优化，能够为信息系统安全策略选择提供解决方案。所以越来越多的数据保护专家将目光转向博弈论。将数据保护的过程抽象成一个博弈模型，从而利用博弈的方法分析保护过程，求得其中的均衡，科学地设计好各安全措施的保护等级，使它们具有满足要求的安全能力，做到效益最大化。

博弈论目前已经在数据保护领域流行开来，下面介绍其在数据保护中的 3 个典型的应用。

1.2.1 隐私保护

隐私保护是数据保护的一个重要方面。隐私保护主要关注的是与个人信息最相关的那部分数据的保护。在大数据时代，个人信息往往以数据的形式存在，因此隐私保护自然成为数据保护最直观的表现形式。“隐私”的字面意思就是“不愿意公开的个人的事”，所以“隐私”强调的是“个人”的属性。只有牵涉到某个特定用户的数据才叫隐私，发布群体用户的信息（一般叫聚集信息）不算泄露隐私。例如，2014 年英国《每日邮报》列出了出席 G20 峰会的所有国家领导人的身高。这是典型的个人隐私泄露。而发布群体信息“据 2022 年人口调查统计，山东人平均身高为 XX cm”就不算隐私数据。理论上说，数据保护技术都可以应用于隐私保护，如同态加密、多方安全计算、匿名认证等，但是这些技术的计算成本太高。

个人隐私的另一个特点是“隐私信息的可让渡”。隐私信息并不是完全不可以透露给他人。因为自然人有对自己隐私的控制权，所以隐私信息的所有者可以决定将自己的信息透露给谁，透露多少信息。个人是否透露自己的隐私数据完全看自己能否在透露数据的过程中得到更好的收益。针对隐私数据的这个特点，学者提出了“差分隐私技术”。差分隐私技术是基于信息论通信模型的技术。差分隐私通过对让渡的信息进行量化来分析所泄露的隐私对其所有者的影响。因为所有者需要让渡一定的数据可用性，所以差分隐私不能实现完美的隐私保护，达到完全的无隐私泄露。通常来说就是数据的可用性越高，用户所泄露的隐私信息越多；反之数据的可用性越低，隐私性越好。由此，只能寻找一种权衡折中的方法，在保护用户隐私的同时，保证数据的可用性。所以，差分隐私面临的最大的一个问题是缺乏一个统一的量化方法来优化隐私所有者的隐私让渡。博弈论从均衡的角度分析存在权衡要求时的参与人最优策略选择问题，这与差分隐私中数据隐私性和可用性的权衡是不谋而合的，所以，博弈论也是差分隐私研究中比较流行的研究方法。其基本思想是分析隐私保护系统中参与人的理性行为，以博弈的思想解决隐私保护与数据效用的权衡问题。当然，现实生活中的隐私保护方法不仅考虑用户个人收益，还需要考虑信息收集者的收益、社会收益和查询者的收益。由此，从不同的角度可以引入不同的博弈模型。如果只是收集者对用户的数据进行查询，那么差分隐私可以被抽象成最简单的二人零和博弈模型；如果考虑攻击者联合多个数据库来分析用户的隐私数据，那么差分隐私可以被抽象成无限策略静态博弈模型；如果考虑信息收集者首先发布隐私预算及预算的激励，用户根据激励调整自己的让渡，那么差分隐私的过程可以被抽象成一个动态博弈模型；如果用户和攻击者不清楚对方的策略方法，那么差分隐私的过程可以被抽象成一个不完全信息博弈模型；如果信息收集者根据隐私对用户的效用来发放激励，那么差分隐私的过程可以被抽象成一个 VCG（Vickrey-Clarke-Groves）机制；如果把用户的隐私让渡看作用户间的合作，那么差分隐私过程可以被抽象成一个合作博弈模型。

博弈论为隐私保护问题提供了重要的分析工具和方法论基础，有助于在复杂的交互环境中实现隐私和收益的平衡。博弈论强调了从第三方的角度寻找一种动态均衡状态，这种均衡状态有助于在保护隐私的同时，实现参与人之间的利益最大化。

1.2.2 信息系统风险控制

中国著名物理学家钱学森认为：系统是由相互作用和相互依赖的若干组成部分结合而成的、具有特定功能的有机整体，而且这个有机整体又是它从属的更大系统的组成部分。而信息系统的概念是针对计算机体系提出来的，是“人、规程、数据库、软硬件等各种设施、工具和运行环境的有机结合，它突出的是计算机和网络通信等技术的应用”。

计算机技术和互联网技术的发展，推动了信息的社会化进程，各行各业都纷纷建立自己的信息系统。计算机网络本身就是信息系统中的一个重要组成部分，为信息系统提供了基础设施和平台，使得信息系统中的各个组件能够相互连接、协同工作，所以现代信息系统需要保证在开放互联网环境下有效运行。而这种开放性无疑增加了信息系统的风险，因此信息安全是信息系统稳定运行的保障。对于“信息安全”，其包含的内容也没有统一。目前的信息安全属性模型有很多，但是几乎所有的模型都是在经典的 CIA 模型上的扩展。CIA 模型规定了信息安全的 3 个属性，包括机密性（Confidentiality）、完整性（Integrity）和可用性（Availability）。其中的机密性是指，信息不能被未授权者获得或理解。信息安全的这个特性和数据保护的特性是重合的。信息系统往往是数据的重要存储方。一旦信息系统被破坏，其信息有可能被泄露，所以信息系统防护就是数据保护的基础。由于信息的易传输、易扩散等特点，信息资产比传统资产更加脆弱，更容易受到损伤。信息系统在日常运行中面临着各种安全威胁，如病毒、恶意软件等。同时，计算机网络通过提供数据加密、防火墙等安全技术，可以保护信息系统中的数据不被非法访问、篡改或泄露。这对于维护信息系统的安全性、机密性和完整性具有重要意义。

但是无论对攻击者还是防御者，任何措施都是有成本的，任何不计成本的攻防都不是理性的选择。面对繁杂的防御技术，信息系统管理员面临的一个问题是，是否需要安装防御措施。如果需要安装防御措施，那么要保护哪些信息资产。如果要保护这些信息资产，那么需要选择哪些措施，防止哪种程度的攻击。同时，对于攻击者，这些问题也是需要考虑的。在网络空间内有那么多的信息系统，攻击哪个，用哪些技术攻击，这些也是摆在攻击者面前的问题。解决这些问题的一个比较直观的方法就是衡量攻击者和防御者每次选择所能带给自己的收益。对防御者来说，如果需要安装的防御系统的价格高过了所需要保住的信息资产的价值，那么这个防御系统显然是没必要安装的。对于攻击者来说，也不会选择一个攻击后获得的资产价值还不如自己攻击成本高的信息系统。

理性的攻击者和防御者的选择刚好符合博弈模型中参与人的理性假设。按照这种假设，网络攻防行为可以被视为一种博弈过程，其中攻击者和防御者作为博弈的参与人。攻防双方根据当前的网络环境和对方的行为策略，选择对自己最有利的策略，以最大化自己的收益。攻击者试图利用漏洞和弱点破坏系统的安全性，而防御者则试图通过各种手段来检测和防御这些攻击。这种攻防对抗的本质可以被抽象为攻防双方的策略依存性，而这种策略依存性正是博弈论的基本特征。一般情况下，攻防双方都有一定的信息安全背景，都有隐藏自己特征的动机和能力。那么这种情况下，攻防过程就可以被抽象成不完全信息博弈模型。如果双方可以观察到对方的行动，那么这个过程就可以被抽象成完全信息博弈模型。一个信息系统往往不只面对一个攻击者，所以攻防过程还可以被抽象成重复博弈。而不同的防御措施会招致不同的攻击策略，最终哪些措施有效就可以用演化博弈来分析。

信息系统风险评估本身就是将信息资产量化的过程。而攻防双方对于自己工具的选择又对应于博弈模型中的策略选择。在有了参与人、策略集和收益的情况下，博弈模型在信息系统风险控制中的应用就是水到渠成的了。

1.2.3 联邦学习

联邦学习技术的历史很短。它本身就是随着数据保护要求而提出的一种新型的分布式机器学习技术。它旨在通过安全交换不可逆的信息（如模型参数或梯度更新），多方数据持有者（如手机、物联网设备等）可以协同训练模型而不分享数据。在解决用户隐私问题上，联邦学习相对于传统机器学习具有多种优势。联邦学习实现了数据的隔离，客户数据始终被保存在本地，从而满足了用户数据保护和安全的需求。这种机制保证了所有参与方的数据独立性，并且模型训练主要通过信息与模型参数的加密交换来实现一个全局模型。这种方式在保护数据的前提下，促进了参与方之间的公平合作和共赢。

从以上描述可以看出，联邦学习技术只是数据保护的一种具体实现技术，但是以联邦学习技术为核心的联邦学习系统又不仅仅需要考虑数据保护。联邦学习的分布式特点导致了联邦学习系统需要考虑如何让系统维持运行。传统的机器学习系统会收集用户的原始数据，由系统本身对原始数据进行处理和分析，最终得到所需要的全局模型。数据的拥有者（也就是用户）不需要贡献自己的计算能力。在没有考虑数据保护的情况下，用户的损失很小。而联邦学习中，用户发送的是自己训练的本地模型，这就需要用户贡献一定的计算资源。所以，如何吸引用户贡献自己的资源，以维持系统正常运行下去就成为亟待解决的问题。

一个常规的吸引用户的方法就是对用户发放激励。当然，不同的联邦学习系统有不同的特征。如果系统训练成的全局模型对系统内的用户都有用，而且全局模型带给用户的收益大于用户训练本地模型的成本，那么即使没有激励，系统也会吸引这类用户参与；如果全局模型对用户的作用不大，或者带来的收益比不上自己训练本地模型的成本，那么在没有激励的情况下，系统很难吸引用户。通常来讲，联邦学习激励机制的标准有两个。首先，要维护公平，训练本地模型的激励随着贡献的增加而增加；其次，从系统的角度来看，理性的系统会在吸引用户的基础上，尽量扩大自己的收益。

因为博弈论本身就建立在用户收益最大化基础上，所以基于博弈论的激励机制在联邦学习中有很多应用。如果系统需要尽量吸引计算能力高的用户，那么可以把训练过程抽象成一个反向拍卖模型。如果系统还需要高质量数据，那么训练过程可以被抽象成一个信号博弈模型。如果系统对用户计算能力方面没有要求，系统为了维护公平性按照用户的成本给用户分发激励，那么训练过程可以被抽象成一个 VCG 机制。如果系统只负责模型收集与发放，其本身不参与收益分配，用户的收益分配按照某种契约约定，那么用户分配全局模型收益的过程可以被抽象成一个合作博弈模型。分析一个学习系统最终的状态，又需要演化博弈。

从用户的角度来看，有不同的学习系统，包括联邦学习系统和集中式学习系统，大模型系统和小模型系统，等等。每个用户都有自己的特点，是否要加入系统、加入学习系统所获得的收益都不相同。所以，用户也需要一定的策略机制来指导自己的选择。如果用户的训练成本都是公开的，那么用户选择过程可以被抽象成完全信息博弈。用户即使加入了学习系统，也需要根据系统公布的激励来确定自己是否要贡献资源训练本地模型，那么用户的选择过程可以被抽象成完美信息博弈。如果用户之间是多次合作的，那么这个过程又可以被抽象成一个重复博弈。所以联邦学习和博弈论天然地具有契合性。

第 2 章 完全信息静态博弈

2.1 完全信息静态博弈的表达方式

完全信息静态博弈是博弈论中最基础的博弈模型。本章从完全信息静态博弈入手来解释博弈的概念、基本思路与求解方法。通过各种博弈模型来理解数据保护最基本的策略选择的原理。

2.1.1 完全信息博弈

随着通信技术的发展和移动通信设备的普及，“信息”这个词已经被越来越多的人所熟知。但是对于“信息”的定义并不统一。“信息”这个词最早来自五代时南唐诗人李中的《暮春怀故人》：“梦断美人沈信息，目穿长路倚楼台。”这里的“信息”就是“音讯”的意思，这也是大众对于“信息”的普遍解释。但是这个定义显然无法被应用于自然科学。

1928 年，著名数学家哈特莱在《贝尔系统技术杂志》上发表了一篇名为《信息传输》的论文。在该论文中，哈特莱认为“信息是选择的自由度”。这个定义首次把信息与数学度量联系起来，也就意味着信息的大小不再跟信息的物理载体有关系。基于这个定义，著名数学家香农在 1948 年发表了划时代的论文《通信的数学理论》。该论文将概率论与数理统计引入了信息度量，并提出了信息熵的概念：“信源发出消息的不确定性的度量”。从此，信息便有了科学的定量描述。《通信的数学理论》也被认为是信息论诞生的标志。

根据信息论，可以简单地认为一个事件的信息就是这件事的“概率”。只是“信息”和“概率”的关系是负相关的。一个事件的信息量越小，它发生的概率就越大。极限的情况就是当这个事件发生的概率为 1 时，这个事件的信息量就成了 0，也就成了“废话”。前一段时间网上流行的“废话文学”，用信息论的方法来度量就是必然发生。因为后一句话和前一句话意思完全一样，所以概率为 1，信息量最小，如“床前明月光，疑似明月光”“雪崩的时候，没有一片雪花是不崩的”等。

一个更一般的例子是抛硬币游戏和掷骰子游戏的比较。一个参与人抛掷，另一个参与人猜结果。如果硬币是一个无偏硬币，那么抛掷一次这个硬币获得结果是“正面”的概率是$\frac{1}{2}$；而如果骰子是一个无偏骰子，那么抛掷一次这个骰子获得结果是“一点”的概率是$\frac{1}{6}$。猜对一次抛硬币游戏的概率大于猜对一次掷骰子概率。也就是说，猜对一次抛硬币游戏的信息量小于猜对一次掷骰子游戏的信息量。如果两个游戏都是公平游戏，那么猜对掷骰子游戏的收益率应该大于猜对抛硬币游戏的收益率。

在博弈论中，信息指的就是关于构建博弈模型的基本内容，包括参与人、参与人的策略和收益，还有参与人的策略选择、偏好等，也就是指表征这些内容的概率。通常来说，博弈模型中的参与人对自己的信息是百分之百了解。这也是一个非常现实的假设。问题在于参与人对模型中其他参与人信息的了解程度。既然信息是由概率表征的，那么参与人获得其他参与人信息的概率就可以表征构建博弈模型所获得的知识。根据每个参与人对其他参与人的信息了解程度，构建博弈模型的知识可以大致分类为：私有知识、相互知识和公共知识。参与人的私有知识是指其他参与人不能以概率 1 获得的该参与人的知识。比如，上面的猜硬币的例子，只有抛掷的参与人知道硬币的具体信息。而猜硬币的参与人此时并不能以概率 1 确定硬币具体是正面还是反面，只能知道是正面或者反面中的一个。那么硬币的信息，即抛掷的参与人的策略选择就是自己的私有知识。

与私有知识相反，相互知识和公共知识都是参与人能够百分之百确定的消息。如果猜硬币的参与人看到了硬币的正反面，那么对于两个参与人来讲，每个人都能百分之百确定硬币的正反面。所以，抛掷硬币的结果对参与人就成了相互知识或公共知识。如果猜硬币的参与人在抛硬币的参与人没有察觉的时候，无意中看到了硬币的正反面，那么硬币的正反面就是相互知识，就是所有参与人都知道的知识。如果抛硬币的参与人主动给猜硬币的参与人看了抛硬币的结果，这个时候，所有参与人不仅百分之百确定硬币的正反面，而且所有的参与人都确定“其他参与人知道了硬币的正反面”。进一步，所有参与人都确定“其他参与人也确定了‘其他参与人都知道了硬币的正反面’。”如此无穷尽地推断下去。所以说，公共知识必须是无穷尽的相互知识。

所谓完全信息博弈就是一个博弈模型中以下 3 个条件必须是博弈参与人之间的公共知识。

- 所有的参与人。
- 每个参与人所有可能的策略选择。
- 每种策略组合中所有参与人可能得到的收益。

前面的抛硬币游戏中，参与人只有两个，每个参与人可选择的策略都只有“正面”和“反面”两个。如果博弈双方再确定每次输赢的收益，那么在这个游戏里每个参与人、每个参与人的可选策略集和每种策略组合的收益都是百分之百确定的。这时这个博弈就是一个完全信息博弈。完全信息是一个理想状态，通常应用于有严格规则限定的博弈。例如，棋牌类游戏中，双方都熟悉规则，无论双方在博弈时能否知道对方的选择，都能计算每次博弈后彼此的收益。区块链或者联邦学习中的很多激励机制都可以被抽象成完全信息博弈。参与人都被假设成理性的，即尽可能多地得到激励。参与人可能的选择、选择组合所带来的影响及选择后能得到的激励都是事先规定好的。所以，可以认为在博弈结构中参与人之间没有不确定性。

2.1.2 静态博弈

静态博弈是指参与人同时选择策略的博弈模型，或者即使不是同时选择，博弈双方也不知道对方选择的策略。静态博弈最重要的特点是博弈双方没有信息交换。因为一旦做出选择后就无法再影响博弈过程只能等待结果，所以静态博弈是只有一个阶段的博弈。在静态博弈中，每个参与人只能进行一次策略选择。例如，剪子包袱锤就是一个典型的静态博弈过程，博弈双方需要同时展示自己的策略选择。在某些网络攻防中，虽然是攻击者首先发起攻击，防御者再制定防御策略，但是大多数情况下互相之间没有沟通，也就不能互相影响。

在参与人进行策略选择之后便是分配收益。也就是说一旦所有参与人都做出了策略选择，那么这个策略选择组合会给每个参与人带来一个收益，或者一个收益的概率分布。在上文网络攻防的例子中，攻击者最后能否攻击成功、能获得多少收益，防御者能否防御成功、能获得多少收益，只能等到攻防结束后才知晓。双方都不能确定对方的策略选择及双方的收益。当然，博弈双方可以靠分析来预测对方的策略选择，从而提高自己的收益。

一个静态博弈模型是由以下两个步骤组成的博弈模型：

- 每个参与人独立地选择策略；
- 通过所有参与人的策略选择，得出每个参与人的收益。

上文的一次策略选择并不意味着只有一次现实意义的行为。例如，一个网络防御系统可能是防火墙、加密软件、蜜罐等主动和被动防御技术的综合体。不同的防御技术针对的攻击不同，甚至不同品牌的同一种防御技术的效果也有所差异。在网络安全攻防的过程中，这些技术可能会动态地调整使用，但是在系统建立之初，选择使用哪种品牌的防御技术就是一个静态的过程。而一次策略选择的核心还是没有信息交换。如果有了信息交换，即使是同时选择，也超过了静态博弈的范畴。例如，通常来说赛马博弈中，参与人只需要从所有马匹中选择一匹能跑赢的就可以了。所以只要参与人没有信息交流，这就是一个静态博弈过程。但是著名的“田忌赛马”

中，齐威王却把自己选择马匹的顺序告诉了田忌。田忌有了信息交流之后，这个过程就从静态博弈模型转化成动态博弈模型。

2.1.3 策略表达式

在前两节讨论了完全信息博弈和静态博弈的定义后，很容易得出完全信息静态博弈模型的定义。

定义 2.1 完全信息静态博弈。一个博弈模型满足完全信息博弈和静态博弈的特点，则其就是完全信息静态博弈。

在有了完全信息静态博弈的定义之后，接下来的问题就是用何种形式来表达完全信息静态博弈。在分析博弈的定义之前，我们先对博弈参与人的行为做出如下假设：

- 博弈的参与人都是理性的，即每个参与人都力图使自己所获得的收益最大化；
- 博弈问题的描述形式主要有两种，一种是策略式描述，另一种是扩展式描述。策略式描述以策略作为博弈参与人选择的基本要素，而扩展式描述除了策略，还有阶段作为基本要素。理论上说，这两种形式是等价的。

在这两个假设下，参与人选择的策略会对其最后的收益产生影响。

定义 2.2 博弈的策略表达式。一个博弈的策略表达式是一个包含以下 3 个要素的策略表达式。

- 博弈模型中参与人的集合：$\Gamma=(1,2,\cdots,n)$, $i\in\Gamma$。
- 博弈模型中每个参与人可选择的策略集合：$\forall i\in\Gamma, S_i\neq\varnothing$。
- 每个参与人在每个策略组合$(s_1,s_2,\cdots,s_n)$中的收益：$u_i(s_1,\cdots,s_n), i\in\Gamma, s_i\in S_i$。

博弈的策略表达式有两种表达形式，一种是标准式，另一种是矩阵式。标准的博弈策略表达式就是按照博弈的策略表达式的定义将模型的要素罗列出来。标准式是博弈的一般化表达，具有普遍性。它刻画了博弈模型中每个参与人，以及参与人 i 同时选择策略 $s_i\in S_i$ 的情形。最后根据参与人的每种策略选择而得出的收益为 $u_i(s_1,s_2,\cdots,s_n)$。所以一个博弈的标准式就是一个三元组：$G=\{\Gamma,\{S_1,\cdots,S_n\},\{u_1(\cdot),\cdots,u_n(\cdot)\}\}$。

标准式的“同时”的这个特点，让它非常适合用来表达静态博弈模型。例如，一个用户考虑自己是否要加入一个在线购物系统。如果他选择拒绝加入系统，那么用户和系统的收益都是 0。如果他选择加入，而这个购物系统是一个保护用户购物记录的系统，那么用户和系统的收益分别是 2 单位和 1 单位。如果他选择加入系统，而这个系统是一个出售用户购物记录的系统，那么用户和系统的收益分别是−1 单位和 3 单位。这个过程可以被抽象为一个完全信息静态博弈模型，用户为参与人 1，系统为参与人 2。这个模型可以用如下的标准式表达。

- 参与人：$\Gamma=\{1,2\}$。
- 策略集：$S_1=\{加入,拒绝\}$，$S_2=\{保护,出售\}$。
- 收益：$u_1(拒绝,保护)=0$, $u_2(拒绝,保护)=0$, $u_1(加入,保护)=2$, $u_2(加入,保护)=1$, $u_1(拒绝,出售)=0$, $u_2(拒绝,出售)=0$; $u_1(加入,出售)=-1$, $u_2(加入,出售)=3$。

在这个博弈模型中，只有用户和系统两个参与人，而且用户和系统的策略集都分别只有两个策略，所以这是一个有限博弈。另外，标准式还可以表达无限博弈。

一个网络系统有一个保障网络系统安全运行的防御者，还有一个针对系统脆弱性进行攻击的攻击者。防御者投入防御措施的成本是其收益的一部分。也就是说，在不考虑其他因素的前提下，防御者的收益和投入成本负相关，所以防御者投入防御措施的成本越高，其收益就越低。同时，系统的安全性和其投入成本是正相关的。防御者投入防御措施的成本越高，其系统的防御能力就越高。不考虑其他因素，系统的防御能力越高，防御者能获得的收益在一定程度上也就随之提高。另外，系统的安全性还与攻击者投入的攻击成本负相关，攻击者投入的攻击成本越高，那么系统的防御能力越低。同时，防御者的收益也就越低。所以，防御者的收益函数可以用$u_1(s_1,s_2)=ps_1-q(s_1^2-s_1s_2)$来表示。其中$s_1,s_2$分别表示防御者和攻击者的成本，$p$表示系统的安全概率，$q$表示系统的风险概率，且$p+q=1$。同理，对于攻击者来讲，投入成本越高，自己的收益越低，同时，自己的威胁性越高；而防御者投入成本越高，攻击者的威胁性越低。所以，攻击者的收益函数可以用$u_2(s_1,s_2)=qs_2-p(s_2^2-s_1s_2)$来表示。

上述过程可以被抽象为一个完全信息静态博弈模型。系统的防御者为参与人 1，攻击者为参与人 2。这个博弈模型可以用如下的标准式表达。

- 参与人：$\Gamma=\{1,2\}$。
- 策略集：$S_1=[0,+\infty),S_2=[0,+\infty)$。
- 收益：$u_1(s_1,s_2)=ps_1-q(s_1^2-s_1s_2)$，$u_2(s_1,s_2)=qs_2-p(s_2^2-s_1s_2)$。

博弈策略的标准式其实就是对博弈模型本身的文字描述。这种文字描述的优点就是精确、广泛。标准式能够在尽量减少歧义的情况下表达博弈过程，而且能够表达更加广泛的博弈模型。但是这种精确性和广泛性都是在牺牲简洁性的基础上实现的。标准式的表达不够直观，不方便用于博弈分析。所以在有限博弈的情况下，博弈的矩阵式更直观，更利于分析。有限博弈的定义如下。

定义 2.3　有限博弈。一个博弈模型中参与人是有限的，而且每个参与人的策略集也是有限的，那么这个博弈模型就是一个有限博弈模型。

虽然博弈的矩阵式表达只能表达每个参与人的有限策略选择，但是现实生活中大多数策略选择无限的博弈也可以被离散化，然后使用矩阵式。比如，上文中无限策略的例子，系统防御者的策略选择是其防御成本。那么这个成本就不可能超越其资产值，设为 100。所以策略选择就是[0, 100]。如果收益的单位是万元，那么把这个无限策略以 1 万元为单位离散化，那就是从 0 到 100 有 101 个策略；如果这个无限策略以百元为单位，那就是 10001 个策略。无论多精确，在现实中总是有个界限。至少这个例子中最小单位不能低于 0.01 元，这样就有 100000001 个策略。即使是 100000001 个策略，这也是一个有限博弈。

一个二人有限博弈可以用一个矩阵来表达。这个矩阵的每一行可以表示参与人 1 的一个策略选择，同时每一列可以表示参与人 2 的策略选择。矩阵内的每一项都是一个包含两个元素的数组 $(u_1(s_1,s_2),u_2(s_1,s_2))$，其中 u_i 是参与人 i 的收益，s_i 是参与人 i 的可选策略。

博弈的矩阵式直接罗列了所有参与人每种策略选择所带来的收益，所以更加直观，方便根据收益来分析博弈模型。博弈的矩阵式不仅能表达二人有限博弈，而且还能表达多人有限博弈。根据矩阵的定义可以将矩阵的维度扩充，博弈模型中每增加一个参与人就可以增加一个维度用来表示博弈。所以，一个 i 维矩阵易于表达一个 i 人有限博弈。

接下来，以上文描述的用户加入购物系统的博弈为例。两个参与人，参与人 $i \in \{1, 2\}$。参与人 1 有两个策略{加入，拒绝}，参与人 2 有两个策略{保护，出售}。所以博弈模型可以用如表 2.1 所示的两行两列的矩阵来表示。

表 2.1　用户与系统博弈

s_1	(u_1,u_2)	
	s_2=保护	s_2=出售
加入	(2, 1)	(−1, 3)
拒绝	(0, 0)	(0, 0)

这种表达方式也叫作双矩阵表达。传统的双矩阵表达式其实是用两个矩阵来表达博弈模型，即用户的收益和系统的收益由两个矩阵表示。将用户与系统的收益矩阵分离的一个优点是便于通过矩阵计算分析博弈模型。但是对于结构比较简单的博弈模型，用一个矩阵来表达更加简洁直观。大多数的参考文献并不区分矩阵式用一个矩阵还是两个矩阵表达博弈模型。目前大多数文献还是用两个元素的数组来表示一项，但是有一种情况用一个元素来表示一项更加方便，那便是零和矩阵。

蜜罐是一种安全资源。它的价值在于被扫描、攻击和攻陷。这意味着蜜罐就是专门为吸引网络攻击者而设计的一种故意包含漏洞但被严密监控的诱骗系统。所以，以蜜罐为基础的网络攻防，本质上就是系统防御者和攻击者的相互欺骗。作为一种主动防御技术，蜜罐可以用较少的资源配置收集大量的攻击信息，并解决对新型攻击或未知类型攻击的检测问题，但是蜜罐只有在攻击者向其发起攻击的时候才能发挥作用。也就是说，如果攻击者攻击的范围没有在蜜罐的布设范围之内，则蜜罐对攻击就会失效。我们假设一个网络信息系统由 A 区和 B 区组成。防御者可以选择把蜜罐安装在 A 区，或者安装在 B 区。因为防御者预算有限，只能防御一个区域。我们认为只有安装蜜罐的区域是攻击者的攻击区域，才是攻击失败且防御成功，否则是防御失败且攻击成功。无论攻防，当成功时，会有 1 单位的收益，否则会有−1 单位的收益。因为在该博弈模型中，所有成功者和失败者的收益组合都是(1, −1)，所以都满足零和博弈的条件。在该博弈模型中，防御者和攻击者的矩阵式可以由表 2.2 所示。虽然表 2.2 所示是一个单元素矩阵，但是根据零和博弈的“零和”特点。这个矩阵隐含着另外一个单元素矩阵。所以，这也是一个双矩阵表达式。

表 2.2　蜜罐系统攻防博弈

防御区域	防御收益	
	攻击区域 A	攻击区域 B
区域 A	1	−1
区域 B	−1	1

矩阵式不仅能表达二人博弈，还可以表达多人博弈。比如，区块链中一个共识机制的投票过程中，有 3 个参与人，分别是参与人 1、参与人 2 和参与人 3。其中，每个参与人只有一次投票机会，而且不能投给自己。那么，参与人 1 的策略集 $S_1=\{2,3\}$，参与人 2 的策略集 $S_2=\{1,3\}$，参与人 3 的策略集 $S_3=\{1,2\}$。选票最多的参与人获得的收益为 1，同时其他参与人获得的收益为−1。如果选票最多的参与人不止一人，那么所有人收益为 0。因为该博弈模型中有 3 个参与人，所以需要一个三维矩阵来表示。在二维空间，一个三维矩阵可以用如表 2.3 和表 2.4 所示的两个二维矩阵来表示。

表 2.3　三人投票博弈（当参与人 1 选择策略“2”时）

s_2	(u_1,u_2,u_3)	
	s_3=1	s_3=2
1	(1, −1, −1)	(−1, 1, −1)
3	(0, 0, 0)	(−1, 1, −1)

表 2.4　三人投票博弈（当参与人 1 选择策略“3”时）

s_2	(u_1,u_2,u_3)	
	s_3=1	s_3=2
1	(1, −1, −1)	(0, 0, 0)
3	(−1, −1, 1)	(−1, −1, 1)

2.2 占优均衡

在构造了博弈模型后，分析的重点就是找出均衡。所谓的均衡就是博弈模型的解。均衡是博弈模型中所有参与人所选择策略的一个组合。这个策略组合中的每个策略都是其对应参与人的最优选择。根据对博弈模型的分析，按照参与人理性的假设，预测参与人的策略选择，从而最大化参与人的收益。首先考虑一种求解结果最稳定的博弈模型——占优均衡。

2.2.1 隐私问题的提出

2021 年 8 月 20 日，十三届全国人大常委会第三十次会议表决通过《中华人民共和国个人信息保护法》（以下简称《个人信息保护法》），《个人信息保护法》自 2021 年 11 月 1 日起施行。《个人信息保护法》的实施标志着个人隐私权益有了更系统的法治保障。个人隐私之所以如此重要，是因为隐私是个人形成独立人格和觉醒自我意识的前提。一个人的隐私如果可以被任意侵犯，比如被任意监视、窃听或者干涉，那么这个人将无法对自己的事务保有最终决定的权利，不再是自己的主宰，最终会丧失其作为独立个体的地位。侵犯个人隐私不仅可能对个人的心理健康和人际关系产生负面影响，还可能对个人的名誉、安全和自主权造成严重威胁。学术上对于隐私的严格定义开始于发表在 1890 年《哈佛法律评论》上的《隐私权》。其中，隐私被定义为“不受别人干扰的权利”。通常来讲，隐私信息包括 3 部分：隐私的主体、隐私的客体及主客体之间的关系。隐私的主体是自然人。隐私的客体（即内容）是指特定个人对其事务、信息或领域秘而不宣、不愿他人探知或干涉的事实或行为。只要将隐私主体和客体联系起来，就会得到主体的隐私信息。有关隐私的权利不仅在于防御其他个人的侵扰，还保障了个人对新闻媒体、社会等的干扰和侵犯的防范。自此，隐私权开始体现在以住宅为代表的物理空间上。隐私权意味着一个人可以在自己的物理空间内不受监督、不受干涉地发展自己的个性，决定自己的生活方式。随着科学技术的发展，隐私权的保护范围从住宅转移到个人，再转移到信息。哥伦比亚大学阿伦 · 威斯汀教授将隐私权定义为：个人控制、编辑、管理和删除关于自己的信息，并决定在何时何地以何种方式公开这种信息的权利。在数据流通的过程中，主体有多种，如数据所有者、提供者、处理者、服务商、监管者等。其中，各参与主体相互不信任，为了各自价值的最大化，攫取商业利益，甚至会侵犯他人的合法权益。

两个隐私主体的整个分享数据的过程可以被抽象成一个完全信息静态博弈模型。该博弈模型中的参与人是两个用户，两个参与人的策略集都是{分享,保护}。整个博弈可以用表 2.5 所示的策略式表达。

表 2.5 隐私分享博弈的策略式

s_1	(u_1,u_2)	
	s_2=分享	s_2=保护
分享	(2, 2)	(−2, 3)
保护	(3, −2)	(0, 0)

在该博弈模型中，用户选择的结果不仅与自己的选择有关，而且与另外一个用户的选择有关。按照博弈模型中参与人理性的假设，用户选择策略的标准就是使自己的收益最大化，那么两个用户选择策略“分享”使每个人都可以得到 2 单位的收益。这个策略组合的总收益为 4 单位，大于其他 3 个策略组合的总收益。这个选择貌似是最优的。但是，参与人理性的假设是使自己的收益最大化，并不关心别人的收益。而且，这是一个完全信息静态博弈，即在整个策略选择过程中，两个用户之间不能有任何信息交流。每个用户都不确定另外一个用户会做出什么样的策略选择。这种情况下，只能对对方的策略选择做假设。如果对方用户选择了策略“分享”，那么自己该如何选择策略呢？如果对方用户选择了策略“保护”，那么自己又该如何选择策略呢？也就是说，要根据对方的策略选择而做出自己的策略选择。

对于用户 1，当用户 2 选择策略“分享”时，自己选择分享隐私的收益$u_1(\text{分享},\text{分享})=2$单位，而自己选择保护隐私的收益$u_1(\text{保护},\text{分享})=3$单位。明显$u_1(\text{保护},\text{分享})>u_1(\text{分享},\text{分享})$，所以当用户 2 选择分享隐私时，用户 1 应该选择保护隐私。同理，当用户 2 选择保护隐私时，自己选择分享隐私的收益$u_1(\text{分享},\text{保护})=-2$单位，而自己选择保护隐私的收益$u_1(\text{保护},\text{保护})=0$。明显$u_1(\text{保护},\text{保护})>u_1(\text{分享},\text{保护})$，所以当用户 2 选择保护隐私时，用户 1 应该选择保护隐私。

此种情形在涉及隐私信息的场景中更为明显，由于此类信息是所有者不愿意公开的，一旦泄露将会导致严重的损害。那么涉及隐私的信息如何利用和流通是摆在现实的难点问题，这也会限制信息数据的价值发挥。

进一步分析该博弈模型中用户的策略，可以发现无论对方做出怎样的策略选择（选择“分享”或者选择“保护”），“保护”总是优于“分享”的策略选择。把这个思想推广到更一般的博弈模型的标准式。$u_i(s_i,s_{-i})$是参与人 i 在选择策略 s_i 时的收益，其中 s_{-i} 是除 i 以外，其他所有参与人的策略选择。对于参与人 i 的两个策略s_i'和s_i''，若满足$u_i(s_i',s_{-i})>u_i(s_i'',s_{-i})$，则称参与人 i 的策略s_i'严格占优于策略s_i''。例如，该博弈模型中的策略“保护”严格占优于策略“分享”。

如果在博弈模型中，参与人 i 的一个策略s_i^*严格占优于参与人 i 的其他任何策略，则称这个策略是严格占优策略。明显$u_i(s_i,s_{-i})$除了和参与人 i 自己的策略选择 s_i 相关，还和其他参与人的策略选择 s_{-i} 相关。也就是说，使参与人 i 的收益$u_i(s_i,s_{-i})$最大化的策略s_i^*是和其他参与人的

策略选择 $s_{\neg i}$ 相关的。但是在该博弈模型中，参与人 i 的最优策略选择 s_i^* 与其他参与人无关。无论其他参与人做出什么策略选择，该参与人选择策略 s_i^* 的收益总是大于选择其他策略 $\neg s_i^*$ 的收益。例如该博弈模型中的“保护”策略就是严格占优策略。

定义 2.4 严格占优策略。在博弈表达式 $G=\{\Gamma,S_1,\cdots,S_n,u_1,\cdots,u_n\}$ 表示的博弈模型中，如果对参与人 $i\in\Gamma$，存在 i 的策略选择 $s_i^*\in S_i$，对于任意的 $s_{\neg i}\in S_{\neg i}$，满足以下条件：

$$u_i(s_i^*,s_{\neg i})>u_i(\neg s_i^*,s_{\neg i}) \tag{2.1}$$

则称 s_i^* 是参与人 i 在均衡情况下的严格占优（最优）策略（上策）。

更加一般化，如果对于参与人 i 的两个策略 s_i' 和 s_i''，若满足 $u_i(s_i',s_{\neg i})\geqslant u_i(s_i'',s_{\neg i})$，则称参与人 i 的策略 s_i' 弱占优于策略 s_i''。因为参与人 i 的策略 s_i' 弱占优于策略 s_i''，所以存在一组其他参与人的策略组合 $\hat{s}_{\neg i}$，满足 $u_i(s_i',\hat{s}_{\neg i})=u_i(s_i'',\hat{s}_{\neg i})$。

定义 2.5 弱占优策略。在博弈表达式 $G=\{\Gamma,S_1,\cdots,S_n,u_1,\cdots,u_n\}$ 表示的博弈中，如果对参与人 $i\in\Gamma$，存在 i 的策略选择 $s_i^*\in S_i$，对于任意的 $s_{\neg i}\in S_{\neg i}$，满足以下条件：

$$u_i(s_i^*,s_{\neg i})\geqslant u_i(\neg s_i^*,s_{\neg i}) \tag{2.2}$$

则称 s_i^* 是参与人 i 在均衡情况下的弱占优策略。

很明显，一个参与人的严格占优策略是唯一的，而一个参与人的弱占优策略不一定是唯一的。如果一个博弈模型中，对于每个参与人 i 都有一个弱占优策略 s_i^*，那么所有弱占优策略的组合 $(s_1^*,\cdots,s_n^*)$ 就被称作弱占优均衡。

定义 2.6 弱占优均衡。在博弈表达式 $G=\{\Gamma,S_1,\cdots,S_n,u_1,\cdots,u_n\}$ 表示的博弈模型中，如果策略组合 $s^*=(s_1^*,\cdots,s_n^*)$ 对应任意的参与人 i，s_i^* 是 i 的弱占优策略，即 $\forall s_i^*\in s^*$，式（2.2）成立则称策略组合 s^* 是弱占优均衡。

如表 2.6 所示，每个参与人有 3 个策略。博弈模型中，对两个参与人都是“策略 A”弱占优于“策略 B”和“策略 C”，而“策略 B”弱占优于“策略 C”。虽然“策略 B”弱占优于“策略 C”，但是“策略 B”不能弱占优于“策略 A”，所以“策略 B”不是一个弱占优策略。该博弈模型中两个参与人都只有“策略 A”一个占优策略，因此，策略组合(策略 A, 策略 A)是该博弈模型唯一的弱占优均衡。

表 2.6 具有弱占优均衡的博弈模型

s_1	(u_1,u_2)		
	s_2=策略 A	s_2=策略 B	s_2=策略 C
策略 A	(0, 1)	(0, 0)	(0, 0)
策略 B	(−1, 1)	(0, 1)	(0, 0)
策略 C	(−1, 1)	(−1, 1)	(0, 1)

同理，如果一个博弈模型中，参与人 i 都有一个严格占优策略 s_i^*，那么 $(s_1^*,\cdots,s_n^*)$ 的策略组合就被称作严格占优均衡。从严格占优均衡和弱占优均衡的定义来看，两种均衡的分析方法是完全一致的，所以严格占优均衡和弱占优均衡被统称为“占优均衡”。占优均衡是博弈模型中最稳定的均衡。毕竟，对于模型中的参与人来讲，有了占优策略，那么肯定没有理性的参与人会选择其他收益更小的策略。很显然，严格占优均衡比弱占优均衡稳定。通过后续章节可以看出，两者在应用中也有差别。

2.2.2 联邦学习中的“搭便车”问题

占优均衡是博弈模型中最稳定的均衡。在占优均衡博弈的过程中，参与人看似有很多选项，实则“无计可施”。但是在实际应用中，一个参与人占优的情况很少出现，某个均衡碰巧是所有参与人的占优策略组合更难实现。不过，在有些博弈模型中，我们仍然可以利用占优的逻辑找出均衡。当参与人没有肯定会选的占优策略的时候，他可以反过来思考，有没有哪个策略是自己一定不会选择的。

一个联邦学习系统的基础模型通常由系统和用户两部分组成。在联邦学习系统中，用户有两种类型：一种是勤劳的，他们发送给系统的是训练好的本地模型；另一种是懒惰的，他们发送给系统的是随机数据。用户训练模型的成本为 c=1 单位。用户被系统接受后，可以从系统中获得 w=3 单位的收益。系统也有两种选择，它可以选择接受用户，也可以选择拒绝用户。系统选择接受用户后，如果这个用户发送的数据是训练好的本地模型，那么会给系统带来 4 单位的收益，即 $u_1(\text{接受},\text{勤劳})=4$ 单位；否则会给系统带来 1 单位负收益，即 $u_1(\text{接受},\text{懒惰})=-1$ 单位。当然系统如果选择拒绝用户，那么它的收益是 $u_1(\text{拒绝},\text{勤劳})=u_1(\text{拒绝},\text{懒惰})=0$。用户的类型可以被认为是用户的策略选择。系统不能通过接收到的数据来判断用户的类型，那么系统选择用户的过程可以被抽象成一个完全信息静态博弈模型。系统为参与人 1，而用户为参与人 2。当勤劳的用户被接受后，其收益是 $u_2(\text{接受},\text{勤劳})=w-c=2$ 单位；如果不被接受，其收益为 $u_2(\text{拒绝},\text{勤劳})=-c=-1$ 单位。当懒惰的用户被系统接受后，其收益是 $u_2(\text{接受},\text{懒惰})=w=3$ 单位，如果不被接受，其收益是 $u_2(\text{拒绝},\text{懒惰})=0$。有了收益后，这个博弈模型可以用表 2.7 所示的策略式表达。

表 2.7 联邦学习系统用户与系统博弈 I

s_1	(u_1,u_2)	
	s_2=勤劳	s_2=懒惰
接受	(4, 2)	(−1, 3)
拒绝	(0, −1)	(0, 0)

在这个博弈模型中，系统的策略选择就出现了问题。如果系统选择策略“接受”，那么当用户选择策略“懒惰”时，它的收益u_1(接受,懒惰) = −1 单位＜u_1(拒绝,懒惰) = 0 。如果系统选择策略“拒绝”，那么当用户选择策略“勤劳”时，它的收益u_1(拒绝,勤劳) = 0＜u_1(接受,勤劳) = 4 单位。根据占优策略的定义，策略“接受”和“拒绝”都不是系统的占优策略。只利用占优方法，按照参与人理性的假设，无论系统如何选择策略都没有符合理性的前提。

但是如果用户选择策略“勤劳”，那么当系统选择策略“接受”和“拒绝”时，用户的收益分别是 2 单位和−1 单位。如果用户选择策略“懒惰”，那么系统选择“接受”和“拒绝”时，用户的收益分别是 3 单位和 0，即u_2(*,懒惰)＞u_2(*,勤劳)，所以说，策略“懒惰”是用户的严格占优策略，即理性的用户会永远选择策略“懒惰”。也就是说，理性的用户永远不会选择策略“勤劳”。一个博弈模型的策略式中有“勤劳”这个策略和没有“勤劳”这个策略是等价的。所以，表 2.7 所示博弈模型等价于表 2.8 所示博弈模型。

表 2.8 联邦学习系统用户与系统博弈Ⅱ

s_1	(u_1,u_2)
	s_2=懒惰
接受	(−1, 3)
拒绝	(0, 0)

如此，表 2.8 所示策略式便可以代替表 2.7 所示策略式来表达博弈模型。在表 2.8 所示博弈模型中，对于系统的策略选择，u_1(接受,懒惰) = −1 单位＜u_1(拒绝,懒惰) = 0 。所以该博弈的均衡就是(拒绝,懒惰)，即系统不接受用户，而用户发送的数据也不是训练好的模型，而是随机数据。从这个简单的联邦学习系统与用户的博弈模型中可以看出，只使用联邦学习根本无法吸引到勤劳的用户。如果一个联邦学习系统对所有用户开放，那么这个系统只能吸引到懒惰的用户。这是由于在联邦学习系统中，无论如何选择策略，所有的用户都可以享受到系统学习带来的收益。而如果不能进入系统，则无论如何选择策略，用户都享受不到系统学习带来的收益。这个收益用 w 来表示，其中 $w>0$。而用户训练模型需要成本，包括自己的隐私、机器资源、电力资源和带宽资源等。这些成本用 c 来表示，其中 $c>0$。无论系统接受与否，用户选择策略“懒惰”的收益总会大于选择策略“勤劳”的收益。这也是在生活中常见的“搭便车”现象。坐享其成，利用别人创造出的成果来提升自己的收益。但是懒惰用户所发送的数据，只会对学习过程造成损失，所以系统最优策略是不吸引用户。因此，从博弈的角度看，在表 2.8 所示博弈模型的收益下，联邦系统是无法维持运营的。

通过对联邦学习系统中系统和用户之间的博弈分析可以看出，虽然某些博弈模型中没有占优均衡，但是只要有一个参与人有占优策略，那么整个博弈模型就可以得到简化。这种简化方法所依靠的思想还是占优均衡的求解思想，即只要存在一个占优策略，那么就不会有理性的参与人去选择其他策略。我们把这种思想做一次推广。参与人 i 有两个策略 s_i' 和 s_i''，其中 s_i'' 严格占优于 s_i'，即策略 s_i' 的收益在任何情况下都低于策略 s_i'' 的收益，则 s_i' 就被称为严格劣策略。

定义 2.7　严格劣策略。在博弈表达式 $G=\{\Gamma,S_1,\cdots,S_n,u_1,\cdots,u_n\}$ 表示的博弈模型中，对于参与人 $i\in\Gamma$，如果 i 的策略集中有两个策略 $s_i',s_i''\in S_i$ 且对于其他参与人 $\neg i\in\Gamma$ 的任一策略选择 $s_{\neg i}\in S_{\neg i}$，满足以下条件：

$$u_i(s_i',s_{\neg i})<u_i(s_i'',s_{\neg i})$$

则称 s_i' 是参与人 i 在均衡情况下的严格劣策略或者严格下策。

如果博弈模型中不存在占优策略，但是存在严格劣策略，那么这个模型也可以得到简化，这是因为理性的参与人无论如何都不会选择这个严格劣策略。

通过严格劣策略的定义可以看出，如果一个博弈模型中的参与人有严格占优策略，那么他的严格占优策略和严格劣策略在策略集上是互补的。在一个有严格占优策略的策略集中，除了严格占优策略，其他的策略都是严格劣策略。所以可以认为严格占优策略就是非严格劣策略的一种特殊形式。如此，即使博弈模型中的每个参与人都没有占优策略，也有可能找到这个博弈的均衡：

- 找出博弈模型中某个参与人的劣策略（若存在），剔除该劣策略，得到新的博弈；
- 剔除该新博弈模型中某个参与人的劣策略；
- 重复进行前两步，直至剩下唯一的策略组合为止；
- 最后剩下的那个策略组合就是该博弈的均衡。

这种方法被称作重复剔除的占优策略法。由于严格占优策略只是非严格劣策略的一种特殊形式，此种方法又被称作严格劣策略消去法。有了严格劣策略消去法后，便可以定义严格劣策略均衡。

定义 2.8　严格劣策略均衡。利用严格劣策略消去法得到的均衡被称作严格劣策略均衡。

有了严格劣策略均衡的定义后，即使在一个博弈模型中不存在任何参与人有占优策略，也可能求得该博弈模型的均衡。例如，在表 2.9 所示的博弈模型中，参与人 1 的策略选择就出现了问题。如果参与人 1 选择策略“小”，那么当参与人 2 选择策略“下”时，它的收益 $u_1(小,下)=2$ 单位 $<u_1(大,下)=3$ 单位；如果参与人 1 选择策略“大”，那么当参与人 2 选择策略“上”时，参与人 1 的收益 $u_1(大,上)=0<u_1(小,上)=5$ 单位。根据占优策略的定义，无论策略“大”还是“小”都不是参与人 1 的占优策略。同理，如果参与人 2 选择策略“上”，那么参与人 1 选择“小”和“大”时，参与人 2 的收益分别是 1 单位和 7 单位；如果参与人 2 选择策略“中”，那么参与人 1 选择“小”和“大”时，参与人 2 的收益分别是 3 单位和 0；如果参与人 2 选择策略“下”，

那么当参与人 1 选择策略“小”和“大”时，参与人 2 的收益分别是 1 单位和−2 单位。参与人 2 也没有占优策略。只利用占优方法，按照参与人理性的假设，无论参与人 1 和参与人 2 如何选择策略都不符合理性的前提。但是，对于参与人 2 来讲，$u_2(*,下) < u_2(*,中)$ 成立。

表 2.9　严格劣策略消去法Ⅰ

s_1	(u_1,u_2)		
	s_2=上	s_2=中	s_2=下
小	(5, 1)	(1, 3)	(2, 1)
大	(0, 7)	(0, 0)	(3, −2)

通过对表 2.9 所示策略式的分析发现，无论参与人 1 做何选择，参与人 2 选择策略“下”的收益总是小于其选择策略“中”的收益。即，策略“下”是参与人 2 的严格劣策略。根据严格劣策略消去法，策略“下”可以从博弈模型中消去，表 2.9 所示策略式可以被简化为表 2.10。

表 2.10　严格劣策略消去法Ⅱ

s_1	(u_1,u_2)	
	s_2=上	s_2=中
小	(5, 1)	(1, 3)
大	(0, 7)	(0, 0)

进一步分析，表 2.10 所示策略式中，无论参与人 2 做何选择，参与人 1 选择策略“小”的收益总是大于其选择策略“大”的收益。即，策略“大”是参与人 1 的严格劣策略。同理，表 2.10 所示策略式可以被简化为表 2.11。

表 2.11　严格劣策略消去法Ⅲ

s_1	(u_1,u_2)	
	s_2=上	s_2=中
小	(5, 1)	(1, 3)

最后，对于参与人 2 来讲，$u_2(小,上)=1$ 单位 $<u_2(小,中)=3$ 单位。所以，策略组合(小,中)是该博弈的严格劣策略均衡。

2.3　纳什均衡

在占优均衡和严格劣策略均衡博弈模型中，只要博弈的参与人都是理性的，均衡很容易预测。但是大多数的博弈问题中，并不存在参与人的占优策略或严格劣策略。由于占优均衡和严格劣策略均衡在博弈分析中存在局限性，需要发展适应性更强、更有普遍性的博弈分析概念和方法。

2.3.1　多用户联邦学习系统

纳什均衡是著名博弈论专家约翰·纳什对博弈论的重要贡献之一。纳什分别在 1950 年和 1951 年的两篇论文中，在一般意义上给定了非合作博弈及其均衡解，并证明了解的存在性。正是纳什的这一贡献奠定了非合作博弈论的理论基础。纳什所定义的均衡被称为纳什均衡。完全信息静态博弈中，纳什均衡是解的最一般概念。根据参与人理性的假设，在其他参与人不改变均衡策略的情况下，如果一个参与人改变策略后，其收益必然减少，则每个参与人都会遵守均衡的策略。任何参与人单方面偏离均衡都不会带来收益的增加是理性参与人自觉遵守策略选择的必要条件，这是纳什均衡的最重要特征。根据以上分析可以看出，参与人 i 选择策略 s_i^* 的必要条件是：

$$u_i(s_i^*,s_{-i}^*) \geqslant u_i(\neg s_i^*,s_{-i}^*)$$

因为博弈模型中对每一个参与人的假设都是理性的，所以对于所有的参与人，选择对应的均衡策略所得的收益都应该是最优的。如此便可以得到纳什均衡的定义。

定义 2.9　纳什均衡。在博弈表达式 $G=\{\Gamma,S_1,\cdots,S_n,u_1,\cdots,u_n\}$ 表示的博弈模型中，策略组合 $s^*=\{s_1^*,\cdots,s_n^*\}$，如果对任意 $i\in\Gamma$，$s_i^*\in S_i$ 满足以下条件：

$$u_i(s_i^*,s_{-i}^*) \geqslant u_i(\neg s_i^*,s_{-i}^*)$$

则称策略组合 s^* 是博弈 G 中的纳什均衡，s_i^* 是参与人 i 在均衡情况下的最优策略。

纳什均衡是对占优均衡、严格劣策略均衡这一类博弈模型中的特解的更普遍解释。按照定义，在占优均衡中参与人 i 的占优策略 s_i^* 对于 i 的其他策略 $\neg s_i^*$ 和其他参与人 $\neg i$ 的任何策略 s_{-i} 满足 $u_i(s_i^*,s_{-i}) \geqslant u_i(\neg s_i^*,s_{-i})$。其他参与人的均衡策略 s_{-i}^* 是其他参与人的策略 s_{-i} 的一个特例。所以对于均衡策略，肯定也满足 $u_i(s_i^*,s_{-i}^*) \geqslant u_i(\neg s_i^*,s_{-i}^*)$。而对于严格劣策略均衡，每个参与人 i 的劣策略 s_i' 都存在 i 的其他策略 $\neg s_i'$ 满足 $u_i(s_i',s_{-i}) < u_i(\neg s_i',s_{-i})$，所以均衡策略 s_i^* 肯定不是劣策略。因此，严格劣策略消去法中每次消去的策略肯定不是均衡策略 s_i^*。那么利用严格劣策略消去法最后剩下的那个不能被消去的策略也就是每个参与人 i 的纳什均衡策略 s_i^*。

有了纳什均衡的定义后，博弈模型的分析从单纯的策略分析提高到了整个模型的分析。例如表 2.12 所示的博弈策略式中，参与人 1 和参与人 2 都明显没有占优策略或者严格劣策略。该博弈模型中一共有 9 个策略组合。从参与人 1 的角度看，当参与人 1 选择策略“上”的时候，参与人 2 选择策略“左”和“右”的收益都小于选择策略“中”的收益。所以策略组合(上，左)

和(上, 右)肯定不是纳什均衡。同理，当参与人 1 选择策略“中”时，策略组合(中, 左)和(中, 中)肯定不是纳什均衡；当参与人 1 选择策略“下”时，策略组合(下, 左)和(下, 中)也都不是纳什均衡。从另一个参与人的角度看，当参与人 2 选择策略“左”时，策略组合(上, 左)和(下, 左)肯定不是纳什均衡；当参与人 2 选择策略“中”时，策略组合(中, 中)和(下, 中)肯定不是纳什均衡；当参与人 2 选择策略“右”时，策略组合(中, 右)和(下, 右)肯定不是纳什均衡。综上所述，只有策略组合(上, 中)有可能是纳什均衡，其中 $u_1(上,中)=4$ 单位，$u_2(上,中)=3$ 单位。当参与人 1 选择策略“上”时，参与人 2 选择策略“左”的收益是 1 单位，而选择策略“右”的收益是 2 单位。明显选择这两个策略的收益都小于 3 单位，所以参与人 2 不会偏离自己的均衡策略“中”。同理，参与人 2 选择策略“中”时，参与人 1 选择策略“中”和策略“下”的收益分别是 3 单位和 2 单位。参与人 1 选择这两个策略的收益都小于 4 单位，所以参与人 1 也不会偏离自己的均衡策略“上”。

表 2.12　纳什均衡

s_1	(u_1,u_2)		
	s_2=左	s_2=中	s_2=右
上	(5, 1)	(4, 3)	(6, 2)
中	(9, 6)	(3, 0)	(2, 8)
下	(8, 4)	(2, 1)	(3, 6)

通过上文分析可以看出，将有限博弈模型中的所有策略组合逐对比较，从而得到最终的纳什均衡。在实际的分析过程中，有一些技巧可以降低均衡求解过程的计算量，其中最常见的就是画线法。上文中对表 2.12 所示博弈模型的分析过程就是画线法的原理。对画线法的总结如下：如果 $(s_i^*,s_{-i}^*)=(s_1^*,s_2^*,\cdots,s_n^*)$ 是博弈模型的纳什均衡，可以先计算在除参与人 i 外其他参与人的每个策略组合 s_{-i} 下，参与人 i 获得最大收益的策略 $\hat{s}_i$，$u_i(\hat{s}_i,s_{-i})=\max\limits_{s_i}u_i(s_i,s_{-i})$。$\hat{s}_i$ 的值是关于 s_{-i} 的一个映射，记为 $\hat{s}_i(s_{-i})$。在策略式中代表 $\hat{s}_i(s_{-i})$ 的那个元素下画线。当取遍 s_{-i} 时，得到一个集合 $\{\hat{s}_i(s_{-i})\,|\,s_{-i}\in\prod_{j=1,j\neq i}^{n}S_j\}$。集合中的每个元素 $\hat{s}_i(s_{-i})$ 在策略式中对应的元素都有下划线。

如此，参与人 i 的均衡策略 s_i^* 必然在集合 $\{\hat{s}_i(s_{-i})\,|\,s_{-i}\in\prod_{j=1,j\neq i}^{n}S_j\}$ 中。对每个参与人都做这样的处理。如果 $(s_1^*,s_2^*,\cdots,s_n^*)$ 是纳什均衡，则存在 $\hat{s}_i(s_{-i}^*)=s_i^*=\hat{s}_i(\hat{s}_{-i})$。那么，找到策略式中所有元素都有下划线的那一项。这一项代表的策略组合就是这个策略式所表达的完全信息静态博弈模型的纳什均衡。

对于只有两个参与人的有限博弈模型，用画线法分析很简单。此处看一个有 3 个参与人的博弈模型。一个联邦学习系统中有两个用户。其中用户 1 训练成本较低，为 2 单位；用户 2 训练成本较高，为 4 单位。每个用户都有两个选择：一个是“勤奋”，即选择训练模型；另一个是“懒惰”，即选择不训练模型。假设当两个用户一起训练时，每个用户只需要付出一半的成本；否则，训练模型的用户要付出全部成本。模型训练后每个用户的收益都为 5 单位。如果训练成功，则系统收益为 2 单位。如果两个用户都不训练，则所有参与人收益为 0。对于系统来讲，它也有两个选择：一个是“保护”用户隐私，那么自己的收益为全局模型带来的 2 单位收益；另一个是“侵犯”用户隐私，那么“勤奋”的用户收益减少 2 单位，同时每个“勤奋”用户带给系统 1 单位收益。

整个过程可以被抽象成一个有 3 个参与人的完全信息静态博弈模型。用户 1、用户 2 和系统分别是博弈模型中的 3 个参与人。根据第 2.1.3 节介绍的多人博弈的策略式表达，这个博弈模型可以用表 2.13 和表 2.14 所示的矩阵表达。表 2.13 所示矩阵的第一行第三个元素为系统选择策略“保护”且用户 1 选择策略“勤奋”时，用户 2 的策略选择带来的收益 u_3(保护，勤奋，勤奋) = 3 单位 < u_3(保护，勤奋，懒惰) = 5 单位。所以在表 2.13 所示矩阵的第一行第二列的第三个元素“5”下画线。然后，第二行表示用户 1 选择策略“懒惰”时，用户 2 应该选择“勤奋”，所以在表 2.13 所示矩阵的第二行第一列下的第三个元素“1”下画线。同理，表 2.13 所示矩阵第一列和第二列的第二个元素分别为系统选择策略“保护”且用户 2 选择策略“勤奋”和“懒惰”时，用户 1 的策略选择带来的收益。当用户 2 选择“勤奋”时，用户 1 应该选择“懒惰”，所以在第二行第一列下的第二个元素“5”下面画线。当用户 2 选择“懒惰”时，用户 1 应该选择“勤奋”，所以在第一行第二列下的第二个元素“3”下面画线。表 2.14 所示矩阵为系统选择侵犯用户隐私时策略组合的收益。同理，无论用户 1 选择策略“勤奋”还是策略“懒惰”，用户 2 都应该选择懒惰，所以应该分别在第一行第二列的第三个元素“5”下和第二行第二列的第三个元素“0”下画线。当用户 2 选择策略“勤奋”时，用户 1 应该选择策略“懒惰”，所以在第二行第一列的第二个元素“5”下画线；当用户 2 选择策略“懒惰”时，用户 1 应该选择策略“勤奋”，所以在第一行第二列的第二个元素“1”下画线。最后分析系统的策略选择。分别比较第一个矩阵与第二个矩阵的每一项的第一个元素，在较大的元素下画线。例如当用户 1 和用户 2 都选择策略“勤奋”时，表 2.13 所示矩阵的第一行第一列第一个元素代表此时系统选择策略“保护”时的收益，表 2.14 所示矩阵的第一行第一列第一个元素代表此时系统选择策略“侵犯”时的收益。此时理性的系统应该选择策略“侵犯”，所以在表 2.14 所示矩阵的第一行第一列第一个元素“4”下画线。同理，比较两个矩阵的第一行第二列第一个元素时，在表 2.14 下的元素“3”下画线；比较第二行第一列第一个元素时，也是在表 2.14 下的元素“3”下画线；比较两个矩阵的第二行第二列第一个元素时，两个元素都是“0”，所以在两个元素“0”下画线。最后通过表 2.13 和表 2.14 可以看出，只有表 2.14 所示矩阵的第一行第二列这一项所

有元素下都有下划线，因此整个博弈模型的均衡为(侵犯，勤奋，懒惰)，即用户 1 总是选择训练模型，用户 2 总是选择不训练模型，系统总是选择侵犯用户的隐私。

表 2.13　系统选择保护用户隐私

s_2	(u_1,u_2,u_3)	
	s_3=勤奋	s_3=懒惰
勤奋	(2, 4, 3)	(2, $\underline{3}$, $\underline{5}$)
懒惰	(2, $\underline{5}$, $\underline{1}$)	($\underline{0}$, 0, 0)

表 2.14　系统选择侵犯用户隐私

s_2	(u_1,u_2,u_3)	
	s_3=勤奋	s_3=懒惰
勤奋	($\underline{4}$, 2, 1)	($\underline{3}$, $\underline{1}$, $\underline{5}$)
懒惰	($\underline{3}$, $\underline{5}$, −1)	($\underline{0}$, 0, $\underline{0}$)

另外对于第 2.1.3 节所示的零和矩阵，有一种计算更加简单的方法——矩阵鞍点法。鞍点是指对于一个矩阵中的某个元素，该元素是其所在行的最小值和其所在列的最大值。矩阵鞍点即博弈矩阵的纳什均衡。矩阵鞍点法的思想和画线法是一致的。一列中的最大元素，表示在参与人 2 的策略选择确定的情况下，这个策略是参与人 1 的最优策略选择。因为这个矩阵是一个零和矩阵，矩阵中的每个元素既是参与人 1 的收益，又是参与人 2 收益的相反数。一行中的最小元素，表示选择该策略时参与人 1 的收益最小，同时也意味着参与人 2 的收益最大。这说明在参与人 1 的策略选择确定的情况下，这个策略是参与人 2 的最优策略选择。在表 2.15 所示矩阵中，鞍点为第一行第二列代表策略组合(上，中)的元素，那么 (上，中)就是这个博弈模型的均衡。

表 2.15　零和矩阵

s_1	u_1		
	s_2=左	s_2=中	s_2=右
上	3	1	2
中	6	0	−3
下	−5	−1	4

2.3.2　无限策略纳什均衡

上节介绍的画线法是有限完全信息静态博弈模型中纳什均衡的有效求解方法。对于有限博弈模型的分析过程比较直观，可以对每个策略组合的收益进行逐个验证。然而在生活中很多博弈模型的策略是连续的，这种情况下，参与人的策略是无限的。画线法、矩阵鞍点法这类方法对于无限博弈模型的分析显然无能为力。为此，需要新的方法来对无限博弈模型进行分析。

无限博弈模型的策略选择通常是一个连续区间。区间内的任一实数值都是参与人的可选策略。相应地，参与人的收益就是关于变量的函数。古诺模型就是其中最基础的连续策略博弈模型。古诺模型是两个生产同质产品的企业竞争同一个市场。两个企业分别记为企业 1 和企业 2。两个企业的策略是自己产品的产量，分别记为 s_1 和 s_2，收益是销售额减去自己的生产成本。企业 i 的销售额是产品的价格与产量 s_i 的乘积，而产品的价格是由市场内该产品的所有产量决定的，所以产品的价格函数为 $A(s_1,s_2)$。产品的成本只与自己的产量 s_i 有关，记为 $C_i(s_i)$。整个过程可以被抽象为完全信息静态博弈模型。博弈模型的标准策略式如下。

- 参与人：企业 1 和企业 2。
- 策略集：企业 1 的策略 s_1 和企业 2 的策略 s_2 分别为 $s_1 \in [0,+\infty)$、$s_2 \in [0,+\infty)$。
- 收益：
  - ➢ 企业 1 的收益为 $u_1(s_1,s_2) = s_1 A(s_1,s_2) - C_1(s_1)$；
  - ➢ 企业 2 的收益为 $u_2(s_1,s_2) = s_2 A(s_1,s_2) - C_2(s_2)$。

通过博弈模型中企业 1 和企业 2 的收益函数可以看出，两个用户的收益取决于双方的策略选择，即双方的产量 s_i。

设在该博弈模型中的纳什均衡为(s_1^*,s_2^*)。根据纳什均衡的定义可知，(s_1^*,s_2^*)一定会满足：

$$\begin{cases} u_1(s_1^*,s_2^*) \geqslant u_1(\neg s_1^*,s_2^*) \\ u_2(s_1^*,s_2^*) \geqslant u_2(s_1^*,\neg s_2^*) \end{cases}$$

这就意味着当企业 2 选择自己的策略为 $s_2 = s_2^*$ 时，企业 1 选择的策略 s_1 需要满足自己的收益 $u_1(s_1,s_2^*)$ 为最大值。同理，企业 1 选择自己的策略为 $s_1 = s_1^*$ 时，企业 2 选择的策略 s_2 需要满足自己的收益 $u_2(s_1^*,s_2)$ 为最大值。如此，一个博弈模型中均衡求解问题就被转化成一个函数极值问题：

$$\begin{cases} \max\limits_{s_1}(s_1 A(s_1,s_2) - C_1(s_1)) \\ \max\limits_{s_2}(s_2 A(s_1,s_2) - C_2(s_2)) \end{cases}$$

所以函数 $A(x,y)$和 $C(x)$存在导数时，u_1 和 u_2 应该满足：

$$\begin{cases} \dfrac{\partial u_1(s_1,s_2)}{\partial s_1} = A(s_1,s_2) + s_1\dfrac{\partial A(s_1,s_2)}{\partial s_1} - C_1'(s_1) = 0 \\ \dfrac{\partial u_2(s_1,s_2)}{\partial s_2} = A(s_1,s_2) + s_2\dfrac{\partial A(s_1,s_2)}{\partial s_2} - C_2'(s_2) = 0 \end{cases}$$

进一步实例化模型。因为产品的价格通常只与市场内产品的总数量 $s_1 + s_2$ 相关，所以可以设产品的价格函数为 $A(s_1,s_2) = a - (s_1 + s_2)$。而产品的总成本只与自己的产量 s_i 相关，而且两个企业的成本一样。所以设企业 1 和企业 2 的成本函数分别为 $C_1(s_1) = cs_1$ 和 $C_2(s_2) = cs_2$。其中，a

和 c 都为正整数。那么对企业 1 和企业 2 的收益函数分别求偏导得：

$$\begin{cases}\dfrac{\partial u_1(s_1,s_2)}{\partial s_1}=a-c-2s_1-s_2\\ \dfrac{\partial u_2(s_1,s_2)}{\partial s_2}=a-c-s_1-2s_2\end{cases} \tag{2.3}$$

在企业 2 的策略选择 s_2 确定的情况下，对于企业 1 来说，当 s_1 满足 $\dfrac{\partial u_1(s_1,s_2)}{\partial s_1}=0$ 的时候，$u_1(s_1,s_2)$ 能达到最大值。也就是说，企业 1 的最优策略选择 $\hat{s}_1$ 是随着企业 2 的策略选择 s_2 的变化而变化的。如此就得到了企业 1 对企业 2 每一个可能的产量的最佳策略选择的计算式：$\hat{s}_1=R_1(s_2)$。$\hat{s}_1=R_1(s_2)$ 是企业 2 产量的一个连续函数，被称作企业 1 对企业 2 产量的反应函数。同理，企业 2 对企业 1 产量也有反应函数 $\hat{s}_2=R_2(s_1)$。

$$\begin{cases}R_1(s_2)=\dfrac{a-c-s_2}{2}\\ R_2(s_1)=\dfrac{a-c-s_1}{2}\end{cases} \tag{2.4}$$

每个企业的反应函数都可以对应到坐标平面的一条线段。也就是说，线段上对应的每个策略都是企业 i 的严格占优策略。那么不在线段上的策略就是企业 i 的严格劣策略。根据严格劣策略消去法，不在线段上的策略都会被消去。这时，式（2.4）可与图 2.1 中的两条线段对应。

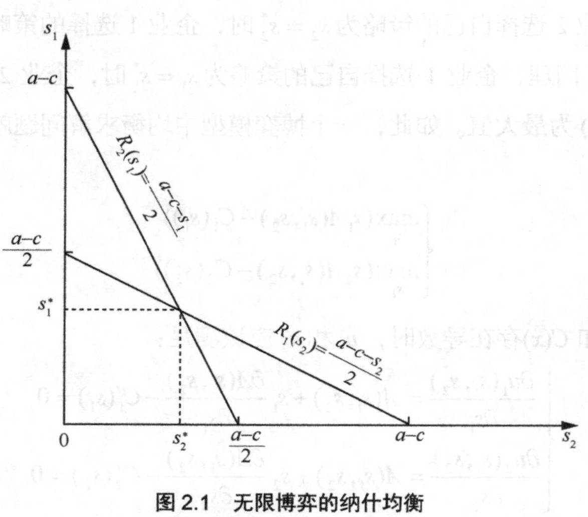

图 2.1 无限博弈的纳什均衡

对于图 2.1 中对应的两个企业，线段 $R_1(s_2)=\dfrac{1}{2}(a-c-s_2)$ 上所有点都是 s_1 对 s_2 的最优反应，但是这些点并不都是 s_2 对 s_1 的最优反应。除了这条线段，坐标系内的其他点都不会是纳什均衡。

同理，线段 $R_2(s_1)=\frac{1}{2}(a-c-s_1)$ 上所有点都是 s_2 对 s_1 的最优反应。所以只有两条线段的交点 $\left(\frac{a-c}{3},\frac{a-c}{3}\right)$ 是同时满足两个企业最优策略选择的均衡。

该博弈模型的纳什均衡就是式（2.4）所示方程组的解：

$$\begin{cases} s_1^* = \dfrac{a-c}{3} \\ s_2^* = \dfrac{a-c}{3} \end{cases}$$

所以，该博弈模型的纳什均衡是 $\left(\frac{a-c}{3},\frac{a-c}{3}\right)$。即该市场中，企业 1 和企业 2 的产量都是 $\frac{a-c}{3}$ 时，两个企业的利润都能达到最大，分别是 $u_1(s_1^*,s_2^*)=\frac{(a-c)^2}{9}$ 和 $u_2(s_1^*,s_2^*)=\frac{(a-c)^2}{9}$。所示整个市场上该产品的总产量为 $s_1^*+s_2^*=\frac{2(a-c)}{3}$，总利润为 $u_1(s_1^*,s_2^*)+u_2(s_1^*,s_2^*)=\frac{2(a-c)^2}{9}$。

如果两家企业联合成一家企业从而垄断了整个市场，也可以认为目前市场中只有一家垄断企业时，市场上该产品的产量就是企业 0 的产量 s_0。那么企业 0 的收益函数为：

$$u_0(s_0)=(a-s_0)s_0-cs_0 \tag{2.5}$$

因为 $u_0(s_0)$ 是关于 s_0 的一个二次函数，所以 $u_0(s_0)$ 是关于 s_0 的一个凸函数，$u_0(s_0)$ 在实数域内的极大值就是其在定义域内的最大值。可以对式（2.5）求导并使求导结果为 0，获得 $u_0(s_0)$ 取得最大值时的 s_0：

$$s_0=\frac{a-c}{2} \tag{2.6}$$

当企业 0 完全垄断整个市场时，企业 0 的产量，即整个市场该产品的产量为 $\frac{a-c}{2}$，而总收益为 $\frac{(a-c)^2}{4}$。此时市场内的产品产量低于两个企业并存时的产品产量，但是企业 0 的收益却高于两个企业的收益之和。如果企业 0 在产量达到 $\frac{a-c}{2}$ 后持续增加产量，其收益会降低。当企业 0 的产量达到 $a-c$ 时，收益为 0。从图 2.1 中可以看出，当企业 1 产量为 0 时，企业 2 的最优产量就是整个市场的最优产量，这时企业 2 的产量选择是 $\frac{a-c}{2}$；而当企业 1 的产量为 $a-c$ 时，企业 2 的最优产量就只有 0 了。这与式（2.6）中的结果一致。

2.3.3　基于激励的联邦学习贡献度选择

为了吸引更多的用户，联邦学习系统往往会向用户提供一定的激励。某些情况下，用户所获得的激励 A 由用户为全局模型的贡献度 s_i 决定。同时，用户也会从训练完的全局模型中受益。

收益函数 B 由全局模型的质量决定，而全局模型的质量由所有用户的贡献度$(s_1,s_2,\cdots,s_n)$共同决定。用户在系统中除了从系统获得收益，还需要支付训练本地模型的成本 C。成本 C 也由用户的贡献度 s_i 决定。

现在一个联邦学习系统中有两个用户：用户 1 和用户 2。系统对于帮助系统训练全局模型的用户的激励为其贡献度 s_i 的一次函数 $A(s_i)=as_i$，单位激励 $a>0$。系统最后训练成的全局模型的质量为各个用户贡献度的乘积，即 $s_1s_2\cdots s_n$。全局模型能够带给参与人的收益为 $B(s_1s_2\cdots s_n)=bs_1s_2\cdots s_n$，单位收益 $b>0$。为了分析简单的需求和突出博弈的特征，假设用户训练模型没有固定成本。成本包括所需要的资源、时间、宽带消耗，以及自己隐私的泄露，是贡献度的二次函数 $C(s_i)=cs_i^2$，单位成本 $c>0$。系统内的用户都是独立的。他们彼此之间没有联系，不能进行通信，即在决策前不知道对方的贡献度。整个过程就被抽象成一个完全信息静态博弈模型。两个用户都是博弈模型中的参与人。用户的策略选择为对自己本地模型贡献度的衡量，取自连续区间，且不能为负值。每个用户的收益为系统提供给自己的激励 $A(s_i)$ 加上自己从最后的全局模型获得的收益 $B(s_1\cdots s_n)$ 减去自己训练本地模型的成本 $C(s_i)$。所以，整个博弈模型可以由下述博弈标准式表达。

- 参与人：用户 1 和用户 2。
- 策略集：用户 1 的策略 s_1 和用户 2 的策略 s_2 分别为 $s_1\in[0,+\infty)$、$s_2\in[0,+\infty)$。
- 收益：
  - ➢ 用户 1 的收益为 $u_1(s_1,s_2)=as_1+bs_1s_2-cs_1^2$；
  - ➢ 用户 2 的收益为 $u_2(s_1,s_2)=as_2+bs_1s_2-cs_2^2$。

通过博弈模型中用户 1 和用户 2 的收益函数可以看出，两个用户的收益取决于双方的策略选择，即双方的贡献度 s_i。

设在该博弈模型中的纳什均衡为 (s_1^*,s_2^*)。根据纳什均衡的定义可知，(s_1^*,s_2^*) 一定会满足：

$$\begin{cases}u_1(s_1^*,s_2^*)\geqslant u_1(\neg s_1^*,s_2^*)\\u_2(s_1^*,s_2^*)\geqslant u_2(s_1^*,\neg s_2^*)\end{cases}$$

这就意味着当用户 2 选择自己的贡献为 $s_2=s_2^*$ 时，用户 1 选择的策略 s_1 需要满足自己的收益 $u_1(s_1,s_2^*)$ 为最大值。同理，用户 1 选择自己的贡献为 $s_1=s_1^*$ 时，用户 2 选择的策略 s_2 需要满足自己的收益 $u_2(s_1^*,s_2)$ 为最大值。一个博弈模型中均衡求解问题就被转化成函数极值问题：

$$\begin{cases}\max\limits_{s_1}(as_1+bs_1s_2-cs_1^2)\\\max\limits_{s_2}(as_2+bs_1s_2-cs_2^2)\end{cases}$$

因为 $u_1(s_1,s_2)$ 是关于 s_1 的一个二次函数，且 $c>0$，所以 $u_1(s_1,s_2)$ 是关于 s_1 的一个凸函数；

同理，$u_2(s_1,s_2)$ 是关于 s_2 的一个凸函数。所以，$u_1(s_1,s_2)$ 和 $u_2(s_1,s_2)$ 在实数域内的极大值就分别是自身在定义域内的最大值。由于 $u_1(s_1,s_2)$ 和 $u_2(s_1,s_2)$ 在定义域内都是可导的，下面分别对 $u_1(s_1,s_2)$ 和 $u_2(s_1,s_2)$ 求偏导：

$$\begin{cases}\dfrac{\partial u_1(s_1,s_2)}{\partial s_1}=a+bs_2-2cs_1\\\dfrac{\partial u_2(s_1,s_2)}{\partial s_2}=a+bs_1-2cs_2\end{cases}$$

当 $\dfrac{\partial u_1(s_1,s_2)}{\partial s_1}$ 和 $\dfrac{\partial u_2(s_1,s_2)}{\partial s_2}$ 分别为 0 时，$u_1(s_1,s_2)$ 和 $u_2(s_1,s_2)$ 分别达到极大值，即 s_1^* 和 s_2^* 要满足下列条件：

$$\begin{cases}s_1^*=\dfrac{a+bs_2^*}{2c}\\s_2^*=\dfrac{a+bs_1^*}{2c}\end{cases}\tag{2.7}$$

式（2.7）即用户 1 和用户 2 在博弈模型中的反应函数。式（2.7）所示反应函数可以被映射到坐标系中的两条线段，如图 2.2 所示。两条线段的交点即博弈模型的纳什均衡。

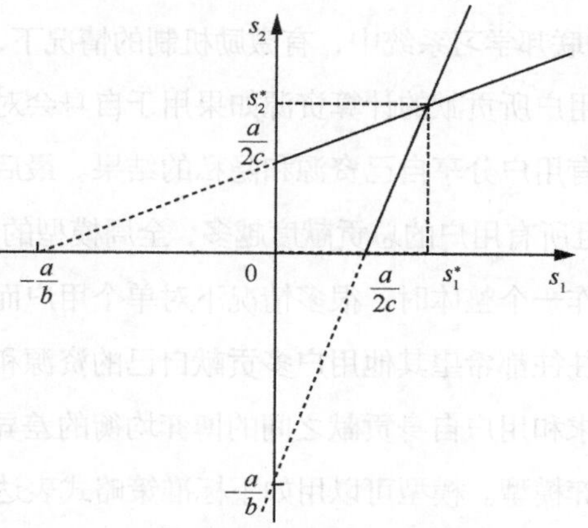

图 2.2　无限策略的联邦学习贡献选择

求解式（2.7）所示方程组，解得：

$$\begin{cases}s_1^*=\dfrac{a}{2c-b}\\s_2^*=\dfrac{a}{2c-b}\end{cases}\tag{2.8}$$

因为 $a>0$、$b>0$ 且 $c>0$，所以如果该博弈模型的纳什均衡存在，需有 $2c>b$。此时该模型的纳什均衡为 $\left(\dfrac{a}{2c-b},\dfrac{a}{2c-b}\right)$，每个用户的收益为 $\dfrac{a^2c}{(2c-b)^2}$。根据以上分析，当博弈模型中的两个用户独立且同时做出自己模型贡献度的决策时，以自身收益最大为目标，都会选择 $\frac{a}{2c-b}$ 的贡献度。通过式（2.8）看出，系统提供的单位激励 a 和系统生成全局模型带给用户的单位收益 b 越高，用户所提供模型的贡献度越高；用户训练本地模型所需要的单位成本 c 越高，用户提供模型的贡献度越低。

目前流行的激励机制有很多种类。在实际应用中，需要根据具体情况设计合理的激励机制，以实现最佳的联邦学习效果。所以，应该注意的是，并不是所有联邦学习系统都关注用户对于本地模型的训练质量。也就是说，会有很多联邦学习系统不适应本节所述博弈模型。

2.3.4 联邦学习中无激励的贡献度选择

有限纳什均衡结构简单，容易分析，但是不能表达过于复杂的博弈过程。第 2.2.1 节介绍了用户间隐私分享的博弈过程中，不分享自己的隐私是一个严格占优策略，这是因为分享隐私的收益总是小于不分享隐私的收益。如果增加分享隐私的收益到一定程度后，分享隐私所带来的收益肯定会大于不分享所带来的收益。那么当收益增加到什么时候时策略“分享”是占优策略，什么时候时“保护”又是占优策略。这时就需要用无限博弈模型来分析了。

例如第 2.3.3 节介绍的联邦学习系统中，有激励机制的情况下，用户自身贡献度如何选择。当然，这种选择没有考虑用户所贡献的计算资源如果用于自身会对收益有什么样的影响。系统最后获得的全局模型是所有用户分享自己资源和隐私的结果。最后的模型对于用户来讲能够大幅度增加自己的收益，而且所有用户的总贡献度越多，全局模型的质量越好。根据第 2.2.2 节的介绍，当把其他所有人看作一个整体时，很多情况下对单个用户而言，帮助系统训练本地模型是一个严格劣策略。用户往往都希望其他用户多贡献自己的资源和隐私，而自己就可以少做贡献。这就是整体效果的追求和用户自身贡献之间的博弈均衡的差异。那么整个过程就可以被抽象成一个完全信息静态博弈模型。模型可以用如下标准策略式表达。

- 参与人：$\Gamma=\{1,2,\cdots,n\}$。
- 设用户 i 的总资源为 M_i，用于自身的资源为 x_i。为了简化模型，设用户的个人资源只用作自身收益和联邦学习贡献。那么用户 i 的策略就是其用于训练的贡献度 s_i。

$$s_i=M_i-x_i$$

其中 $x_i\geqslant 0,\ s_i\geqslant 0$。系统训练最终全局模型的质量函数为：

$$S=\sum_{i=1}^{n}s_i \tag{2.9}$$

则用户 i 的策略集为：

$$\forall i \in \Gamma, s_i = [0, +\infty)$$

- 用户 i 的收益 $u_i(s_i, s_{-i})$ 由两部分组成：用户用于自身的收益 $A(s_i)$ 和系统训练的全局模型带给自己的收益 $B(s_1, s_2, \cdots, s_n)$。由式（2.9）可知参数 s_i 可以用 x_i 代替。参数 $s_1 + s_2 + \cdots + s_n$ 可以用 S 代替。

$$u_i(s_i, s_{-i}) = u_i(x_i, S) = A(x_i) + B(S) \tag{2.10}$$

式（2.10）需要满足：$\frac{\partial u_i}{\partial x_i} > 0$, $\frac{\partial^2 u_i}{\partial x_i^2} < 0$, $\frac{\partial u_i}{\partial S} > 0$, $\frac{\partial^2 u_i}{\partial S^2} < 0$。即用户 i 的收益不但随着用户用于自身的资源的增加而增加，而且随着本地模型质量的提高而增加，但收益增加的速率逐渐下降。然而随着其他用户贡献度增加，用户 i 便可以坐享其成，类似于第 2.2.2 节介绍的“搭便车”。

通过对以上博弈模型的分析，如果策略组合（$s_1^*, s_2^*, \cdots, s_n^*$）是一个纳什均衡，则记 $S^* = s_1^* + s_2^* + \cdots + s_n^*$，根据纳什均衡的定义：

$$u_i(x_i^*, S^*) \geqslant u(x_i, S^* - s_i^* + s_i)$$

所以模型均衡求解问题转化成一个最优化问题。利用拉格朗日乘子法求解此优化问题，首先在式（2.10）中加入乘子 λ：

$$L_i = u_i(x_i, S) + \lambda(M_i - x_i - s_i)$$

最优化的一阶条件为：

$$\begin{cases} \dfrac{\partial u_i}{\partial x_i} - \lambda_i = 0 \\ \dfrac{\partial u_i}{\partial S} - \lambda_i = 0 \\ x_i = M_i - s_i \end{cases} \tag{2.11}$$

如果式（2.11）所示的最优化方程有解 λ_i^*、s_i^*，则纳什均衡中联邦学习系统所获得的总贡献度为 $S^* = s_1^* + s_2^* + \cdots + s_n^*$。

设由 n 个用户构成的整个系统的收益函数为：

$$w = \alpha_1 u_1(x_1, S) + \alpha_2 u_2(x_2, S) + \cdots + \alpha_n u_n(x_n, S)$$

整个系统总的计算资源 $M = M_1 + M_2 + \cdots + M_n$，把其中的 x_i 分配给用户 i 作为用户 i 自身使用的资源。剩余资源用于模型训练，那么可以建立以下优化模型：

$$\begin{cases} \max w = \alpha_1 u_1(x_1, S) + \alpha_2 u_2(x_2, S) + \cdots + \alpha_n u_n(x_n, S) \\ x_1 + x_2 + \cdots + x_n + S = M \end{cases} \tag{2.12}$$

利用拉格朗日乘子法将式（2.12）转化为：

$$\begin{cases} \sum_{i=1}^{n} \alpha_i \dfrac{\partial u_i(x_i, S)}{\partial S} - \lambda = 0 \\ \alpha_i \dfrac{\partial u_i(x_i, S)}{\partial x_i} - \lambda = 0 \\ x_i = M_i - s_i \end{cases}$$

以两个参与人为例，其中参数 $\alpha_1 = \alpha_2 = 1$，$u_1 = u_2$，则集体决策的一阶条件为：

$$\begin{cases} \dfrac{\partial u_1(x_1, S)}{\partial x_1} - \lambda = 0 \\ \dfrac{\partial u_2(x_2, S)}{\partial x_2} - \lambda = 0 \\ \dfrac{\partial u_1(x_1, S)}{\partial S} - \dfrac{\lambda}{2} = 0 \end{cases} \tag{2.13}$$

该博弈模型的纳什均衡就是 $u_1(x_1, s_1)$ 的反应函数与 $x_1 = M_1 - s_1$ 相切的点，而集体决策的最优解就是其与 $x_1 = M_1 - \dfrac{1}{2}s_1$ 相切的点。如果把 s_1 理解为全部的资源都用来训练本地模型，那么模型的质量肯定不会降低。所以对于集体决策的最优解 $\hat{S}$，有 $\hat{S} > S^*$。

如果设定具体的收益函数，可以对 S^* 和 $\hat{S}$ 分析得更清楚。从式（2.13）中可以直观地看出，如果各个用户的设备性能不均匀，那么高性能用户可能会投入更多的资源进行模型训练，S^* 和 $\hat{S}$ 之间的差距也会减小。

2.3.5 零和网络攻防

通过第 2.2 节的分析可以看出，弱占优均衡和严格劣策略均衡都是纳什均衡的特殊形式。第 2.2.1 节介绍了弱占优策略和严格占优策略的定义。弱占优策略只需要参与人选择该策略的收益不小于选择其他所有策略的收益。而严格占优策略却需要参与人选择该策略的收益严格大于选择其他所有策略的收益。因为纳什均衡只要求均衡收益不小于其他策略组合，所以弱占优策略和严格占优策略在博弈模型的分析过程上并没有区别，但是两者在应用上还是有区别的。

根据占优均衡的定义可以看出，一个占优均衡 $(s_1^*, \cdots, s_n^*)$ 对于所有参与人 i 需要满足 $u_i(s_i^*, s_{-i}) \geqslant u_i(\neg s_i^*, s_{-i})$，其中 s_{-i} 为其他参与人的任何策略选择，$s_{-i} \in S_{-i}$。又因为 $s_{-i}^* \in S_{-i}$，所以 $u_i(s_i^*, s_{-i}) \geqslant u_i(\neg s_i^*, s_{-i})$。因此，一个占优均衡肯定是纳什均衡。

第 2.2.1 节已经介绍过，一个博弈模型中参与人的严格占优策略是唯一的。如果博弈模型有纳什均衡，那么这个严格占优策略一定是参与人的均衡策略。对于严格占优均衡来讲，如果一个博弈模型有严格占优均衡，那么这个严格占优均衡就是博弈模型中的唯一纳什均衡。还是以第 2.2.1 节的隐私分享博弈为例，如表 2.5 所示，该博弈模型的严格占优均衡为策略组合(保护，保护)。同时，这个博弈模型也只有这一个纳什均衡。

但是对于有弱占优均衡的博弈模型的分析就比较复杂。博弈模型中的弱占优策略并不一定是唯一的，那么即使博弈模型有弱占优均衡，博弈模型中的纳什均衡也并不一定都是弱占优均衡。如表 2.16 所示，博弈模型中如果两个参与人都选择“策略 A”则收益分别是 1 单位，否则收益都是 0。明显，对于两个参与人来说，“策略 A”都是弱占优策略。所以策略组合(策略 A，策略 A)就是一个弱占优均衡。根据画线法能得知，策略组合(策略 A，策略 A)是一个纳什均衡。同时，也能得出策略组合(策略 B，策略 B)也是一个纳什均衡。但是(策略 B，策略 B)不是一个占优均衡。所以纳什均衡(策略 A，策略 A)比纳什均衡(策略 B，策略 B)更加稳定。只要参与人选择策略“策略 A”，无论对方选择哪个策略，自己的收益都不会减少。

表 2.16　具有弱占优均衡的博弈模型 I

s_1	(u_1,u_2)	
	s_2=策略 A	s_2=策略 B
策略 A	(1, 1)	(0, 0)
策略 B	(0, 0)	(0, 0)

当然也有所有纳什均衡都是弱占优均衡的情况。如表 2.17 所示，博弈模型中所有参与人在任何策略选择下的收益都是 0。根据弱占优策略的定义，对于两个参与人来说，“策略 A”和“策略 B”都是弱占优策略。所以该博弈模型中所有策略组合都是弱占优均衡，同时也都是纳什均衡。

表 2.17　具有弱占优均衡的博弈模型 II

s_1	(u_1,u_2)	
	s_2=策略 A	s_2=策略 B
策略 A	(0, 0)	(0, 0)
策略 B	(0, 0)	(0, 0)

根据纳什均衡的定义可以看出，一个纳什均衡 $(s_1^*,\cdots,s_n^*)$ 对于所有的参与人 i 需要满足 $u_i(s_1^*,\cdots,s_i^*,\cdots s_n^*)\geqslant u_i(s_1^*,\cdots,\neg s_i^*,\cdots,s_n^*)$。当严格劣策略消去法消去参与人 i 的严格劣策略时，纳什均衡 $(s_1^*,\cdots,s_n^*)$ 必不会被消去。因此，我们可以得出如下结论。

定理 2.1　严格劣策略消去法不会消去博弈模型的纳什均衡。

证明：假设对于博弈模型 G，存在纳什均衡 $(s_1^*,\cdots,s_n^*)$ 不是严格劣策略均衡，即存在某些参与人的均衡策略被消去。其中，必然存在一个参与人 i 的纳什均衡策略 s_i^* 是第一个被消去的均衡策略。那么存在参与人 i 的策略 $\hat{s}_i$，对于所有其他参与人的所有未被消去的策略 $s_{\neg i}$，都有 $u_i(s_i^*,s_{\neg i})<u_i(\hat{s}_i,s_{\neg i})$。对于 $s_{\neg i}$ 中的特例 $s_{\neg i}^*$ 也必然存在 $u_i(s_i^*,s_{\neg i}^*)<u_i(\hat{s}_i,s_{\neg i}^*)$。这与纳什均衡的定义 $u_i(s_i^*,\neg s_{\neg i}^*)\geqslant u_i(\hat{s}_i,s_{\neg i}^*)$ 相矛盾。

严格劣策略均衡和严格占优均衡有一个相同的特点，即参与人在均衡下的收益严格大于参与人偏离均衡时的收益。把这个特点一般化，就有了强纳什均衡的定义。强纳什均衡就是定义 2.9 中的不等式严格取大于号的纳什均衡，即每个参与人 i 的收益满足式（2.14）的纳什均衡。

$$u_i(s_i^*, s_{\neg i}^*) > u_i(\neg s_i^*, s_{\neg i}^*) \tag{2.14}$$

按照定义 2.9 中不等式是严格取大于号，还是有取等于号的可能性，纳什均衡分为强纳什均衡和弱纳什均衡。其中，弱纳什均衡就是存在参与人 i 的策略 $s_i' \neq s_i^*$ 满足式（2.15）的纳什均衡。

$$u_i(s_i^*, s_{\neg i}^*) = u_i(s_i', s_{\neg i}^*) \tag{2.15}$$

需要注意的是弱纳什均衡首先要满足纳什均衡的定义，在纳什均衡中存在偏离均衡后收益不会减小的参与人的策略。所以，弱纳什均衡只能保证参与人没有偏离均衡的动机。而强纳什均衡中参与人偏离均衡后收益减小，因此，强纳什均衡能够保证参与人有不偏离均衡的动机。综上所述，强纳什均衡是博弈模型中稳定的均衡，而弱纳什均衡在实际应用中有可能不能出现。强纳什均衡和弱纳什均衡的理论分析方法类似，但是在实际应用中两者之间会有差别，所以在实际应用中还是需要注意这两者之间的差别。本章及后面各章都会介绍强纳什均衡和弱纳什均衡在各种模型应用上的差别。

弱劣策略是一种更加一般化的严格劣策略。如果某种策略在任何情况下收益都不会高于另一策略的收益，那么这一策略就被称为弱劣策略。

定义 2.10 弱劣策略。Γ 为一个博弈模型中参与人的集合，$\Gamma = \{i, \neg i\}$。如果对于 i，$\exists s_i', s_i'' \in s_i$ 且 $\forall s_{\neg i} \in S_{\neg i}$，满足以下条件：

$$u_i(s_i', s_{\neg i}) \leqslant u_i(s_i'', s_{\neg i})$$

则称 s_i' 是第 i 个参与人在均衡情况下的弱劣策略。

严格劣策略消去法要求可以被消去的策略必须是严格小于其他任何策略的严格劣策略。当然，弱劣策略消去法可能也是成立的。例如，联邦学习系统由系统和用户组成。用户可以选择策略“懒惰”不训练，则模型内的参与人收益都是 0。或者他可以选择策略“勤劳”来训练模型。这时，如果系统选择策略“侵犯”用户隐私，那么用户和系统的收益分别是−1 单位和 1 单位；如果系统选择策略“保护”用户隐私，那么用户和系统的收益分别是 1 单位和 0。这个过程可以被抽象成一个完全信息静态博弈模型。博弈模型用表 2.18 所示的策略式表达。

表 2.18 联邦学习系统用户与系统博弈Ⅲ

s_1	(u_1,u_2)	
	s_2=侵犯	s_2=保护
勤劳	(−1, 1)	(1, 0)
懒惰	(0, 0)	(0, 0)

根据表 2.18 可以看出，系统的策略“侵犯”是一个弱占优策略，同时意味着“保护”是一

个弱劣策略。如果把系统的策略“保护”淘汰后，再利用一次弱劣策略消去法，最后剩下策略组合(懒惰，侵犯)。而根据定义 2.9 得出(懒惰，侵犯)就是该博弈的纳什均衡。

但并不是所有弱劣策略的消去都不会影响博弈模型中的纳什均衡。明显弱劣策略定义中的“不大于”和纳什均衡定义中的“不小于”有重叠部分。如果按照弱劣策略消去，纳什均衡也有可能会被消去。例如一个简化的零和网络攻防中，当攻击者攻击而防御者放弃防御时，防御者和攻击者的收益分别是−5 单位和 5 单位；其他情况下，二者的收益都是 0。那么这个过程就可以被抽象成一个完全信息静态博弈模型。防御者为参与人 1，攻击者为参与人 2。博弈过程可以用表 2.19 所示的策略式表达。

表 2.19　零和网络攻防

s_1	(u_1,u_2)	
	s_2=攻击	s_2=放弃
安装	(0, 0)	(0, 0)
拒装	(−5, 5)	(0, 0)

显然，对于攻击者来讲，$u_2(*,放弃) \leqslant u_2(*,攻击)$，所以策略“放弃”就是一个弱劣策略。如果此时把攻击者的劣策略消去，攻击者只能选择策略“攻击”。因此，$u_1(拒装,攻击) < u_1(安装,攻击)$。防御者肯定选择策略“安装”。那么策略组合(安装，攻击)就是此博弈的纳什均衡。但是，根据定义 2.9 可以看出，策略组合(安装，放弃)也是一个纳什均衡。所以如果在博弈分析过程中消去弱劣策略，则有可能会消去博弈模型中的纳什均衡。

2.4　混合策略纳什均衡

如果一个博弈模型中有唯一的纳什均衡，则这个博弈的结果十分稳定。因为最优解唯一，所以纳什均衡分析法圆满地解决了博弈问题。如果设计一个游戏，而该游戏却存在唯一的纳什均衡，那么这个游戏的吸引力就会被质疑。但是如果博弈模型中有多个纳什均衡，或者博弈模型中不存在纳什均衡，那么纳什均衡分析法就无法得到确定的解，或者根本没有解。因此，纳什均衡分析法还不能完全满足完全信息静态博弈模型的需要，需要引进新的分析方法。

2.4.1　联邦学习中用户合作

这种每个参与人只有唯一策略的均衡被称为“纯策略纳什均衡”。纯策略纳什均衡中的每个参与人的策略被称作这个参与人的纯策略。很明显，严格占优均衡和严格劣策略均衡都是纯策略纳什均衡。当然，有很多完全信息静态博弈模型有两个或者多个纳什均衡。

一个能够训练出有效模型的联邦学习系统的必要条件是有足够的用户数据。假设两个有意愿参与联邦学习的用户，分别记为用户 1 和用户 2。用户 1 和用户 2 互不相识，但是都有意愿且彼此知道对方也有意愿参与联邦学习系统 A 和系统 B 中的一个。已知，无论在系统 A 还是系统 B 中，训练出高质量模型需要两个用户的本地模型，而且单独一个用户的本地模型无法训练出有效模型，还会消耗用户的 1 单位训练成本。两个系统训练出的全局模型对两个用户的重要性不一样。系统 A 训练的模型对用户 1 更重要，所以系统 A 训练的全局模型能够给用户 1 带来 2 单位收益，同时给用户 2 带来 1 单位收益。同理，系统 B 训练的全局模型能够给用户 1 带来 1 单位收益，同时给用户 2 带来 2 单位收益，且双方的收益都是公共知识。这个过程可以被抽象为一个完全信息静态博弈模型。博弈模型由表 2.20 所示的策略式表达。

表 2.20　联邦学习系统用户选择博弈

s_1	(u_1,u_2)	
	s_2=系统 A	s_2=系统 B
系统 A	(2, 1)	(−1, −1)
系统 B	(−1, −1)	(1, 2)

通过画线法可知，(系统 A, 系统 A)和(系统 B, 系统 B)都是该博弈模型的纯策略纳什均衡。也就是说用户 1 可以选择系统 A 也可以选择系统 B，用户 2 也一样。重要的是两个参与人选择的目标应该一样。这种有多个纯策略纳什均衡的博弈模型中的均衡被称作多重纳什均衡。

该模型中，每个参与人都有两个均衡策略。在纯策略的条件下，选择哪个策略都是正确的。问题是这是一个完全信息静态博弈模型。一个重要的条件就是用户 1 和用户 2 都是独立的，彼此之间无法进行任何沟通，所以无法保证两个用户能够选择同样的目标。在这种情况下，选择哪个策略都有可能是不正确的。那么用户应该如何在博弈模型中选择自己的策略就成了一个新的问题。为此，博弈模型中的“策略”就由单一的“纯策略”被扩充到了多重纳什均衡中的“混合策略”。参与人以一定的概率选择一个纯策略。这种多个纯策略的概率组合被称作“混合策略”。

定义 2.11　混合策略。在博弈表达式 $G=\{\Gamma,S_1,\cdots,S_n,u_1,\cdots,u_n\}$ 表示的博弈模型中，参与人 i 的策略集 S_i 有 m_i 个纯策略 $S_i=\{s_i^1,\cdots,s_i^{m_i}\}$。其中 i 分别以 p_i^j 的概率选择纯策略 s_i^j 的策略被称为博弈模型 G 中参与人 i 的混合策略 $\{p_i^1,\cdots,p_i^{m_i}\}$，记作 P_i。

第 2.3.2 节已经介绍了当完全信息静态博弈模型中只有两个参与人，而且参与人的策略集为连续时，可以用反应函数直观地把博弈模型的纳什均衡表示出来。其实，只要参与人数目是两个，即使参与人的策略集是离散的也有可能用反应函数来表示。但是这时需要另一个条件，即每个参与人只有两个纯策略。

以表 2.20 所示的博弈模型为例。设用户 1 的混合策略是 $P=(p,1-p)$，即用户 1 选择策略"系统 A"的概率为 p，选择策略"系统 B"的概率为 $1-p$。设用户 2 的混合策略为 $Q=(q,1-q)$，即用户 2 选择策略"系统 A"的概率为 q，选择策略"系统 B"的概率为 $1-q$。在双方策略选择都是随机的情况下，参与人在博弈模型中的收益也必然是不确定的。因此期望收益被引入博弈模型中，用来替代纯策略均衡博弈模型中的收益，并作为参与人理性的标准。所以，用户 1 选择策略"系统 A"时的期望收益为 $u_1(\text{系统A},Q)=qu_1(\text{系统A},\text{系统A})+(1-q)u_1(\text{系统A},\text{系统B})=2q+(1-q)(-1)=3q-1$，用户 1 选择策略"系统 B"时的期望收益为 $u_1(\text{系统B},Q)=qu_1(\text{系统B},\text{系统A})+(1-q)u_1(\text{系统B},\text{系统B})=-q+(1-q)=1-2q$。当 $q>\frac{2}{5}$ 时，$u_1(\text{系统A},Q)>u_1(\text{系统B},Q)$，根据博弈模型中参与人理性的假设，此时用户 1 肯定选择"系统 A"，则用户 1 选择"系统 A"的概率 $p=1$；当 $q<\frac{2}{5}$ 时，$u_1(\text{系统A},Q)<u_1(\text{系统B},Q)$，此时用户 1 选择"系统 A"的概率 $p=0$；当 $q=\frac{2}{5}$ 时，$u_1(\text{系统A},Q)=u_1(\text{系统B},Q)$，此时用户 1 选择"系统 A"和"系统 B"的收益是无差别的，所以用户 1 可以以任意概率 p 选择自己的策略。综上，用户 1 的反应函数 $p=R_1(q)$ 为：

$$R_1(q)=\begin{cases}1, & q>\frac{2}{5}\\(0,1), & q=\frac{2}{5}\\0, & q<\frac{2}{5}\end{cases} \tag{2.16}$$

同理，用户 2 选择策略"系统 A"时的期望收益为 $u_2(P,\text{系统A})=p+(1-p)(-1)=2p-1$，用户 2 选择策略"系统 B"时的期望收益为 $u_2(P,\text{系统B})=2-3p$。当 $p>\frac{3}{5}$ 时，用户 2 选择"系统 A"的概率 $q=1$；当 $p<\frac{3}{5}$ 时，用户 2 选择"系统 A"的概率 $q=0$；当 $p=\frac{3}{5}$ 时，$u_2(P,\text{系统A})=u_2(P,\text{系统B})$，用户 2 可以以任意概率 p 选择自己的策略。综上，用户 2 的反应函数 $q=R_2(p)$ 为：

$$R_2(p)=\begin{cases}1, & p>\frac{3}{5}\\(0,1), & p=\frac{3}{5}\\0, & p<\frac{3}{5}\end{cases} \tag{2.17}$$

式（2.16）和式（2.17）也可以被映射到如图 2.3 所示的坐标系中。图 2.3 直观地显示了用户 1 和用户 2 的策略选择如何随着对方策略选择的变化而变化。从图 2.3 中可以看出，两个用户的反应函数在图中有 3 个交点，分别是(0, 0)、(1, 1)和$\left(\frac{3}{5},\frac{2}{5}\right)$。其中交点(0, 0)和(1, 1)代表两个用户的两个纯策略组合，分别是两个用户共同选择策略“系统 B”和两个用户共同选择策略“系统 A”。交点$\left(\frac{3}{5},\frac{2}{5}\right)$代表的是博弈模型中的混合策略组合。用户 1 以$\frac{3}{5}$的概率选择策略“系统 A”，以$\frac{2}{5}$的概率选择策略“系统 B”；用户 2 以$\frac{2}{5}$的概率选择策略“系统 A”，以$\frac{3}{5}$的概率选择策略“系统 B”是表 2.20 所示的完全信息静态博弈模型的混合策略纳什均衡。

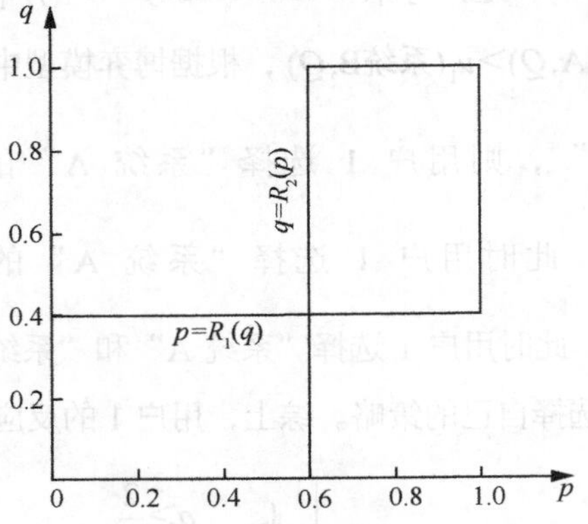

图 2.3　用户的最优反应函数

2.4.2　蜜罐系统攻防

除了多重纳什均衡的博弈模型中多个纯策略之间可以进行混合，没有纳什均衡的博弈模型中的纯策略也可以进行混合，如第 2.1.3 节提到过的基于蜜罐的攻防选择博弈。

通过画线法可知，该博弈模型中没有任何纯策略纳什均衡。在该博弈模型中，防御者和攻击者都有“区域 A”和“区域 B”两个策略，且双方都不会让对方知道自己的选择。这是因为一旦让对方知道了自己的策略选择，对方必然会选择另外一个策略，从而获得更高的收益。也就是说，对于该博弈模型中的任何一个策略组合，总会有一个参与人试图偏离这个组合。如此，博弈双方都会避免做出单一的策略选择，以防对手找出自己的选择规律。

在该模型中，防御者的混合策略为 P，即防御者选择“区域 A”的概率为 p，则其选择“区域 B”的概率为 $1-p$；同时，攻击者的混合策略为 Q，即攻击者选择“区域 A”的概率为 q，则其选择“区域 B”的概率为 $1-q$。在该模型中，防御者选择策略“区域 A”时的期望收益为：

$$u_1(\text{区域A},Q)=qu_1(\text{区域A},\text{区域A})+(1-q)u_1(\text{区域A},\text{区域B})=2q-1 \tag{2.18}$$

防御者选择策略“区域 B”时的期望收益为：

$$u_1(\text{区域B},Q)=qu_1(\text{区域B},\text{区域A})+(1-q)u_1(\text{区域B},\text{区域B})=1-2q \tag{2.19}$$

防御者的期望收益为策略组合(区域 A，区域 A)、(区域 A，区域 B)、(区域 B，区域 A)、(区域 B，区域 B)的收益期望。

$$\begin{aligned}&u_1(P,Q)=\\&pu_1(\text{区域A},Q)+(1-p)u_1(\text{区域B},Q)=\\&pqu_1(\text{区域A},\text{区域A})+p(1-q)u_1(\text{区域A},\text{区域B})+\\&(1-p)qu_1(\text{区域B},\text{区域A})+(1-p)(1-q)u_1(\text{区域B},\text{区域B})=\\&(1-2p)(1-2q)\end{aligned} \tag{2.20}$$

同理，当攻击者选择策略“区域 A”和策略“区域 B”时，期望收益分别为：

$$u_2(P,\text{区域A})=pu_2(\text{区域A},\text{区域A})+(1-p)u_2(\text{区域B},\text{区域A})=1-2p \tag{2.21}$$

$$u_2(P,\text{区域B})=pu_2(\text{区域A},\text{区域B})+(1-p)u_2(\text{区域B},\text{区域B})=2p-1 \tag{2.22}$$

如此，攻击者的期望收益为：

$$\begin{aligned}&u_2(P,Q)=\\&qu_2(P,\text{区域A})+(1-q)u_2(P,\text{区域B})=\\&pqu_2(\text{区域A},\text{区域A})+p(1-q)u_2(\text{区域A},\text{区域B})+\\&(1-p)qu_2(\text{区域B},\text{区域A})+(1-p)(1-q)u_2(\text{区域B},\text{区域B})=\\&(2p-1)(1-2q)\end{aligned} \tag{2.23}$$

在混合策略的背景下，参与人的收益也已经不再是仅由各参与人的策略组合确定的，还与每个参与人选择纯策略的概率相关。由第 2.1.3 节中可知，为了表达简洁直观，策略表达式中的双矩阵表达式可以用一个矩阵来表达收益。但是用两个矩阵来表达收益时方便计算参与人的期望收益。设参与人 1 与参与人 2 的纯策略集分别为 S_1 和 S_2。各纯策略组合的收益由表 2.21 表示。

表 2.21　双人博弈矩阵

参与人 1 的策略	收益			
	s_2^1	s_2^2	…	$s_2^{m_2}$
s_1^1	(u_1^{11},u_2^{11})	(u_1^{12},u_2^{12})	…	$(u_1^{1m_2},u_2^{1m_2})$
s_1^2	(u_1^{21},u_2^{21})	(u_1^{22},u_2^{22})	…	$(u_1^{2m_2},u_2^{2m_2})$
…	…	…	…	…
$s_1^{m_1}$	$(u_1^{m_11},u_2^{m_11})$	$(u_1^{m_12},u_2^{m_12})$	…	$(u_1^{m_1m_2},u_2^{m_1m_2})$

表 2.21 所示的策略表达式也可以被表示为矩阵 $\boldsymbol{U}_1$ 和 $\boldsymbol{U}_2$。

$$\boldsymbol{U}_1=\begin{bmatrix}u_1^{11} & u_1^{12} & \cdots & u_1^{1m_2}\\ u_1^{21} & u_1^{22} & \cdots & u_1^{2m_2}\\ \cdots & \cdots & \cdots & \cdots\\ u_1^{m_11} & u_1^{m_12} & \cdots & u_1^{m_1m_2}\end{bmatrix}$$

$$U_2=\begin{bmatrix} u_2^{11} & u_2^{12} & \dots & u_2^{1m_2} \\ u_2^{21} & u_2^{22} & \dots & u_2^{2m_2} \\ \dots & \dots & \dots & \dots \\ u_2^{m_1 1} & u_2^{m_1 2} & \dots & u_2^{m_1 m_2} \end{bmatrix}$$

博弈模型中参与人 1 选择策略的概率分布 P_1 为选择策略 $s_1^{j_1}$ 的概率为 $p_1^{j_1}$，参与人 2 选择策略的概率分布 P_2 为选择策略 $s_2^{j_2}$ 的概率为 $p_2^{j_2}$，其中，$\sum_{j_1=1}^{m_1} p_1^{j_1}=1$，$\sum_{j_2=1}^{m_2} p_2^{j_2}=1$。

则参与人 1 的收益为 $u_1(P_1,P_2)=\sum_{j_1=1}^{m_1}\sum_{j_2=1}^{m_2} p_1^{j_1} p_2^{j_2} u_1^{j_1 j_2}$；同理，参与人 2 的收益为 $u_2(P_1,P_2)=\sum_{j_1=1}^{m_1}\sum_{j_2=1}^{m_2} p_1^{j_1} p_2^{j_2} u_2^{j_1 j_2}$。如果把模型扩充到 n 人博弈，参与人 i 的收益 $u_i(P_i,P_{-i})=\sum_{j_i=1}^{m_i} p_i^{j_i} u_i(s_i^j,P_{-i})=\sum_{j_1=1}^{m_1}\sum_{j_2=1}^{m_2}\dots\sum_{j_n=1}^{m_n} p_1^{j_1} p_2^{j_2}\cdots p_n^{j_n} u_i^{j_1 j_2 \cdots j_n}$。

继续以表 2.2 所示的基于蜜罐的攻防选择博弈为例。显然，该博弈模型的混合策略不止一组。攻击者可以选择以 $\frac{1}{3}$ 的概率选择“区域 A”，$\frac{2}{3}$ 的概率选择“区域 B”；也可以 $\frac{1}{2}$ 的概率选择“区域 A”，$\frac{1}{2}$ 的概率选择“区域 B”。实际上，因为实数 $p\in[0,1]$ 的选择是无限的，所以每个参与人的混合策略是无限的。有了期望收益的概念后，利用博弈模型中参与人理性的前提，便可以在无限个策略之间选择最优策略。这个最优策略就是混合策略纳什均衡。

定义 2.12 混合策略纳什均衡。在博弈表达式 $G=\{\Gamma,S_1,\cdots,S_n,u_1,\cdots,u_n\}$ 表示的博弈模型中，如果存在混合策略组合 $P^*=(P_1^*,\cdots,P_n^*)$，对每个参与人 $i\in\Gamma$，都满足 $u_i(P_i^*,P_{-i}^*)\geqslant u_i(\neg P_i^*,P_{-i}^*)$，则称混合策略组合 P^* 为混合策略纳什均衡。

根据定义可以看出，混合策略纳什均衡把博弈模型中的策略集从纯策略扩充到了混合策略集，收益函数从纯策略收益扩充到了期望收益。这时候，纳什均衡意味着参与人改变自己选择策略的概率后期望收益不会增加。

有了参与人在博弈模型中的均衡的概念后，接下来的问题就是如何求解均衡。关于均衡的求解。有一个传统的“公平分蛋糕”问题。一个家庭有 2 个孩子分一块蛋糕。如果父母帮着切，经常会有孩子抱怨自己的那一份小了。目前已经有许多数学家针对这个问题做出了分析。其中最简单的就是方法就是“你切我选”。如果把这个过程抽象成博弈模型，那么两个小孩就是两个参与人。其中，参与人 1 把蛋糕分成两份，则参与人 2 先选择。按照博弈模型中参与人理性的前提，参与人 2 永远不会选择两份蛋糕中更小的那一份。所以，参与人 1 必须选择两份蛋糕中比较小的那一份。这样，参与人 1 只能尽量减小两块蛋糕分量的差距，最好能将蛋糕均分，即对参与人 2 来讲，两块蛋糕是一样的，选择哪块蛋糕都是无差别的。也就是说，参与人 1 只有让参与人 2 选择策略的收益没有区别，即“无可选择”，才能保证自己的收益最大。

让对手“无可选择”便是混合策略纳什均衡“均衡求解法”的思想。我们再看表 2.2 所示的攻防博弈模型。因为该模型中防御者只有两个策略选择，所以只需要确定一个策略选择的概率 p，便可以确定防御者的混合策略 $P=\{p,1-p\}$。

根据式（2.18）和式（2.19），防御者选择策略“系统 A”的收益为 $2q-1$，选择策略“系统 B”的收益为 $1-2q$。根据纳什均衡的定义，当 $u_1(\text{系统A},Q)>u_1(\text{系统B},Q)$ 时，则防御者选择纯策略“系统 A”；同理，当 $u_1(\text{系统B},Q)>u_1(\text{系统A},Q)$ 时，则防御者选择纯策略“系统 B”。所以，只有当式（2.24）成立时，防御者才会选择混合策略。

$$u_1(\text{系统A},Q)=u_1(\text{系统B},Q) \tag{2.24}$$

同理，当式（2.25）成立时，攻击者才会选择混合策略。只有参与人在进行混合策略选择后，使得对方策略选择在收益上是无差别的，混合策略才有可能会被选择。即让对手“无可选择”，才能保证自己的收益最大。

$$u_2(P,\text{系统A})=u_2(P,\text{系统B}) \tag{2.25}$$

根据式（2.24）和式（2.25），可得方程组：

$$\begin{cases}2q-1=1-2q\\1-2p=2p-1\end{cases} \tag{2.26}$$

解式（2.26）得：

$$\begin{cases}q=\dfrac{1}{2}\\ p=\dfrac{1}{2}\end{cases} \tag{2.27}$$

该博弈模型的混合策略纳什均衡为$\left(\left(\dfrac{1}{2},\dfrac{1}{2}\right),\left(\dfrac{1}{2},\dfrac{1}{2}\right)\right)$。

另外，根据式（2.20），$u_1(P,Q)=u_1(p,q)=(1-2p)(1-2q)$。防御者的收益 u_1 是一个关于概率选择 p 和 q 的函数。根据混合策略纳什均衡的定义，博弈模型中的每个参与人在混合策略纳什均衡下的收益 $u_1(P^*,Q^*)\geqslant u_1(\neg P^*,Q^*)$。因此，博弈模型中均衡的求解就被转化成一个求极值的问题。这就是混合策略纳什均衡“极值求解法”的思想。

对式（2.20）和式（2.23）分别求极值，可得：

$$\begin{cases}\dfrac{\partial u_1(P,Q)}{\partial p}=4q-2\\ \dfrac{\partial u_2(P,Q)}{\partial q}=2-4p\end{cases} \tag{2.28}$$

解式（2.28）所得结果和式（2.27）一致。

2.4.3 网络空间攻防

完全信息静态博弈模型在信息安全中的应用非常广泛，尤其是在风险控制和网络攻防方面。例如对被动防御、主动防御中防御者和攻击者的分析。被动防御技术是一种附加到目标对象体系结构之上的提供保护或威胁分析能力的技术。它是为了降低损失而采取的措施。本质上，被动防御技术是一种依赖于攻击先验知识的安全加固技术。它通过人工分析出已知恶意行为的特征代码，并通过特征匹配机制持续地检测、监控和阻断已知威胁；然后对发现的威胁体进行分析，从中提取特征码，构建特征库，将目标程序或对象与威胁特征库进行逐一对比，判断目标是否被感染，实现防御目标的持续监控和恶意行为的及时阻断，如入侵检测、防火墙、漏洞扫描技术等。

在被动防御中有防御者和攻击者两个角色。防御者有两个策略：“安装”和“拒装”。攻击者也有两个策略：“发起”和“放弃”。攻击者只有在防御者拒装防御措施时才能攻击成功，而防御者希望攻击者在自己拒装防御措施的时候放弃攻击。网络攻防都是围绕网络系统的信息资源展开的，所以资产的价值在攻防中十分重要。设防御者所防御的信息系统资产的价值为 $A>0$，如果攻击者攻击成功，那么他能从中获得的利润为 $D>0$。无论防御者还是攻击者，在做策略选择的时候都是会考虑成本的。一个不计成本的角色不是理性的。设防御者的防御成本为 $C\geqslant 0$，攻击者的攻击成本为 $K\geqslant 0$。那么防御者和攻击者应该如何选择自己的策略呢？攻防双方都不确定对方会选择何种策略，所以整个攻防过程可以被抽象成一个完全信息静态博弈模型。防御者与攻击者分别为博弈模型中的参与人 1 与参与人 2。这个博弈模型可以被表 2.22 所示的策略式表达。

表 2.22 被动防御攻防博弈

s_1	(u_1,u_2)	
	s_2=发起	s_2=放弃
安装	$(A-C,-K)$	$(A-C,0)$
拒装	$(A-D,D-K)$	$(A,0)$

因为 $C\geqslant 0$，即不会出现 $u_1(\text{安装},*)>u_1(\text{拒装},*)$，所以对于防御者，策略“安装”肯定不会严格占优于策略“拒装”。当 $C=0$ 时，$u_1(\text{安装},*)\geqslant u_1(\text{拒装},*)$，即当防御者没有防御成本时，防御者的策略“安装”是弱占优策略。当 $C=D$ 时，$u_1(\text{拒装},*)\geqslant u_1(\text{安装},*)$，即防御者的防御成本与攻击者攻击成功后所获得的利润相等时，防御者的策略“拒装”是弱占优策略。当 $C>D$ 时，$u_1(\text{拒装},*)>u_1(\text{安装},*)$，即防御者的防御成本大于攻击者攻击成功后所获得的利润时，防御者的策略“拒装”是严格占优策略。

因为 $D>0$，所以当 $K=0$ 时，$u_2(*, 发起) \geqslant u_1(*, 放弃)$，即当攻击者没有攻击成本时，攻击者的策略“发起”是一个弱占优策略。当 $K>0$ 且 $D<K$ 时，$u_2(*, 发起) < u_2(*, 放弃)$，即当攻击者攻击成功后所获得的利润小于自己的攻击成本时，攻击者的策略“放弃”就是一个严格占优策略。此处当 $D=K$ 时，攻击者的策略“放弃”是一个弱占优策略。

综上，当 $K=0$ 且 $C \leqslant D$ 时，(安装, 发起)是一个纯策略纳什均衡。即当攻击者没有攻击成本，且攻击者攻击成功后所获得的利润不小于防御者的防御成本时，攻击者发起攻击不会有任何损失，所以防御者一定要安装防御措施。当 $C=0$ 时，(安装, 放弃)是一个纯策略纳什均衡。即当防御者没有防御成本时，防御者安装防御措施不会有任何损失，所以攻击者一定要放弃攻击。当 $C \geqslant D \geqslant K$ 时，(拒装, 发起)是一个纯策略纳什均衡。即当防御者安装防御措施的成本不小于拒装防御措施带来的损失时，防御者会放弃防御，当攻击者攻击成功后所获得的利润不小于攻击成本时，攻击者会发起攻击。当 $D \leqslant K$ 时，(拒装, 放弃)是一个纯策略纳什均衡。即当攻击者攻击成功后所获得的利润小于自己成本的时候，攻击者会放弃攻击，所以防御者该放弃防御。

分析完表 2.22 所示博弈模型的纯策略纳什均衡后，再分析该博弈模型中的混合策略纳什均衡 (P^*, Q^*)。设在该模型中，防御者选择策略“安装”的概率为 p，则其选择策略“拒装”的概率为 $1-p$；同时，攻击者选择策略“发起”的概率为 q，则其选择策略“放弃”的概率为 $1-q$。所以，当防御者选择策略“安装”时，自己的收益为 $u_1(安装, Q) = A-C$；当防御者选择策略“拒装”时，自己的收益为 $u_1(拒装, Q) = q(A-D) + A(1-q) = A-Dq$。当 $u_1(安装, Q) = u_1(拒装, Q)$ 时，防御者选择混合策略，解得：

$$q = \frac{C}{D} \tag{2.29}$$

当攻击者选择策略“发起”时，自己的收益为 $u_2(P, 发起) = -pK + (1-p)(D-K) = D - pD - K$；当攻击者选择策略“放弃”时，自己的收益为 $u_2(P, 放弃) = 0$。当 $u_2(P, 发起) = u_2(P, 放弃)$时，攻击者选择混合策略，解得：

$$p = \frac{D-K}{D} \tag{2.30}$$

所以 $\left(\left(\frac{D-K}{D}, \frac{K}{D}\right), \left(\frac{C}{D}, \frac{D-C}{D}\right)\right)$ 是表 2.22 所示完全信息静态博弈模型的混合策略纳什均衡。

从式（2.29）和式（2.30）中看出，防御者和攻击者选择策略的概率取决于收益的变化。这点可以被解释为：防御者选择策略“安装”和“拒装”概率的变化取决于攻击者的特征；同时，攻击者选择策略概率的变化取决于防御者的特征，而攻防两者的特征是由表 2.22 所示两者的收益决定的。在式（2.30）中，如果攻击者发起攻击所需要的成本 K 增加了，则防御

者发起防御的概率 p 减小了，而对攻击者发起攻击的概率 q 却没有任何影响。即攻击者的攻击成本没有给攻击者的攻击概率带来任何影响，反而决定了防御者的防御概率。这说明，攻击者的攻击成本增加使得防御者的防御必要性降低。因此，防御者会放松警惕。如果 K 的值越来越大，甚至大过攻击者攻击系统成功后所获得的利润 D，那么防御者安装防御措施的概率为 0；而如果 K 的值越来越小，趋向 0，那么防御者安装防御措施的概率趋向 1。这两种情况下，防御者的策略选择已经接近纯策略纳什均衡的选择。这和上文中对该博弈的纯策略纳什均衡分析一致。

如果防御者发起防御所需要的成本 C 增加，则攻击者发起攻击的概率 q 也增加，而对防御者发起防御的概率 p 却没有任何影响。即防御者的防御成本没有给防御者的防御概率带来任何影响，反而决定了攻击者的攻击概率。这说明，防御者的防御成本增加使得攻击者的攻击成功率增加，因此会激励攻击者发起攻击。如果 C 的值越来越大，甚至大过攻击者攻击系统成功后所获得的利润 D，那么攻击者发起攻击的概率为 1；而如果 C 的值越来越小，趋向 0，那么攻击者发起攻击的概率也趋向 0。这两种情况下，防御者的策略选择已经接近纯策略纳什均衡的选择。这和上文中对该博弈的纯策略纳什均衡分析一致。

如果攻击者攻击成功后所获得的利润 D 增加，p 会随之增大，即防御者发起防御的概率会增大。因为攻击者攻击成功后所获得的利润就是防御者在系统中的损失。所以，有了 D 的激励，防御者会增加发起防御的概率，以减少自己收益上的损失。有意思的是，随着攻击者攻击成功后所获得的利润 D 增加，q 会随之减小，即攻击者发起攻击的概率会减小。也就是说攻击目标系统的利润 D 增加并不会增加攻击者发起攻击的可能性，反而降低了这个可能性。

网络被动防御侧重对信息系统的外部安全加固和对已知威胁的检测与清除，但是无法杜绝安全漏洞和根除网络后门。因此，网络主动防御技术被提出。主动防御技术通过增加信息系统的动态性、随机性和冗余性来主动应对外部攻击，最终达到探测信息难以积累、攻击模式难以复制、攻击效果难以重现、攻击手段难以继承的目的，从而增加攻击者的成本。

在主动防御中也有防御者和攻击者两个角色。和被动防御相同，防御者与攻击者也分别有两个策略，即“安装”“拒装”与“发起”“放弃”。攻击者只有在防御者不防御时才能攻击成功，而防御者也希望攻击者在自己不做防御的时候放弃攻击。防御者所防御的信息系统资产的价值为 $A>0$；如果攻击者攻击成功，那么他能从其中获得的价值为 $D>0$。设防御者的防御成本为 $C>0$，攻击者的攻击成本为 $K>0$。与被动防御技术不同，主动防御技术需要主动对攻击者的行为进行分析，如果攻击者攻击失败，那么防御者可以捕捉到攻击者一定的攻击信息，这种信息是与攻击者发起攻击的程度相关的。为了简化模型，设若攻击失败，防御者捕捉到的信息的价值也是 K。另外，主动防御中防御者是否发起防御对攻击者的攻击成本影响很大。此处设如果防御者拒装防御措施，那么攻击者的攻击成本为0。那么防御者和攻击者应该如何选择自己的策略呢？主动防御的攻防过程也可以被抽象成一个完全信息静态博弈模型。防御者与攻击者分别为博弈模型中的参与人1与参与人2。这个博弈模型可以被表2.23所示的策略式表达。

表2.23　主动防御攻防博弈

s_1	(u_1,u_2)	
	s_2=发起	s_2=放弃
安装	$(A-C+K, -K)$	$(A-C, 0)$
拒装	$(A-D, D)$	$(A, 0)$

因为$K>0$，所以当防御者选择策略“安装”时，u_2(安装, 发起)<u_2(安装, 放弃)；当防御者选择策略“拒装”时，u_2(拒装, 发起)>u_2(拒装, 放弃)。所以对于攻击者来说，该博弈模型没有任何占优策略。因为$C>0$，所以当$D \leqslant C-K$时，u_1(安装, *)$\leqslant u_1$(拒装, *)。即当防御者的防御成本C比攻击者攻击失败后防御者所获得的利润K和攻击者攻击成功后所获得的利润D之和还大时，防御者总是会选择策略“拒装”，所以攻击者应该选择策略“发起”。因此，当$C>0$，当$D \leqslant C-K$时，策略组合(拒装, 发起)是表2.23所示博弈模型的纯策略纳什均衡。

分析完表2.23所示博弈模型的纯策略纳什均衡后，再分析该博弈模型中的混合策略纳什均衡。设在该模型中，防御者选择策略“安装”的概率为p，则其选择策略“拒装”的概率为$1-p$；同时，攻击者选择策略“发起”的概率为q，则其选择策略“放弃”的概率为$1-q$。所以，当防御者选择策略“安装”时，自己的收益为u_1(安装$,Q)=q(A-C+K)+(1-q)(A-C)= A-C+qK$；当防御者选择策略“拒装”时，自己的收益为$u_1$(拒装$,Q)=q(A-D)+A(1-q)= A-qD$。当$u_1$(安装$,Q)=u_1$(放弃$,Q)$时，防御者选择混合策略，解得：

$$q=\frac{C}{D+K} \tag{2.31}$$

当攻击者选择策略“发起”时，自己的收益为$u_2(P,$发起$)=-pK+(1-p)D=D-pD-pK$；当攻击者选择策略“放弃”时，自己的收益为$u_2(P,$放弃$)=0$。当$u_2(P,$ 发起$)=u_2(P,$ 放弃$)$时，攻击者选择混合策略，解得：

$$p=\frac{D}{D+K} \tag{2.32}$$

所以$\left(\left(\frac{D}{D+K},\frac{K}{D+K}\right),\left(\frac{C}{D+K},\frac{D+K-C}{D+K}\right)\right)$是表2.23所示完全信息静态博弈模型的混合策略纳什均衡。

从式（2.31）和式（2.32）中可以看出，如果攻击者攻击成功后所获得的利润 D 增加，p 会随之增加，而 q 会随之减小，即防御者安装防御措施的概率会增加，同时攻击者发起攻击的概率会降低。如果防御者的防御成本 C 增加，q 会随之增加，而对于 p 没有影响，即攻击者发起攻击的概率会增加。这与被动防御中 C 和 D 的变化是一致的。如果攻击者发起攻击的成本 K 增加，则 p 会随之减小，而 q 也会随之减小。这与被动防御中的分析不一致。这是因为被动防御中，防御者的收益与攻击者的攻击成本 K 无关，所以 K 不会影响攻击者发起攻击的概率变化。而主动防御中，防御者的收益有可能会随着攻击者攻击成本的增加而增加，因此会影响攻击者发起攻击的概率。

上述结论对于信息系统的管理具有重要启示。在被动防御中，为了加强系统的安全性，降低系统受攻击的可能性，可以选择提高防御工具的性能，从而提高攻击者的攻击成本，降低攻击者从攻击中获得的利润。但是这样治标不治本，反而会使防御者松懈。反之，如果降低防御成本，反而会降低攻击者的攻击概率。而在主动防御中，因为随着攻击者对攻击的投入增大，防御者能够捕捉到更多的攻击者信息，从而获得更多的收益，所以加大攻击者的成本会降低攻击者的攻击概率。主动防御和被动防御在网络安全等领域中各有其优势和局限性。在实际应用中，应根据具体情况来选择合适的防御策略，或者将两种策略结合起来使用，以实现更好的防御效果。

2.5 纳什均衡的合理性

纳什均衡作为理论，对于参与人策略选择的预测具有很好的解释性。但是在很多情况下，纳什均衡的结果与实际应用过程中产生的结果之间有偏差，而且这种偏差在联邦学习系统中用户的协作之间尤为明显。为了提高联邦学习系统用户协作的纳什均衡一致性，需要应用新的均衡。

2.5.1 纳什均衡的一致性

纳什均衡作为博弈论的基本概念之一，为理解和分析博弈过程提供了重要的理论支持。纳什均衡的基本作用之一是为博弈模型中的参与人提供建议，所以纳什均衡由优化理论支撑，背后有其深刻的数学意义。当然现实中，“自然人”是复杂的主观与客观的结合体，有“自私”属性，同时也会有“无私”属性。博弈作为一种模型，只能剥离其中的主观因素，分析其中的客观因素。正因为人的复杂性，博弈行为的实际结果可能会偏离模型的纳什均衡。博弈论有一个研究方向被称作“博弈实验”。博弈实验是对博弈论的应用扩展。其主要研究博弈理论和人类行为之间的关系。例如，类似于表 2.5 表示的隐私分享的“囚徒困境”，1950 年博弈论的先驱梅里尔·费拉德和梅尔文·德雷希尔在兰德公司做过 100 次实验，结果却是 60 次出现(分享, 分享)的结果，而严格占优均衡(保护, 保护)只出现过 16 次。

纳什均衡的理论基础是参与人的理性以及参与人对于参与人、策略及收益的判断都是正确的，而且这些判断都是公共知识。每个参与人都根据公共知识进行策略选择。如果所有人都预期某个结果是纳什均衡，那么这个结果就真的会出现。它反映了收益和选择之间的一致性，即基于收益的选择是合理的，同时支持这个选择的收益也是正确的。在博弈论中，纳什均衡是指所有参与人的最优策略组合，即给定其他参与人的策略，没有任何人有积极性改变自己的策略。纳什均衡的一致性意味着如果所有参与人都能预测到某个结果是纳什均衡的结果，那么他们都会采取相应的策略，从而使得这个结果成为现实。例如，隐私分享博弈模型中的用户通过博弈模型分析得知，其他理性用户肯定不会选择策略“分享”，即使自己慷慨地选择了策略“分享”，也不能达成(分享, 分享)这个综合收益更高的策略组合。所以，理性的参与人除了选择策略“保护”，似乎没有更好的选择。在完全信息静态博弈模型中如果有一个均衡，那么这个均衡肯定就是博弈过程的必然结果，这个结果也是可以被预测的。因此，纳什均衡的一致性可以帮助解释为什么某些策略组合会在博弈中占据主导地位，以及为什么某些结果会在博弈中反复出现。这个均衡结果就会成为博弈模型中参与人的公共知识，所以参与人根本不害怕其他参与人知道这一结果。

2.5.2　不对称收益下的联邦学习系统选择

通过上一节对纳什均衡一致性的描述，可以看出多重纳什均衡博弈模型中的各个纯策略纳什均衡在理论上是等价的。多重纳什均衡博弈模型中除了纯策略纳什均衡，还一定会有一个混合策略纳什均衡。参与人可以根据混合策略纳什均衡的指导来随机选择纯策略。但是在实际应用中，有些多重纳什均衡可能存在明显的区别，所以参与人并不需要严格按照混合策略纳什均衡的指导来进行策略选择。

第 2.5.1 节介绍了纳什均衡的一致性。在实际的联邦学习系统中，总是有些人愿意贡献自己的资源来提升学习系统的效率。从之前对于理性的定义来看，这些人确实是“不理性的”。但是从“集体”的角度来看，这些选择都是集体收益的最优策略。所以，参与人的理性从追求个人收益最大化转化成追求集体收益最大化。因此，维尔弗雷多·帕累托引入了“帕累托效率”这一概念。帕累托效率是帕累托占优均衡的基础。

定义 2.13　帕累托效率。博弈模型 G 中，有两个策略组合 $s_1,s_2,\cdots,s_n$ 和 $s_1',s_2',\cdots,s_n'$。如果对于任意的参与人 $i\in\Gamma$，$u_i(s_1,s_2,\cdots,s_n)\geqslant u_i(s_1',s_2',\cdots,s_n')$，并且存在一个参与人 $j\in\Gamma$，有

$u_j(s_1,s_2,\cdots,s_n) > u_j(s'_1,s'_2,\cdots,s'_n)$，则称策略组合 $s_1,s_2,\cdots,s_n$ 比策略组合 $s'_1,s'_2,\cdots,s'_n$ 更有效率。

帕累托效率和纳什均衡一样是对策略组合的衡量，和策略本身关系不大。二者的区别在于帕累托效率考虑的是每个参与人在某个策略组合下的收益，而纳什均衡考虑的是某个参与人在某个策略组合下的收益。所以单纯考虑参与人 i 策略 s_i 的帕累托效率是无意义的。在很多情况下，帕累托效率更优的策略组合可能并不是一个占优均衡，甚至可能不是一个纳什均衡。例如，表 2.5 介绍的隐私分享博弈模型中，策略组合(分享，分享)比策略组合(保护，保护)更有效率，可是策略组合(分享，分享)根本不是纳什均衡。

帕累托效率是指资源分配的一种理想状态，其中没有任何一种策略的改变可以使一部分人的境况变好，而不使其他人的境况变坏。有了帕累托效率的定义后，就可以从"集体理性"的角度来分析博弈模型的均衡。这种依据帕累托效率上的优劣关系对多重纳什均衡进行分析，最终挑选出来的纳什均衡被称作帕累托占优均衡。

这里需要注意的一点是帕累托效率占优的策略组合和纳什均衡没有关系，但是帕累托占优均衡是纳什均衡的充分条件。即一个帕累托占优均衡肯定是纳什均衡，而纳什均衡并不一定是帕累托占优均衡。因为帕累托占优均衡下所有参与人的收益都会大于其他纳什均衡下的收益，所以一个完全信息静态博弈有帕累托占优均衡的时候，所有参与人的选择倾向就非常明显。即各个参与人不仅自己会选择帕累托占优均衡，而且会预测其他参与人会选择帕累托占优均衡，从而共同追求帕累托效率。

例如，第 2.4.1 节介绍的多重纳什均衡中，如果系统 A 学习后所获得的收益是 2 单位，而系统 B 学习所获得的收益是 1 单位，那么博弈模型的策略式可以由表 2.24 表示。

表 2.24　不对称收益下用户的系统选择

s_1	(u_1,u_2)	
	s_2=系统 A	s_2=系统 B
系统 A	(2, 2)	(−1, −1)
系统 B	(−1, −1)	(1, 1)

通过对表 2.24 所示策略式的分析可知，策略组合(系统 A，系统 A)和(系统 B，系统 B)都是这个博弈模型的纯策略纳什均衡。还有一个混合策略均衡 $\left(\left(\frac{2}{5},\frac{3}{5}\right),\left(\frac{2}{5},\frac{3}{5}\right)\right)$ 作为两个参与人选择纯策略的预测。可以理解为有 $\frac{2}{5}$ 的用户会选择系统 A，同时有 $\frac{3}{5}$ 的用户会选择系统 B。选择系统 B 的用户应该多于选择系统 A 的用户。但是实际生活中，很少有理性的用户会去选择系统 B。

因为，策略组合(系统 A，系统 A)是这个博弈模型的帕累托占优均衡。选择策略"系统 A"

的 2 单位收益大于选择策略“系统 B”的 1 单位收益，又大于混合策略 $\frac{1}{5}$ 单位的收益。从这个博弈模型中也可以看出，一个学习系统的模型做得越好，能给参与的用户带来的收益越大，那么该学习系统的竞争力也就越大。

另外在这个例子中还需要注意一点，并不是参与人的策略越多，参与人的收益就越高。其实，在很多情况下，参与人的可选择的策略越多，其收益反而有可能越低。这个结论是反直觉的，但却是事实。比如在表 2.24 策略式所表达的例子中，如果用户 2 增加了一个可选择策略“盗窃”，即用户 2 不需要选择系统，而是直接盗窃系统的数据，且一定能成功。那么用户盗窃大模型系统的数据收益肯定会更高，假设参与人 2 窃取系统 A 和系统 B 的收益分别为 3 单位和 $\frac{3}{2}$ 单位。整个博弈过程可以被表 2.25 所示策略式表达。

表 2.25 加入新的可选策略

s_1	(u_1,u_2)		
	s_2=系统 A	s_2=系统 B	s_2=盗窃
系统 A	(2, 2)	(−1, −1)	(−1, 3)
系统 B	(−1, −1)	(1, 1)	$(1, \frac{3}{2})$

通过对表 2.25 所示策略式的分析可知，策略组合(系统 B，盗窃)是这个博弈模型唯一的纯策略纳什均衡。通过对表 2.24 所示的博弈模型的分析可知，其中用户 1 和用户 2 的均衡收益都是 2 单位。可是，用户 2 多了一个可选择策略后，用户 1 和用户 2 的均衡收益反而都降低，分别为 1 单位和 $\frac{3}{2}$ 单位。这是由于新加入的策略“盗窃”严格占优于策略“系统 A”和策略“系统 B”。所以，新的博弈模型中不能保证用户 1 的收益不降低。而用户 1 在两个博弈模型中的均衡策略是不同的，这就导致虽然用户 2 有收益更大的策略选择，但是用户 2 无法获取这个收益。因此，新加入的可选择策略降低了博弈模型中用户的收益。

2.5.3 存在风险的联邦学习系统选择

通过上文分析可以看出，很多情况下帕累托占优均衡作为博弈模型的预测结果是合理的，但是帕累托占优均衡的稳定性并不总是那么强。除了收益，参与人还需要考虑博弈模型中的风险问题。当从多重纳什均衡中选择一个合理的预测时，现实中人们往往倾向接受带来风险较小的策略。再以上文中的系统选择（表 2.24）为例，有两个联邦学习系统：系统 A 和系统 B。唯一区别是只有用户 1 选择参与系统 A 时，他的收益为−1000 单位。其策略式如表 2.26 所示。

表 2.26 有风险下用户的系统选择 I

s_1	(u_1,u_2)	
	s_2=系统 A	s_2=系统 B
系统 A	(2, 2)	(−1000, −1)
系统 B	(−1, −1)	(1, 1)

通过对表 2.26 所示策略式的分析可知，策略组合(系统 A，系统 A)是该博弈模型的帕累托占优均衡。但是对于用户 1 来讲，选择策略“系统 A”会给自己带来极大的风险。在博弈模型中通常假设所有参与人都是理性的，而且所有参与人的理性是公共知识。如果有一个参与人的策略选择偏离了纳什均衡，理性参与人的策略选择反而会导致其收益的减少。所以现实中的用户 1 往往倾向选择风险较小的策略“系统 B”，而且理性用户 2 也会考虑用户 1 策略选择。因此，策略“系统 B”也会给用户 2 带来更高的收益。这意味着“系统 A”对于用户 1 和用户 2 都是风险较高的策略选择。考虑到风险因素，纳什均衡(系统 B，系统 B)有更高的优势，因为它虽然在帕累托效率上不如帕累托占优均衡(系统 A，系统 A)，但是在风险上却低于帕累托占优均衡(系统 A，系统 A)。当用户 1 和用户 2 希望能够规避风险的时候，就会选择策略组合(系统 B，系统 B)，而不是帕累托占优均衡(系统 A，系统 A)。这种依靠规避风险而得出的纳什均衡被称作“风险占优均衡”。

风险占优均衡在用户选择大模型系统和小模型系统的过程中尤为明显。小模型通常指参数较少、层数较浅的模型。小模型具有高效、轻量级、易于部署等优点，适用于计算资源有限、数据量小的场景，如移动端应用、嵌入式设备、物联网等。而当模型的训练数据和参数不断扩大，直到达到一定的临界规模后，其表现出一些未能预测的、更复杂的能力和特性，模型能够从原始训练数据中自动学习并发现新的、更高层次的特征和模式，这种能力被称为“涌现能力”。而具备涌现能力的机器学习模型就被认为是独立意义上的大模型，这也是其和小模型最大的区别。相比小模型，大模型通常参数较多、层数较深，具有更强的表达能力和更高的准确度，但也需要更多的计算资源和时间来训练和推理，适用于数据量较大、计算资源充足的场景。最近大热的 ChatGPT 就是典型的语言大模型。

假设系统 A 是一个有大规模参数和复杂计算结构的联邦学习模型，而系统 B 是一个小模型系统。此时用户 1 和用户 2 要面临的选择是从系统 A 和系统 B 中选择一个参与。假设一个大模型系统需要用户 1 和用户 2 同时参与，而小模型系统只需要一个用户参与就可以了。大模型系统带来的收益更高，为 2 单位；而小模型系统只能为用户带来 1 单位收益。如果只有一个用户参与大模型系统，那么这个用户浪费了自己的计算资源，所以只能得到−1 单位的收益。那么整个博弈过程可以用表 2.27 所示的策略式表达。

表 2.27　有风险下用户的系统选择Ⅱ

s_1	(u_1,u_2)	
	s_2=系统 A	s_2=系统 B
系统 A	(2, 2)	(−1, 1)
系统 B	(1, −1)	(1, 1)

通过对表 2.27 所示策略式的分析可知，策略组合(系统 A, 系统 A)和(系统 B, 系统 B)都是这个博弈模型的纯策略纳什均衡，而且(系统 A, 系统 A)是该博弈模型的帕累托占优均衡。如果按照帕累托占优均衡预测，那么用户应该选择“系统 A”。但是从策略式中可以看出，当一个用户选择“系统 B”时，选择“系统 A”的用户会有负收益。如果选择“系统 B”是有保障的，因为此时至少可以得到一个小模型，有 1 单位的稳定收益。因此，策略“系统 A”可能会带给用户有很大风险，并不一定是一个好的策略选择。因此，策略组合(系统 B, 系统 B)是这个博弈模型的一个风险占优均衡。理性的用户往往会选择“系统 B”，而不会选择“系统 A”。

更进一步，博弈参与人对于风险占优策略的选择倾向有一种自我强化机制。当博弈模型中选择风险占优策略的参与人增加的时候，选择帕累托占优策略的参与人就会减少。这就形成了一种促进参与人选择风险占优策略的正反馈机制，从而使越来越多的参与人选择风险占优策略。由于这种反馈机制的存在，达成风险占优均衡的概率增加了许多。参与人对于其他参与人可能采取风险占优均衡的担心，最终使大家达成了没有效率的均衡。

这种反馈机制的另一个问题就是，当博弈参与人的数目特别大的时候，虽然每个参与人做出不理性的策略选择的概率很小，但是整个模型中存在不理性的策略选择的概率就会变大。现实中的大模型与小模型的收益比例肯定高于表 2.27 所示的 2:1，大模型所需要的用户数目也会相应增加。目前并没有出现规模达到 ChatGPT 的自发联邦学习大模型，联邦学习大模型也仅处于理论阶段。其中一个重要原因就是作为一种分布式学习方式，联邦学习大模型需要的用户数目太多。假设一个自发联邦学习模型的训练需要 10 个参与人合作。10 个参与人中，如果有一个参与人对帕累托占优策略的信心不足就会导致模型训练失败，剩下的 9 个参与人只能得到负收益。因为合作的风险太大，理性的参与人会敬而远之，所以现实中用户自发参与的联邦学习、大模型系统很难吸引到足够的用户。这就需要一些额外的机制使足够多的参与人对帕累托占优策略达成共识。总的来说，风险占优均衡是对博弈模型进行预测的重要方法之一。倘若我们忽视这种均衡或者规律的存在，就可能对很多问题无法做出正确的判断，无法对很多现象做出合理的解释。

2.5.4 联邦学习系统选择中的犯错问题

即使参与人都是理性的，而且这是所有参与人的公共知识，也不能保证每个参与人每次博弈时都不犯错误。泽尔滕在 1975 年提出，每个参与人都有一定的犯错误的可能性，即他们在执行自己的策略时可能会偶尔出现失误，这种可能性被形象地称为“颤抖之手”，而这种均衡被称为“颤抖手均衡”。

颤抖手均衡的基本思想是，即使模型中其他参与人有犯错的可能性，参与人在一个策略组合下的收益仍然是最优的。也就是说，每个参与人在选择自己的策略时，都需要考虑其对手可能会偶尔犯错误的情况，并以此为基础做出最佳的策略选择。这一理论的提出，为我们理解博弈论中的纳什均衡提供了一个更加精确的框架。它揭示了在实际的博弈过程中，每个参与人除了要考虑其他参与人的理性计算，还必须考虑可能的随机因素，如对手的“颤抖之手”可能带来的影响。

我们再以表 2.20 所示联邦学习系统中用户的协作博弈为例。在该博弈模型的其他条件不变的情况下，如果用户 1 所拥有的数据量足够支撑系统 B 的全局模型，那么整个博弈过程可以被表 2.28 所示策略式表达。

表 2.28 颤抖之手下用户的系统选择 I

s_1	(u_1,u_2)	
	s_2=系统 A	s_2=系统 B
系统 A	(2, 1)	(−1, −1)
系统 B	(2, −1)	(1, 2)

通过分析可知，这个博弈模型中(系统 A, 系统 A)和(系统 B, 系统 B)是博弈的纯策略纳什均衡，其中(系统 A, 系统 A)对用户 1 有利，(系统 B, 系统 B)对用户 2 有利，而且“系统 B”是用户的弱占优策略。如果用户 2 有可能选择系统 B，那么无论这个可能性多么小，用户 1 都该选系统 B。此时，(系统 A, 系统 A)就不是一个稳定的均衡。再来考虑(系统 B, 系统 B)的稳定性。对于(系统 B, 系统 B)来说，不管用户 2 是否有选择系统 B 的可能性，用户 1 都要选择系统 B。对用户 2 来说，虽然用户 1 从选择系统 B 偏离到系统 A 会对自己有不利影响，但是只要用户 1 偏离的可能性不超过$\frac{4}{5}$，那么自己就不会改变策略。因此，(系统 B, 系统 B)对于一定概率的偏差具有稳定性。我们称具有这样性质的策略组合为“颤抖手均衡”。而(系统 A, 系统 A)就不是颤抖手均衡。

如果把该博弈的收益进行些许调整，如表 2.29 所示，原博弈模型中的非颤抖手均衡(系统 A，系统 A)就变成了颤抖手均衡。因为即使用户 2 有偏离系统 A 而选择系统 B 的可能性，但是只要这种可能性很小，那么用户 1 选择系统 A 就是最佳策略。因此该博弈有两个颤抖手均衡。

表 2.29　颤抖手下用户的系统选择Ⅱ

s_1	(u_1,u_2)	
	s_2=系统 A	s_2=系统 B
系统 A	(2, 1)	(−1, −1)
系统 B	(1, −1)	(1, 2)

通过这个例子可以发现，一个策略组合要成为一个颤抖手均衡，首先必须是一个纳什均衡。其次该均衡不能包含任何弱劣策略，即偏离对偏离者没有损失的策略。包含弱劣策略的纳什均衡不可能是颤抖手均衡，这是因为他们经不起任何非完全理性的扰动，缺乏在有限理性条件下的稳定性。

虽然颤抖手均衡和风险占优均衡都涉及不确定性和风险问题，但它们关注的重点不同。风险占优均衡是一种在有较大偏离概率情况下的策略均衡。在这种均衡中，参与人需要根据风险选择最优的策略，以便在面临较大偏离概率的情况下仍然保持最优的结果。因此，风险占优均衡强调的是在风险条件下追求最优结果的策略。而在颤抖手均衡中，参与人会考虑到偶然因素导致自己犯错误的可能性，并据此调整自己的策略，以确保在出现错误的情况下也能保持均衡。因此，颤抖手均衡强调的是在不确定性条件下维持稳定性的策略。

第 3 章

完美信息动态博弈

3.1 完美信息动态博弈的表达方式

第 2 章介绍了完全信息静态博弈，在完全信息博弈的基础上，本章分析一种新的博弈模型——完美信息动态博弈模型。

3.1.1 动态博弈和完美信息

动态博弈是指参与人有先后顺序的博弈。一个容易理解的动态博弈例子就是围棋，两个棋手是动态博弈的参与人，每个参与人的策略就是棋盘中可以落子的位置，而最后的胜负就是两个参与人的收益。在博弈的过程中，两个参与人依次选择策略。每次选择策略的过程被称为阶段。每个参与人根据对方参与人选择的策略而选择策略。所以，动态博弈中，当轮到某一方行动时，他掌握了多少前面进行的博弈信息是非常重要的。

第 2 章已经给出了完全信息博弈的定义，即完全信息博弈模型中，博弈参与人及其策略集和参与人在每个策略组合下的收益都是所有博弈参与人的公共知识。当动态博弈在完全信息的基础上给出各个参与人策略选择的先后顺序，并且参与人的策略选择都可以被观察到时，完全信息动态博弈模型就等价于完美信息博弈。

完美信息是指已经行动的参与人所选的具体行动是参与人的公共知识。所以，前面提到的围棋就是一个完美信息动态博弈的例子。第 2 章介绍了完全信息静态博弈。完全信息和完美信息是两个不同的定义。完全信息要求博弈模型的参与人、每个参与人的策略集以及每个参与人在每一个策略组合下的收益必须都是公共知识。在完全信息静态博弈模型中，每个参与人只有一次选择策略的机会。所以“策略”就是这个选择。而在完美信息博弈中，每个参与人不仅选择的次数不唯一，而且可能每次选择的策略集也不唯一。不同阶段的策略有内在的联系，是不能分割的整体。每个参与人在每个阶段的策略选择构成了他在博弈中的一个策略。

定义 3.1　完美信息博弈纯策略。在一个完美信息博弈中，一个参与人的纯策略是完整的策略选择序列。这个纯策略明确了参与人在每个阶段的策略选择。

也就是说，完美信息博弈模型中参与人的策略和他在某个阶段的选择是不等价的，而是由他在所有需要他做选择的阶段的策略选择组成的。根据完美信息的定义，每个参与人已经有了其他已做出策略选择的参与人的信息，每个参与人完全可以根据这个额外的完美信息做出自己的策略选择。因此，将完美信息博弈模型的各个阶段分割开来，只研究博弈某个阶段的策略是没有意义的。但是现实生活中，很多人就掉进了这种只研究局部的陷阱。一个典型的例子就是象棋比赛中，整个比赛以吃掉对方的将（或帅）为胜利。一些人贪图吃掉对方的车、马、炮等重要的棋子，结果掉进了对手设置的陷阱，导致最后输棋。

从完全信息和完美信息的定义中可以看出，完美信息的定义比完全信息的定义更加严苛。完美信息博弈模型中参与人之间的信息具有不对称性，各方参与人所获得其他参与人的信息是不同的。而完全信息博弈模型中的参与人之间没有信息不对称性。不完美但完全信息博弈模型很常见，第 2 章中所有博弈的例子都可以被看作不完美但完全信息博弈。不完全信息博弈肯定是不完美信息，这是因为不完全信息博弈模型中，“自然”的选择对某些参与人来讲具有不确定性，这种不确定性本身就带来信息在选择上的不确定性。

3.1.2　扩展式与网络攻防

本章仅分析在完美条件假设下的动态博弈模型。理论上说，动态博弈可以在策略的意义下转化为静态博弈。这时的策略就是参与人在理性假设下行动的一个整体规则。我们可以用更能反映动态特征的扩展式方法来描述动态博弈，这种方法的优点便是直观、便于理解。扩展式描述的本质就是图论中的树。

网络攻防中的被动防御技术可被看成一个两阶段的动态博弈。我们假设防御者可以选择安装防火墙或者加密软件。因为防御者预算有限，只能安装一项，而攻击者也只选择一种攻击方法。第一个阶段防御者选择安装防火墙或者安装加密软件；第二个阶段攻击者选择使用中间人攻击或者拒绝服务（DoS）攻击。防火墙只对 DoS 攻击作用明显，对中间人攻击没有作用；而加密软件只对中间人攻击有作用，对 DoS 攻击作用有限。我们认为只有安装的防御软件对攻击有效时，才是攻击失败且防御成功，否则防御失败且攻击成功。无论攻防，当成功时，会有 1 单位的收益，否则会有−1 单位的收益。故博弈模型中，防御者和攻击者的收益如表 3.1 所示，其中防御者为参与人 1，攻击者为参与人 2。

表 3.1 网络攻防选择博弈 I

s_1	(u_1,u_2)	
	s_2=中间人攻击	s_2=DoS 攻击
防火墙	(−1, 1)	(1, −1)
加密软件	(1, −1)	(−1, 1)

现在防御者的防御软件已经安装完毕，而且安装哪种防御软件是公共知识。所以，博弈模型不仅需要描述各个参与人的策略集，还需要描述参与人选择策略的顺序结构。因此，这个博弈可用扩展式来表示。同博弈模型的策略式一样，一个博弈模型的扩展式需要包含以下要素。

- 博弈模型中参与人的集合：$i \in \Gamma$ ，$\Gamma = (1,2,\cdots,n)$ 。
- 博弈模型中每个参与人可选择的策略集合：$\forall i \in \Gamma, S_i \neq \varnothing$ 。
- 每个参与人在每个策略组合 $(s_1,s_2,\cdots,s_n)$ 中的收益：$u_i(s_1,\cdots,s_n), i \in \Gamma, s_i \in S_i$ 。
- 每个参与人在博弈模型中的行动顺序。

因为要克服策略式表达策略选择的局限性，所以要将纯策略从静态环境扩展到表达用户在各个阶段的策略选择的动态环境下。这样就需要在扩展式的要素中引入参与人在博弈模型中的行动顺序，即上述最后一个要素。

与易于描述完全信息静态博弈的策略式有所区别，用扩展式来描述博弈模型时，不仅需要描述博弈模型中的参与人及其策略集和收益，还必须描述清楚博弈过程中参与人所遇到的策略选择的序列结构，每个参与人的策略选择都要受到已经行动的参与人策略选择的影响，以及对后续行动参与人策略选择的影响。这种先后行动的策略选择构成了一个树形结构，即博弈树。为此，网络攻防选择博弈模型可以用图 3.1 所示的博弈树表示。

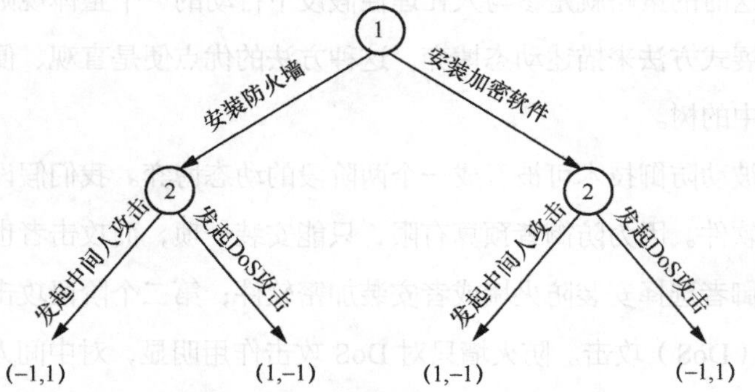

图 3.1 网络攻防选择博弈树

博弈的扩展式描述就是把动态博弈模型用博弈树的形式表示出来。同数据结构中树的定义一致，博弈树通常由节点和节点之间的线段构成。博弈树中的节点有两种形式：一种是代表参与人策略选择的决策点，另一种是代表参与人在博弈模型中收益的终止节点。在扩展式描述中一般用带数字的圆圈表示参与人的决策点，圈内数字代表由哪个参与人进行策略选择。图 3.1 中①表示参与人 1 的决策点，②表示参与人 2 的决策点。节点之下的线段表示参与人的可选策略。有几种可选策略就有几条线段，称为枝。①下面的两个分支分别表示防御者的两种可选策略，即安装防火墙和安装加密软件。②下面的两个分支分别表示攻击者的两种可选策略，即发起中间人攻击和发起 DoS 攻击。最后的终止节点由一个数组表示。终止节点的数组由所有参与人的收益组成。比如图 3.1 所示博弈模型中，终止节点括号内的数字分别是参与人 1 和参与人 2 在博弈结束后的收益。例如，防御者安装防火墙，而攻击者发动中间人攻击，那么防御者遭受了损失，同时攻击者获得利益，他们的收益分别是 −1 单位和 1 单位。

由初始节点到任一终止节点之间由一连串的节点与枝构成了一条路径。这条路径指出了博弈实际进行的一种方式。当然，由于终止节点不止一个，因此会有许多条路径。所有的路径展示了博弈实际进行的可能情况。扩展式表示的博弈实际上是一个有向图。一般按阶段进行描述时不会引起方向上的混乱，本书不再用抽象的图论语言进行描述。

动态博弈的扩展式描述直观，便于理解。动态博弈用策略式描述时就可以转化为静态博弈。所以，参与人的行动顺序可以被包含在策略内，能以策略的形式给出行动选择的规则。虽然两种表达方式都可以采用，但博弈有很多阶段时，策略式表示往往比较困难，也可能丢失一些顺序信息。

前面已经介绍，动态博弈模型中的策略选择就是参与人按照顺序行动选择的过程。某一参与人的策略，在动态博弈模型中就是规定在参与人行动的各个阶段，制定出选择行动的计划。由于后行动的参与人可以利用先行动的参与人策略选择的信息，因此，动态博弈模型中的策略选择需要对参与人各种可能发生的情况进行建议。我们仍然用图 3.1 来说明这种关系。

首先防御者选择第一阶段的防御策略，即安装防御软件。但是由于防御者首先行动，他并没有可利用的信息，因而策略就被简化为“A_1：安装防火墙”和“A_2：安装加密软件”这两种策略。攻击者也面临“发起中间人攻击”和“发起 DoS 攻击”两个策略。尽管也是选择一个策略，但是在被动防御条件下，攻击者完全可以考虑防御者可能的选择策略来制定策略。因为防御者首先行动，攻击者多了防御者行动后的信息，所以在选择“发起中间人攻击”和选择“发起 DoS 攻击”的基础上，攻击者多了两条策略，即“发起防御者能防御的攻击”和“发起防御者不能防御的攻击”。

- B_1：如果防御者选择安装加密软件，那么攻击者选择发起中间人攻击；如果防御者选择安装防火墙，那么攻击者还是选择发起中间人攻击。也就是说是无论防御者安装什么，攻击者都发起中间人攻击。

- B_2：如果防御者选择安装加密软件，那么攻击者选择发起 DoS 攻击；如果防御者选择安装防火墙，那么攻击者还是选择发起 DoS 攻击。也就是说无论防御者安装什么，攻击者都发起 DoS 攻击。

攻击者的策略 B_1 和 B_2 与完全信息静态博弈模型中攻击者的策略没有太大的区别，在这两个策略中，攻击者并没有利用到防御者策略选择的信息。在防御者的策略选择已经是公共知识基础上，攻击者有了更多的策略选择。

- B_3：如果防御者选择安装加密软件，那么攻击者选择发起中间人攻击；如果防御者选择安装防火墙，那么攻击者选择发起 DoS 攻击。也就是说，攻击者总是发起防御者能够防御的攻击。
- B_4：如果防御者选择安装加密软件，那么攻击者选择发起 DoS 攻击；如果防御者选择安装防火墙，那么攻击者选择发起中间人攻击。也就是说，攻击者总是发起防御者不能防御的攻击。

B_1、B_2、B_3、B_4 已经穷尽了攻击者所有可能的策略。如果防御者选择了 A_1 且攻击者选择了 B_1，意味着防御者先安装防火墙，攻击者后发起中间人攻击。这个策略组合对应图 3.1 中最左边的一条路径。如果防御者选择了 A_2 且攻击者选择了 B_2，意味着防御者先安装加密软件，攻击者后发起 DoS 攻击。这个策略组合对应图 3.1 最右边一条路径。然而 A_1 与 B_4 的策略组合也对应着图 3.1 中最左边一条路径。这意味着表 3.1 所示的博弈路径并不能完全表达出图 3.1 所示的扩展式的策略选择。所以整个博弈过程可以用表 3.2 所示的策略式表示。

表 3.2　网络攻防选择博弈 Ⅱ

s_1	(u_1,u_2)			
	$s_2=B_1$	$s_2=B_2$	$s_2=B_3$	$s_2=B_4$
A_1	(−1, 1)	(1, −1)	(1, −1)	(−1, 1)
A_2	(1, −1)	(−1, 1)	(1, −1)	(−1, 1)

用第 2 章介绍的完全信息静态博弈求解方法分析可以得出，(A_1,B_4) 和 (A_2,B_4) 都是这个博弈模型中的纳什均衡。实际上，根据第 2.2.1 节介绍的定义，B_4 是攻击者的弱占优策略，所以防御者的策略在这种博弈结构下是无效的。(A_1,B_4) 策略组合的实施对应图 3.1 的最左边路径，而 (A_2,B_4) 策略组合的实施对应图 3.1 中最右边的路径。根据策略式求解，我们可以得出，博弈模型的纳什均衡是(安装防火墙，发起防御者不能防御的攻击)和(安装加密软件，发起防御者不能防御的攻击)。这意味着纳什均衡预测和建议防御者在第一阶段可以安装防火墙也可以安装加密软件，而攻击者在第二阶段总是会发起防御者不能防御的攻击。

3.2 纳什均衡的局限性

对于动态博弈，分析的重要任务仍然是求出相应的均衡。根据第 3.1.2 节可以看出，完美信息动态博弈也可以使用策略式进行分析。理论上使用策略式也可以得到纳什均衡。然而由于策略式无法表达动态过程中行动顺序的性质，一些无法满足理性要求的纳什均衡也会出现。所以需要讨论在各种纳什均衡中，什么样的均衡能够满足动态博弈理性的要求。

动态博弈是一个见机行事的过程，即在动态博弈中，各参与人是在“等到”轮到自己做选择时再决定如何行动。这种见机行事引出了动态博弈中的可置信性问题。在静态博弈中，纳什均衡具有良好的稳定性，即参与人都没有动力去改变这一策略组合。但是纳什均衡在动态博弈中有本身固有的缺陷：首先，纳什均衡不考虑自己的策略选择如何影响对手的策略选择；其次，纳什均衡允许不可置信问题存在；最后，纳什均衡存在多个解时，有些解无法到达。

3.2.1 动态攻防选择博弈

纳什均衡不考虑自己的策略选择如何影响对手的策略选择。静态博弈的参与人在做策略选择的时候，只考虑参与人、策略和收益。完全不考虑已经行动的参与人的策略选择以及行动顺序。也就是说，已经行动的参与人的策略选择和行动顺序在静态博弈模型中完全是冗余的，没有任何用处。与完全信息静态博弈不同，完美信息动态博弈的参与人在做策略选择的时候，除了参与人、策略、收益，还有完美的信息，包括已经行动的参与人所有的策略选择以及行动顺序。

假设有一对攻击者和防御者，防御者有两个策略选择，即“安装”防御系统和“拒装”防御系统；攻击者也有两个策略选择，即“发起”攻击系统和“放弃”攻击系统。防御者在开放系统之前就已经做出策略选择。也就是说，防御者先行动，攻击者后行动。防御者和攻击者的策略组合收益如表 3.3 所示。

表 3.3 动态攻防选择博弈 I

s_1	(u_1,u_2)	
	s_2=攻击	s_2=放弃
安装	(1, −4)	(10, 0)
拒装	(4, 6)	(10, 0)

该博弈考虑了防御者先行者的地位，存在一定的先行优势，所以博弈模型可以用图 3.2 所示的博弈树表示。

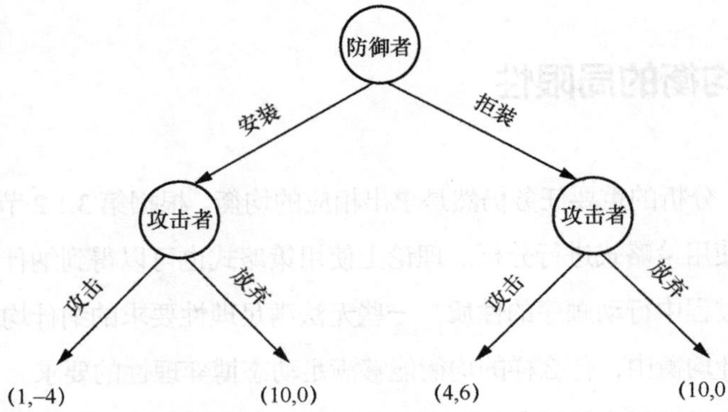

图 3.2　动态攻防选择博弈树

我们继续用策略式求解方法来分析该博弈的均衡。首先分析博弈模型中各个参与人的可选策略。防御者可选择的策略很简单。防御者先行，他没有任何消息，只有一个选择节点，选择 A_1（“安装”防御系统）或者 A_2（“拒装”防御系统）。对于攻击者，由于其可以观察到防御者的行动后选择行动，所以策略共有 4 种。

B_1：无论如何，选择策略“攻击”。

B_2：无论如何，选择策略“放弃”。

B_3：只要安装就攻击。

B_4：只要拒装就攻击。

新的策略式表示如表 3.4 所示。

表 3.4　动态攻防选择博弈Ⅱ

s_1	(u_1,u_2)			
	$s_2=B_1$	$s_2=B_2$	$s_2=B_3$	$s_2=B_4$
A_1	(1, −4)	(10, 0)	(1, −4)	(10, 0)
A_2	(4, 6)	(10, 0)	(10, 0)	(4, 6)

从表 3.4 所示的博弈表达式中，可以求出(A_1,B_2),(A_1,B_4)和(A_2,B_1)是 3 个纳什均衡。从图 3.2 中可以看出，(A_1,B_2)和(A_1,B_4)这两组策略组合在博弈树上的路径是一致的，即防御者选择策略“安装”，而攻击者选择策略“放弃”。但是注意到(A_2,B_1)也是纳什均衡，即防御者选择拒装防御系统，而攻击者选择发起攻击。但是，这 3 个博弈策略并不都具有稳定性。如果攻击者无论如何都要选择发起攻击，防御者选择 A_1 的收益是 1 单位，而选择 A_2 的收益是 4 单位，所以防御者会选择 A_2。之所以出现这种情况，是因为攻击者表现出了无论如何都要攻击的威胁，而防御者由于对这种威胁存在恐惧，把攻击者的潜在威胁当成了可以置信的威胁来思考。但是在博弈模型中参与人理性的假设条件下，当防御者安装了防御系统后，攻击者选择发起攻击的收益是−4 单位，而选择不发起攻击的收益是 0，所以包含攻击者选择发起攻击的策略组合

(A_2, B_1) 虽然是纳什均衡，但这一均衡包含了攻击者的不理性的威胁因素，称为不可置信的威胁。而只有当防御者被这种非理性威胁吓到时才会选择 A_2。将这种纳什均衡用于预测博弈人的行为显然是没有实际意义的，所以要在完美信息动态博弈中排除这种纳什均衡。在另一个纳什均衡 (A_1, B_2) 中，B_2 是无论防御者是否安装防御系统，攻击者总选择不发起攻击。明显当防御者选择拒装防御系统时，攻击者的收益会减少。所以 (A_1, B_2) 也不是一个理性的纳什均衡。

从本节对动态攻防选择博弈模型的分析可以看出，策略式和扩展式都可以用来建立博弈模型，但是在实际应用中两者之间的差异性很大。策略式本质上是分析静态博弈的有效工具。策略式假设所有参与人同时选择策略并得到博弈结果，而忽视了已行动的参与人的策略选择。这种建模方式可以很直观地描述完全信息静态博弈模型，如隐私分享博弈等第 2 章介绍的博弈模型，但是从所建立的模型中很难直观地观察到博弈模型所具有的动态性。例如，表 3.4 所示的动态攻防选择博弈中，很难从该表中了解到防御者选择安装防御系统会对攻击者的策略选择造成的影响，所以攻击者也很难利用防御者策略选择的信息来选择自己的攻击策略。

扩展式本质上是有效描述动态模型的工具。它不仅可以直观地比较每组策略组合的收益大小，还对博弈过程中参与人的策略集和策略选择给出了详尽的描述。例如图 3.2 所示的动态攻防选择博弈，可以从图 3.2 中直接观察到每对策略组合带给攻防两者的收益，还能看到防御者所做的策略选择对攻击者的影响。所以，选择合理的建模工具对所需要解决的数据保护问题进行有效建模，是利用博弈模型解决数据保护问题的关键。

3.2.2 联邦学习激励问题

纳什均衡允许不可置信问题存在。由于静态博弈下纳什均衡具有稳定性，各参与人能够一致预测到该博弈的最终形式，即各参与人看上去是在博弈开始前就制定出一个完全的行动选择计划。但在动态博弈中，参与人理性的假设导致了不可置信问题，这就使得动态博弈下的纳什均衡缺乏稳定性。

威胁具有不可置信的情况，同样，有些承诺也是不可置信的。不可置信的威胁和不可置信的承诺是指：在需要实施威胁或承诺的条件下（不一定在博弈中实际出现），威胁者或承诺者放弃威胁或承诺的实施而选择其他行动可以获得更多的收益。依然以联邦学习系统为例，用户加入系统后需要贡献自己的计算资源、通信资源以及隐私等。设风险为 1 单位。系统承诺用户，如果用户加入则给用户发放 2 单位的激励。用户是否该加入系统呢?

这个问题可以被看作用户和系统两个参与人的动态博弈。用户首先行动，它有“加入”和“拒绝”两个策略选择。如果用户在第一阶段选择策略“拒绝”，则博弈结束，且两个参与人都得不到任何收益。如果用户在第一阶段选择策略“加入”，那么系统就需要在第二阶段选择是否为用户发送激励。如果系统选择策略“无视”，则用户损失了自己的资源，收益为−1 单位，同时系统获得 3 单位收益；如果系统选择策略“激励”，拿出收益中的 2 单位发给用户，则最终系统和用户的收益分别都是 1 单位。整个博弈可以用图 3.3 所示的博弈树来表示。

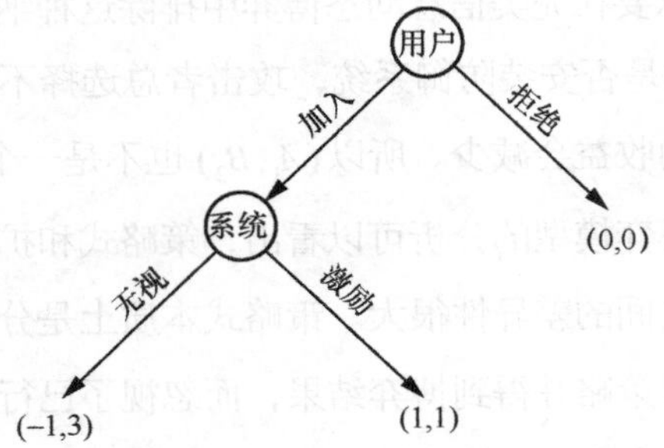

图 3.3　用户-系统选择博弈树 I

在这个博弈模型中，用户的决策关键是判断系统的激励是否可置信。系统在第二阶段选择“激励”时，他的收益是 1 单位；选择“无视”，则他的收益是 3 单位。根据理性参与人的假设，系统应该选择“无视”这个策略。所以，“激励”这个承诺只是一个不可置信的承诺。在这个博弈的第二阶段中，包括用户在内的任何理性的参与人都能判断系统会选择“无视”。因此，用户清楚如果自己在第一阶段选择“加入”，则他的收益是 −1 单位；选择“拒绝”，则他的收益是 0。如果用户是一个理性参与人，则用户在第一阶段就该选择“拒绝”这个策略。

当然这个博弈扩展式还可以继续扩展下去。比如，因为有不可置信的承诺，用户和系统的合作未能达成。为了使系统的承诺成为可置信的承诺，用户可以在系统选择策略“无视”的时候，选择是否训练本地模型。这样，新的博弈模型中，参与人（用户）就有第三阶段选择。用户在第三阶段可以从策略“勤奋”和“懒惰”中选择。如果用户选择策略“勤奋”，则用户和系统的收益不变，用户和系统收益分别还是 −1 单位和 3 单位；如果用户选择策略“懒惰”，即用户因为系统不给自己提供激励而选择不训练模型，那么用户是否加入系统也没有区别，双方收益分别是 0。

这样新的博弈模型就可以用图 3.4 所示的博弈树来表示。

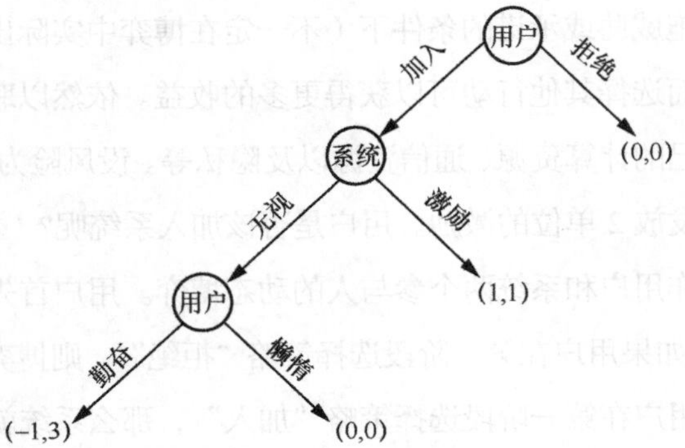

图 3.4　用户-系统选择博弈树 II

当用户有了不训练模型这个威胁后，博弈的结果就完全不同了。当博弈进行到第三阶段，即系统选择策略“无视”后，用户可以选择“懒惰”这个策略，则此时用户的收益为 0；如果用户选择“勤奋”这个策略，则用户的收益为−1 单位。因此，理性参与人用户在此时应该选择“懒惰”，则用户和系统的收益分别都是 0。如果系统也是个理性参与人，那么他知道如果自己不给用户发送激励，用户必定会不训练模型。此时，系统在第二阶段如果选择“激励”，系统的收益是 1 单位；如果系统选择“无视”，那么系统的收益就成了 0。由于系统也是理性参与人，系统会选择策略“激励”，用户和系统的收益分别都是 1 单位。到了第一阶段，理性参与人用户知道自己如果选择策略“加入”，那么自己的收益会是 1 单位；如果选择策略“拒绝”，那么自己的收益就是 0。所以，新的博弈的均衡就是((加入，懒惰)，激励)，即参与人用户会在第一阶段选择策略“加入”，而系统会在第二阶段选择策略“激励”，如果有第三阶段，参与人用户选择策略“懒惰”。

通过这个例子，我们可以看出，对图 3.3 所示博弈模型进行扩充后，“激励”这个承诺变成了可置信的承诺。虽然用户有了“懒惰”这个策略选择后，可能会带给系统 0 单位的收益，但是“懒惰”这个策略却促成了策略“激励”的可置信，从而使得系统能够更好地吸引用户参与。这是因为用户在第三阶段有了威胁“懒惰”。当用户选择“勤奋”这个策略时，他的收益是−1 单位。而当用户选择策略“懒惰”后，收益变成了 0。所以，“懒惰”这个威胁是一个可置信的威胁。因为“懒惰”成了一个可置信的威胁，所以系统在第二阶段的策略选择“无视”只能带给他 0 的收益。而这时的策略“激励”能带给系统 1 单位收益。“激励”这个承诺就成了可置信的承诺。当然，这个博弈模型也可以继续扩充，比如虽然在第二阶段有激励机制，但是系统可以在第四阶段选择是否给用户发送激励。如果用户训练了模型，而没有收到激励，第五阶段用户可以选择是否和系统打官司。当然这种扩充同时也意味着参与人收益的改变。

如果对图 3.3 所示博弈模型的扩充不是用户在第三阶段选择是否训练本地模型，而是用户在第三阶段是否攻击无视自己的联邦学习系统，此时新的博弈模型可以用图 3.5 所示的博弈树来表示。如果用户在第三阶段选择策略“放弃”，不攻击联邦学习系统，那么用户和系统的收益分别还是−1 单位和 3 单位；如果用户在此时选择“攻击”，破坏系统，那么两个参与人的收益分别都是−10 单位。此时选择策略“攻击”给用户带来的收益比选择策略“放弃”带来的收益还少了 9 单位。任何理性的参与人都不会选择策略“攻击”。此时，威胁“攻击系统”就成了一个不可置信的威胁。系统作为理性参与人也清楚用户在第三阶段不可能选择策略“攻击”，所以他可以毫无顾忌地在第二阶段选择策略“无视”。这样，系统在第二阶段的承诺“激励”又成了一个不可置信的承诺，用户在第一阶段又要选择策略“拒绝”。从该博弈模型中可以看出，可置信性问题在动态博弈问题中的重要性，虽然有时候参与人声称将采取什么样的行动，以影响和制约其他参与人的行为，但如果这些行动的选择会使参与人收益减少，那么这些想法或者声称最终就是不可置信的，最后不会真正实施。因此，可置信性问题是动态博弈分析的一个中心问题，我们需要对它十分重视。

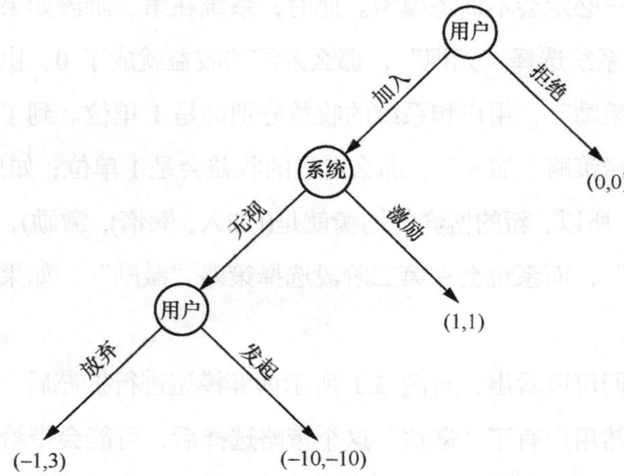

图 3.5　用户−系统选择博弈树Ⅲ

现实中，后行动者的威胁而使先行动者退缩的情况是存在的，但要区分实施威胁与放弃威胁对后行动者收益的影响。如果后行动者放弃威胁比实施威胁有更多收益，这种威胁是不可置信的。例如，为了惩罚对手而选择收益较少的策略，从而达到和对方“两败俱伤”的效果来威吓其他参与人，在完美信息博弈模中是不理性的。

这种放弃威胁的行为也是反直觉的。但是，如果从不完美信息博弈的角度来看，这种看似“不理性”的选择其实也是理性分析的结果，这是因为“理性”本身也能作为可选择的策略。但这已经超出完美信息博弈的范畴了。此类博弈模型被称作“声誉博弈”，将在第 6 章介绍。本章介绍的“完美信息动态博弈模型”都是以参与人的完全理性为前提假设的，除了模型中给定的收益，其他收益都不在考虑范围之内。

3.2.3　不可达到的攻防策略

纳什均衡存在多个解时，有些解无法实现。纳什均衡在动态博弈模型中可能缺乏稳定性的根源，这是由于它不能排除参与人策略中所包含的不可置信的行为设定，不能解决动态博弈中的可置信性问题。

假设有一对攻击者和防御者。如果防御者在被攻击后采取防御措施制止攻击，那么攻击者就会停止攻击；如果防御者在被攻击后不采取防御措施，那么攻击者会继续攻击。对防御者来说，被攻击会造成损失，采取措施进行被动防御当然是符合自身利益的，但制止攻击本身就要付出代价，因此在遭到攻击时是否要进行被动防御也要酌情考虑。对于攻击者来说，如果所发动的攻击被防御了，不仅得不到利益还会有成本损失。所以，两个参与人在攻击和防御的问题上，存在着一个策略和利益相互依存的博弈问题，而且是一个动态博弈问题。

在这个博弈中，如果攻击者首先选择是否攻击，他有两个策略："攻击"和"放弃"。攻击者每次攻击成功可获得 4 单位资产，但每次攻击的成本为 2 单位，所以攻击者每次攻击能获得 2 单位的收益。防御者也有两个策略："防御"和"不设"。防御者原本有价值 10 单位的资产，每次防御的成本是 3 单位，防御成功后，只能拿回原本 7 单位的资产。

根据以上假设，如果攻击者选择策略"放弃"，那么双方的收益是(0, 10)，博弈结束。如果攻击者选择"攻击"，防御者可以选择是否设置防御措施。如果防御者选择策略"防御"，需要扣除防御成本 3 单位， 那么双方收益是(−2, 7)，博弈也结束了。如果攻击者选择"攻击"，而防御者选择"不设"，那么攻击者开始从"攻击"和"放弃"中选择策略。如果攻击者选择继续攻击，攻击两次则能得到 4 单位的收益，那么双方收益是(4, 2)，如果选择不再攻击，那么双方收益就是(2, 6)。此博弈可以用图 3.6 所示博弈树表示。

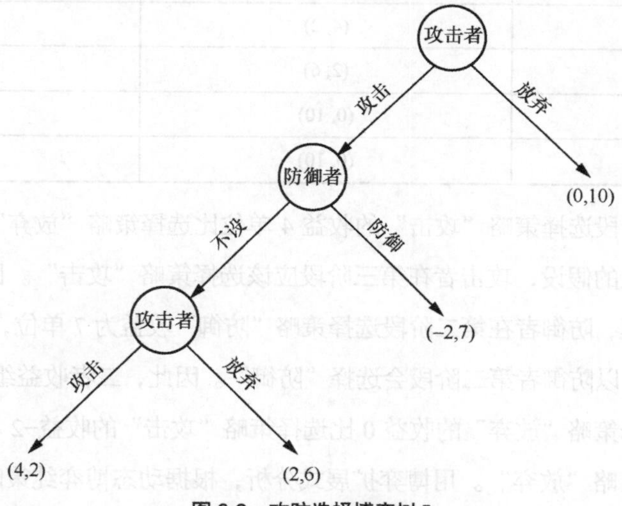

图 3.6 攻防选择博弈树 I

我们继续用策略式求解方法来分析该博弈的均衡。首先分析博弈模型中各个参与人的可选策略。防御者可选择的策略很简单。防御者只有一个选择节点，在这个节点上防御者只有"防御"和"不设"两个策略。但是注意，防御者可能不需要做这个选择。因为攻击者可能会选择"放弃"。在这种情况下，防御者选择是否设置防御措施已经没有意义了。不过纳什均衡需要表明，防御者在各个阶段该如何做出策略选择。对于攻击者的策略分析比较复杂，因为涵盖了博弈模型中第一和第三两个阶段。在这个博弈里，攻击者一旦在第一阶段选择了“放弃”，那么博弈就结束了。如果攻击者在第一阶段选择了“攻击”，那么他在第三阶段就需要从策略“攻击”和“放弃”中选择一个策略。但是，根据定义 3.1，纯策略需要明确参与人在每个阶段的策略选择，所以攻击者有 4 个策略可以选择。(攻击，攻击)和(攻击，放弃)是比较明显的两个策略。还有两个策略(放弃，攻击)和(放弃，放弃)。这两个策略看似比较冗余，因为一旦攻击者在第一阶段选择策略“放弃”，那么他在第三阶段就没有机会选择策略了。但是无论攻击者在第三阶段能不能有策略选择的机会，攻击者在博弈树中的策略必须包括攻击者在第三阶段的策略选择。博弈的策略式如表 3.5 所示。博弈矩阵的第三行和第四行完全相同。通过分析表 3.5 所示的博弈矩阵，可以得到博弈的纳什均衡有两个，分别是((放弃，攻击)，防御)和((放弃，放弃)，防御)。这表明纳什均衡给出的建议是，攻击者在第一阶段应该选择策略“放弃”，防御者在第二阶段应该选择策略“防御”，攻击者在第三阶段可以选择策略“攻击”也可以选择策略“放弃”。

表 3.5　攻防选择博弈

攻击者策略	(u_1,u_2)	
	防御者选择“不设”	防御者选择“防御”
(攻击，攻击)	(4, 2)	(−2, 7)
(攻击，放弃)	(2, 6)	(−2, 7)
(放弃，攻击)	(0, 10)	(0, 10)
(放弃，放弃)	(0, 10)	(0, 10)

攻击者在第三阶段选择策略“攻击”的收益 4 单位比选择策略“放弃”的收益 2 单位高，所以根据参与人理性的假设，攻击者在第三阶段应该选择策略“攻击”。因此，二者的收益组合应该是(4, 2)。同理，防御者在第二阶段选择策略“防御”收益为 7 单位，比选择策略“不设”的收益 2 单位高，所以防御者第二阶段会选择“防御”。因此，二者收益组合应该是(−2,7)。攻击者在第一阶段选择策略“放弃”的收益 0 比选择策略“攻击”的收益−2 单位高，所以攻击者在第一阶段会选择策略“放弃”。用博弈扩展式分析，根据动态博弈纯策略的定义，该博弈合理的纳什均衡应该是((放弃，攻击)，防御)，即第一阶段攻击者选择策略“放弃”，第二阶段防御者选择策略“防御”，第三阶段攻击者选择策略“攻击”。其中，防御者在第二阶段有两个策略选择“防御”和“不设”，但是防御者在第二阶段可能不需要选择策略。如果攻击者选择了策略“放弃”，防御者的选择毫无意义。但是，根据动态博弈纳什均衡的定义，纳什均衡需要在防御者需要做选择时给出建议，即防御者在第二阶段应该选择“防御”。目前为止，策略式和扩展式的建议还是一致的。

攻击者在第三阶段也有两个选择。如果按照扩展式的分析，攻击者应该选择策略“攻击”。但是分析策略式给出的纳什均衡中有一个建议是攻击者在第三阶段选择策略“放弃”。之所以对策略式的分析会给出攻击者在第三阶段选择策略“放弃”，是因为策略式对攻击者在第三阶段的分析受到攻击者在第一阶段选择的影响。根据对策略式的分析，攻击者在第一阶段选择了策略“放弃”之后，攻击者在第三阶段选择策略“攻击”的收益是 0，选择策略“放弃”的收益也是 0。所以防御者选择了策略“防御”之后，攻击者的策略选择(放弃，攻击)和(放弃，放弃)的收益0都大于选择另外两个策略的收益-2单位。即((攻击，攻击)，防御)和((攻击，放弃)，防御)不是该博弈模型的纳什均衡。虽然当防御者选择策略“不设”后，攻击者选择(放弃，攻击)和(放弃，放弃)的收益分别都还是0，但是此时攻击者选择 (攻击，攻击)和(攻击，放弃)的收益分别是 4 单位和 2 单位，都大于 0。所以((放弃，攻击)，不设)和((放弃，放弃)，不设)也不是该博弈模型的纳什均衡。

本节通过分析纳什均衡在完美信息动态博弈模型中的应用介绍了其在完美信息动态博弈中的局限性。纳什均衡可以用来预测并指导完美信息动态博弈中参与人的策略选择，但是在实际应用中，纳什均衡本身就有多重性的问题。第 2 章已经介绍了多重纳什均衡的策略选择问题，并介绍了一些解决方法，如“帕累托占优”“风险占优”等，但这些解决方法都不是规范的，不能作为解决纳什均衡多重性的通解。

纳什均衡概念的这些缺陷，使得它在分析动态博弈时，往往不能做出可靠的判断和预测，其作用和价值受到限制，也使得我们思考如何引进更有效地分析动态博弈的概念和方法。这些概念和方法在动态博弈分析中除了要符合纳什均衡的基本要求，还必须能够排除参与人策略中不可置信的行为设定。只有满足这些要求的均衡概念，纳什均衡在动态博弈分析中才有真正的稳定性，才能对动态博弈做出有效的分析和预测。

3.3 子博弈精炼纳什均衡

上一节陈述了如何用策略式求解完美信息动态博弈的纳什均衡。但是策略式表示的完美信息动态博弈模型中存在不可置信的威胁。为此，本节将介绍如何通过分析博弈树直接得到纳什均衡。

3.3.1 子博弈

由博弈模型中某一个阶段开始的后续博弈叫作“子博弈”。实际上，从一个博弈模型任何节点开始一直到博弈结束都可以看作子博弈。

以图 3.2 所示的动态攻防选择博弈树为例，该博弈模型中，如果防御者在第一阶段选择了安装防御系统，意味着这个动态博弈进行到了攻击者做选择的第二阶段。攻击者此时面临的是防御者已经安装了防御系统的前提下，自己选择是否发起攻击。于是构成了一个以攻击者为起点的一阶段动态博弈，如图 3.7（a）所示。这个博弈是动态攻防选择博弈树的一个子博弈。同理，如果防御者在第一阶段选择了拒装防御系统，攻击者的选择也构成了一个以攻击者为起点的子博弈，如图 3.7（b）所示。这个博弈也是图 3.2 的一个子博弈。图 3.2 所示博弈树就被称作图 3.7 所示两个博弈树的原博弈。需要注意的一点是，图 3.7 是子博弈的前提是攻击者能够确定防御者已经选择了策略“安装”或者“拒装”。

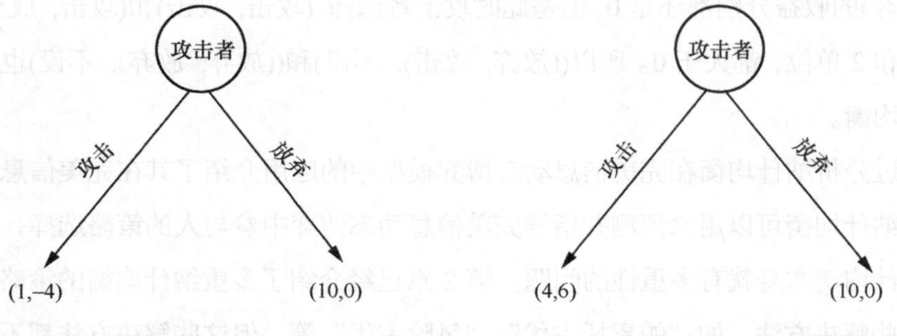

（a）防御者在第一阶段选择“安装”　　（b）防御者在第一阶段选择“拒装”

图 3.7　子博弈博弈树

定义 3.2　子博弈。子博弈是由一个原博弈的第一阶段以外的某个决策点开始的后续所有阶段构成的博弈。子博弈由初始决策点和进行博弈所需要的全部信息组成，能够组成一棵新的博弈树。这棵新的博弈树是原博弈树的一部分。

也就是说，一个子博弈必须拥有博弈构成的所有要素，包括参与人、策略、行动、顺序、收益等完美信息。子博弈要求起点处的参与人拥有确切的所有信息。起点处参与人需要确定自己所处的决策点。所以，子博弈本身就可以被看作一个独立的完美信息动态博弈模型，而且子博弈和原博弈有相同的信息结构。

显然图 3.7（a）和图 3.7（b）都满足子博弈的定义，这两个都是图 3.2 所示的博弈树的子博弈。按照子博弈的定义，我们还可以讨论子博弈的子博弈问题。以第 3.2.3 节介绍的博弈模型为例，如图 3.8 所示，如果攻击者在第一阶段选择了策略“攻击”，此时由防御者开始做出选择的第二阶段就成了原博弈的子博弈的第一阶段，该子博弈由虚线框内的博弈树表示。当防御者在子博弈的第一阶段选择了“不设”之后，在原博弈中攻击者开始做出选择的第三阶段就成了虚线框内博弈树的子博弈的第一阶段，这个“子博弈”的“子博弈”被称作原博弈的“二级子博弈”。

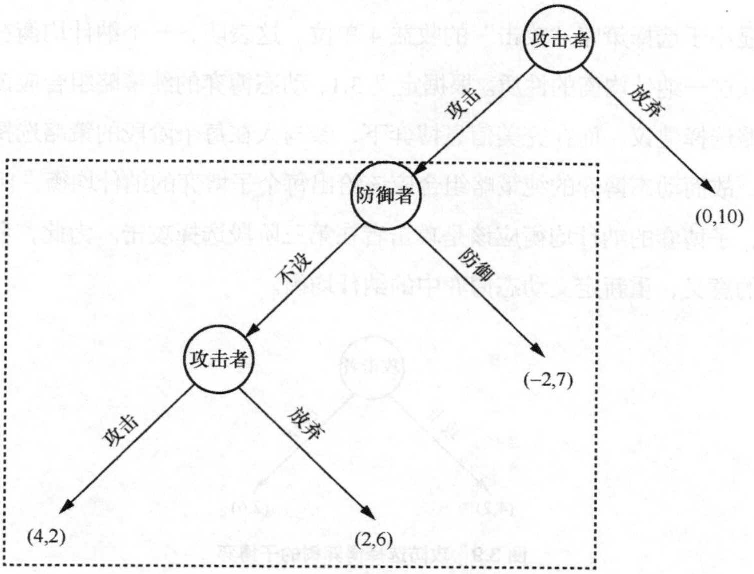

图 3.8　攻防选择博弈树

目前对于子博弈，有不同的定义。根据定义 3.2，一个动态博弈本身不是原博弈的子博弈。也有学者借鉴集合，扩展了子博弈的定义，将原博弈视为本身的子博弈，而其余的子博弈被定义为真子博弈。本书不采用真子博弈这个定义，也就是说，本书不视博弈本身为原博弈的子博弈。

子博弈定义中最重要的并不是博弈参与人的行动顺序，而是参与人之间的行动顺序和已行动的参与人所做出的策略选择带来的信息。如果攻击者后行动，但是不知道防御者做了怎样的策略选择，这时图 3.7 再也不是图 3.2 所示博弈模型的子博弈，即使我们知道防御者安装防御系统的概率，也不能构成子博弈。所以，定义子博弈的目的是子博弈的分析能成为整体博弈的一部分，而起点不确定时，把图 3.7 中的子博弈分割出来考虑就失去了意义。

3.3.2　子博弈精炼纳什均衡

纳什均衡有多重性的问题。在动态博弈模型中引入子博弈的概念后，可以利用“精炼”的方法通过纳什均衡的定义分析威胁的可置信性，从而剔除不合理的纳什均衡。通过这种“精炼”的思想得到的纳什均衡被称作“子博弈精炼纳什均衡”。

例如，图 3.8 所示的博弈模型中有((放弃,攻击),防御)和((放弃,放弃),防御)两个纳什均衡。攻击者在第三阶段选择策略“放弃”是依靠图 3.8 虚线框中描述的原博弈的一级子博弈分析得出的。攻击者此时的策略选择受防御者选择策略“防御”的影响。在防御者选择策略“防御”的情况下，攻击者的策略选择已经没有意义。但是攻击者在第三阶段的策略选择“放弃”已经不能构成图 3.9 所示子博弈的纳什均衡。这是因为在该博弈模型中，攻击者选择策略“放弃”的收益 2 单位明显小于选择策略“攻击”的收益 4 单位。这表明，一个纳什均衡在各个子博弈中的意义可以反映这一纳什均衡的性质。根据定义 3.1，动态博弈的纯策略组合应该给出参与人在各个阶段的策略选择建议。而在完美信息博弈下，参与人在每个阶段的策略选择都会导致一个子博弈的划分。故而动态博弈的纯策略组合应该给出每个子博弈的纳什均衡。例如在图 3.9 所示的子博弈中，子博弈的纳什均衡应该是攻击者在第三阶段选择攻击。为此，我们根据策略组合在子博弈中的意义，重新定义动态博弈中的纳什均衡。

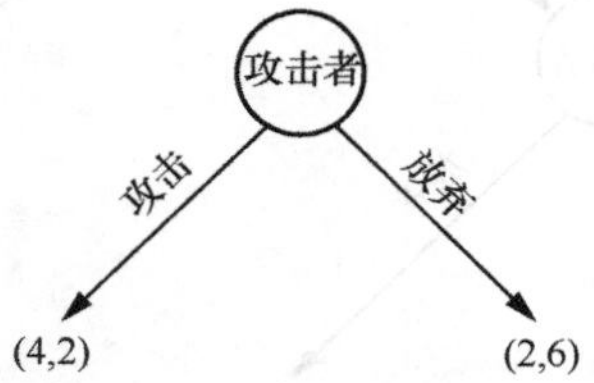

图 3.9　攻防选择博弈树的子博弈

定义 3.3　子博弈精炼纳什均衡。满足以下两个条件的博弈的策略组合 $s^* = \{s_1^*, s_2^*, \cdots, s_n^*\}$ 是一个完美信息动态博弈模型的子博弈精炼纳什均衡：

- s^* 是原博弈的纳什均衡；
- s^* 在每一个子博弈上也构成纳什均衡。

根据定义 3.3，完美信息动态博弈模型中的均衡应该为博弈模型中的每个参与人在每阶段的策略选择做出建议和预测。也就是说，子博弈精炼纳什均衡在原博弈的每个子博弈上都是纳什均衡。图 3.8 所示博弈的二级子博弈如图 3.9 所示。此时，防御者选择了策略“不设”，攻击者只需要在“攻击”和“放弃”中选择一个策略。这个过程也可以由表 3.6 所示策略式表示。

表 3.6　攻防选择博弈树的子博弈 I

s_1	(u_1,u_2)	
	s_2=攻击	s_2=放弃
不设	(2, 4)	(6, 2)

对表 3.6 分析可知，攻击者在第三阶段的策略选择应该是“攻击”，而不是“放弃”。攻击者在第三阶段的策略选择“放弃”不是原博弈的二级子博弈的纳什均衡，所以((放弃, 放弃), 防御)不是原博弈的子博弈精炼纳什均衡。同理，策略“攻击”应该是原博弈的二级子博弈的纳什均衡。原博弈的一级子博弈模型可以由表 3.7 表示。对表 3.7 分析可知，博弈模型的纳什均衡为(防御, 攻击)和(防御, 放弃)。策略“放弃”不是表 3.6 所示博弈的纳什均衡，而策略“攻击”是其纳什均衡，所以策略组合(防御, 攻击)是原博弈的一级子博弈的子博弈精炼纳什均衡。在第 3.2.3 节已经分析了，策略组合((放弃, 攻击), 防御)是原博弈的纳什均衡。(防御, 攻击)和“攻击”

分别是其一级子博弈和二级子博弈的纳什均衡，所以策略组合((放弃，攻击)，防御)本身就是图 3.8 所示完美信息动态博弈模型的子博弈精炼纳什均衡。

表 3.7 攻防选择博弈树的子博弈Ⅱ

s_1	(u_1,u_2)	
	s_2=攻击	s_2=放弃
不设	(2, 4)	(6, 2)
防御	(7, −2)	(7, −2)

根据以上对图 3.8 所示博弈的分析可知，该博弈的子博弈精炼纳什均衡为((放弃，攻击)，防御)。这意味着攻击者在第一阶段的策略选择是“放弃”，而这以后整个博弈过程就结束了。第 3.1.2 节介绍了由初始节点到任一终止节点之间由一连串的节点与枝构成了一条路径。那么这条由子博弈精炼纳什均衡建议的路径被称作“均衡路径”。例如，因为图 3.2 所示博弈模型中的策略组合(安装，只要安装就放弃)是子博弈精炼纳什均衡，所以策略组合(安装，放弃)所对应的路径就是该博弈的一条均衡路径。一个完美信息动态博弈中的子博弈精炼纳什均衡不是唯一的，所以一个博弈模型的均衡路径也不是唯一的。例如，图 3.1 所示博弈模型中有两条均衡路径(安装防火墙，发起中间人攻击)和(安装加密软件，发起 DoS 攻击)，因此该博弈模型有两个子博弈精炼纳什均衡。

比较复杂的是图 3.8 所示博弈模型的均衡路径是攻击者在第一阶段选择策略“放弃”，但是其子博弈精炼纳什均衡为((放弃，攻击)，防御)。也就是说，子博弈精炼纳什均衡的全部信息并没有被博弈模型中的均衡路径完全表示出来。虽然防御者在第二阶段的策略选择“防御”和攻击者在第三阶段的策略选择“攻击”是其博弈模型的均衡策略，但是它们并不在均衡路径上。所谓一个决策点“在均衡路径上”就是根据完美信息动态博弈模型中子博弈精炼纳什均衡的预测，一个决策点能够到达。同理，不在均衡路径上的决策点就是“偏离均衡路径”的决策点。按照图 3.8 所示博弈模型的子博弈精炼纳什均衡，防御者在第二阶段的决策点和攻击者在第三阶段的决策点都不在均衡路径上，所以，第二阶段和第三阶段的策略选择也不可能在均衡路径上。

虽然按照子博弈精炼纳什均衡的建议，图 3.8 所示博弈模型在第一阶段就结束了，但是第二阶段和第三阶段的均衡策略并不是无意义的。子博弈精炼纳什均衡给出了不在均衡路径决策点上的参与人建议，并预测了在已经行动的参与人偏离均衡路径的情况下，其他参与人应该如何进行策略选择。如图 3.8 所示博弈模型，如果攻击者在第一阶段偏离了均衡策略，选择了策略“攻击”，那么防御者就应该在第二阶段选择策略“防御”。同理，如果防御者在第二阶段偏离了均衡策略，选择了策略“不设”，那么攻击者就应该在第三阶段选择策略“攻击”。子博弈精炼纳什均衡中对每个参与人在各阶段策略选择的预测，迫使每个参与人不偏离自己所在子博弈精炼纳什均衡上的策略选择。例如，子博弈精炼纳什均衡预测防御者在第二阶段会选择策略“防御”，那么攻击者在第一阶段不偏离均衡策略的收益u_1(放弃, *, *) = 0。如果攻击者在第一阶段偏离均衡策略，那么攻击者的收益为u_1(攻击, 防御, *) = −2单位＜u_1(放弃, *, *)，这与参与人的理性假设相矛盾。同理，正是因为子博弈精炼纳什均衡预测攻击者在第三阶段会选择策略“攻击”，所以防御者在第二阶段不会偏离子博弈精炼纳什均衡，即选择策略“防御”。

需要注意的是，子博弈精炼纳什均衡只是利用承诺的可置信性剔除了不可置信的纳什均衡，其本身不会带来新的均衡。即子博弈精炼纳什均衡一定是纳什均衡，而纳什均衡不一定是子博弈精炼纳什均衡。不构成原博弈的子博弈精炼纳什均衡的纳什均衡，不能为原博弈的每个子博弈提供策略选择建议。比如图3.2所示博弈模型的纳什均衡有3个(安装, 放弃)、(拒装,攻击)和(安装, 只要拒装就攻击)，但是(安装, 放弃)和(拒装, 攻击)这两个纳什均衡就不能为原博弈的第二阶段的策略选择提供建议。在第3.2.1节，我们介绍了(安装, 放弃)和(安装, 只要拒装就攻击)都对应着图3.2中的均衡路径，但是(安装, 放弃)这个纳什均衡并没有带给防御者足够可置信的威胁。图3.2所示博弈模型中，防御者不愿偏离均衡路径也是因为子博弈精炼纳什均衡为攻击者提供的策略选择建议是“只要安装就放弃”。其实博弈模型只给出了两个策略选择“攻击”和“放弃”，“只要安装就放弃”这个策略选择并不是由模型直接给出的。当然，这个策略选择包括策略“攻击”和“放弃”，这就给这个策略选择带来了不确定性。这种不确定性也是一种可置信的威胁。(安装, 放弃)这个纳什均衡建议攻击者在第二阶段无论如何都选择策略“放弃”。根据纳什均衡的定义，在防御者不偏离均衡路径的情况下，第一阶段策略选择“安装”是第二阶段策略选择“放弃”的最优选择。同理，第二阶段策略选择“放弃”也是第一阶段策略选择“安装”的最优选择。但是，一旦防御者偏离了均衡路径而选择了策略“拒装”，那么攻击者选择纳什均衡建议的策略“放弃”就和博弈论中参与人理性的假设相矛盾。这也是第3.2.1节介绍的策略式的局限性，因为策略式中策略的选择是静态的，即使它不在均衡路径上，也认为它能够到达。这样一来就和现实出现了矛盾。

综上所述，纳什均衡的概念相对于子博弈精炼纳什均衡范围更大一些，它包括了博弈模型中可置信的和不可置信的均衡。而子博弈精炼纳什均衡只包括可置信的纳什均衡。子博弈精炼纳什均衡的概念比均衡路径上的策略也广泛一些，它为博弈模型中的每一阶段都提供策略选择预测和建议，无论这个阶段在均衡中是否能够达到。均衡路径上的均衡策略只是为整个博弈模型提供最优结果，没有考虑参与人没有按照均衡选择策略的情况。

定理3.1 库恩定理。一个有限的完美信息动态博弈模型一定存在子博弈精炼纳什均衡，该均衡在参与人行动的每个阶段都能够满足参与人在博弈模型中收益最大的要求。进一步，如果没有任何一个参与人在多个终止节点有相同的收益，那么这个子博弈精炼纳什均衡是唯一的。

证明：这个定理的证明可以使用数学归纳法完成。

- 当 $k=1$ 时，也就是说博弈模型只有一个阶段，那么博弈模型也只有一个参与人（参与人 1），该参与人的策略集是有限的，设该策略集为 $S_1=\{s_1^1,s_1^2,\cdots,s_1^m\}$。根据参与人理性的假设，参与人 1 选择策略 $s_1^*\in S_1$ 作为自己的均衡策略，其中 s_1^* 满足 $u(s_1^*)=\max\limits_j u(s_1^j)$。策略 s_1^* 就是该一阶段博弈的子博弈精炼纳什均衡。
- 假设当 $k=n$ 时，库恩定理成立，也就是说对于任何小于或等于 n 个阶段的博弈模型，子博弈精炼纳什均衡都是存在的。那么第一阶段参与人 1 的每个策略选择 s_1^j 都对应一个子博弈 G_j，而且所有子博弈模型的阶段数目都不大于 n。根据假设，每个子博弈 G_j 都有一个子博弈精炼纳什均衡 s_{-1}^*。根据参与人理性的假设，参与人 1 选择策略 s_1^* 作为自己的均衡策略，其中 s_1^* 满足 $u_1(s_1^*,s_{-1}^*)=\max\limits_j u_1(s_1^j,s_{-1}^j)$。而策略组合 (s_1^*,s_{-1}^*) 就是该 $n+1$ 阶段博弈的子博弈精炼纳什均衡。

根据以上分析，任意有限的完美信息动态博弈都存在子博弈精炼纳什均衡。

库恩定理只能够保证在完美信息动态博弈模型中子博弈精炼纳什均衡存在，不能保证每个有限的完美信息动态博弈模型的子博弈精炼纳什均衡都是唯一的。实际上有很多完美信息动态博弈模型有多个子博弈精炼纳什均衡。例如，在第 3.1.2 节介绍的网络攻防选择博弈模型中，策略组合(防火墙, 发起不能防御的攻击)和(加密软件, 发起不能防御的攻击)就是原博弈的两个子博弈纳什精炼均衡。首先每个策略组合在其所在的子博弈上是纳什均衡。其次，在原博弈上，两个策略组合带给防御者的收益分别为 u_1(防火墙, 中间人攻击)$=-1$ 单位，u_1(加密软件, DoS 攻击)$=-1$ 单位。两者相等，所以两个策略组合也都是原博弈的纳什均衡。

3.3.3　逆向归纳法

第 3.3.2 节介绍了子博弈精炼纳什均衡排除了博弈模型中不可置信的纳什均衡，具有非常高的稳定性，并且给出了一种求解博弈模型中的子博弈精炼纳什均衡的方法。该方法要求将博弈模型及博弈模型的每个子博弈都转化为策略式，通过分析策略式的方式求解出每个子博弈的纳什均衡。根据子博弈精炼纳什均衡的定义可知，能够为博弈模型中每个子博弈提供纳什均衡，又能够为原博弈提供纳什均衡的策略组合就是博弈模型的子博弈精炼纳什均衡。但是这种方法需要计算所有子博弈模型的纳什均衡，过程过于烦琐。

定理 3.1 指出在完美信息动态博弈模型中肯定有子博弈精炼纳什均衡。在定理 3.1 的证明过程中，还暗示了一种解出博弈模型的子博弈精炼纳什均衡的方法。这和第 3.2.1 节介绍的纳什均衡的第一个局限性就是纳什均衡没有考虑参与人策略的选择如何影响其他参与人策略的选择是一致的。所以，分析有限完美信息动态博弈模型的一种典型方法就是，给定自身的选择，以判断对方会如何反应。依次类推，直到博弈模型中最后一个参与人选择策略。第 3.3.2 节介绍的例子中子博弈精炼纳什均衡的求解都用了这种方法。从最后阶段参与人的行动开始分析，倒推到前一个阶段参与人行动的选择，逐阶段回退，直至第一个阶段。这种方法被称作“逆向归纳法”。

我们先看一个逆向归纳法的例子——海盗分金。5 个海盗抢得 100 枚金币，他们按抽签的顺序依次提方案：首先由 1 号提出分配方案，然后 5 人表决，要半数或者超过半数同意，方案才被通过，否则他将被扔入大海喂鲨鱼，然后由 2 号提出分配方案，依此类推。假定这些海盗都是理性人，问第一个海盗应提出怎样的分配方案才能使自己获得最大收益？直觉上，海盗分金中的第一个海盗所处的位置最不利，因为其他 4 个海盗可以通过把他扔到海里来减少分金币的海盗。但是，海盗分金是一个典型的有 5 个参与人的有限完美信息动态博弈的例子。如果用逆向归纳法来分析这个博弈，所得出的结论将会和直觉完全不同。这个问题的关键在于，每个海盗在提出方案之前，都能预测到其他海盗的反应和最终的结果。因此，他们可以根据自己的利益和优势来制定策略。利用逆向归纳法可以得到这个博弈。

- 5 号海盗是最安全的，因为他被扔到海里的风险最小。如果轮到 5 号提出分配方案，意味着前 4 个海盗都被扔到海里。但是这种情况不会出现，因为在出现这种情况之前，肯定会出现只有 4 号和 5 号海盗的情况。4 号海盗无论怎样分配金币，都只有 5 号反对和赞同两种情况，也就说是只有半数通过和全票通过两种情况。根据规则，4 号不可能被扔下海。除非 4 号不同意自己的提案，把自己扔下海，那么 5 号可以把 100 枚金币都占为己有。其最优策略选择为 s_5^*=(0, 0, 0, 0, 100)。所以 5 号海盗的策略应该是无论如何都反对 4 号海盗的方案，而支持其他海盗的任何给自己收益大于 0 的分配方案。
- 如果轮到 4 号提出分配方案，意味着前 3 个海盗都被扔到海里，只剩下 4 号和 5 号海盗。根据前面的分析，无论 4 号提出何种方案，都会被通过。因此 4 号会提出一个方案，即自己独吞 100 枚金币。其最优策略选择为 s_4^*=(0, 0, 0, 100, 0)。也正因为如此，4 号的策略应该是无论如何都反对 3 号的方案，以保证自己能得到更多的金币，而支持 1 号和 2 号海盗的任何给自己收益大于 0 的分配方案。
- 如果轮到 3 号提出分配方案，意味着前 2 个海盗都被扔到海里，只剩 3 号、4 号和 5 号海盗。4 号和 5 号都知道，一旦 3 号的方案不通过，那么就要用 4 号提出的方案 s_4^* 来分配金币，即 4 号独吞 100 个金币，而 5 号海盗将什么也得不到。3 号海盗需要 1 个海盗同意自己的分配方案。因为 4 号无论如何都会选择反对 3 号海盗的分配方案，所以 3 号只能寻求 5 号同意自己的方案。因此他会提出一个方案，即给 5 号海盗 1 枚金币，自己占有剩下的 99 枚。这样，5 号海盗有动力支持他的方案，因为至少能得到 1 枚金币，比什么都得不到要好。而 4 号本身就会反对 3 号的策略，为此 3 号不需要给 4 号分配任何收益。其最优策略选择为 $s_3^*=(0, 0, 99, 0, 1)$。同时，3 号的策略应该是只要不分配给自己 100 枚金币就反对 2 号的方案，而支持 1 号海盗任何使自己收益大于 0 的分配方案，以保证自己能得到更多的金币。

- 如果轮到 2 号提出分配方案，意味着 1 号已经被扔到海里。3 号、4 号和 5 号都知道如果 2 号的方案不通过，那么就要 3 号海盗的分配方案 s_3^* 来分配金币，即 3 号、4 号、5 号海盗分别获得 99 金币、0 金币和 1 金币。2 号海盗需要找 1 个海盗同意自己的分配方案。从其他 3 个海盗中找出 1 个在 s_3^* 分配方案中收益最小的海盗，即 4 号。所以他会提出一个方案，给 4 号海盗 1 枚金币，自己占有剩下的 99 枚。这样，4 号海盗就有动力支持他的方案，因为至少能得到 1 枚金币，比什么都得不到要好。而让 3 号海盗和 5 号海盗同意分配方案的成本太高。所以 2 号海盗的最优策略选择为 $s_2^*=(0, 99, 0, 1, 0)$。同时，2 号的策略应该是如果 1 号不给自己 100 枚金币就反对 1 号的方案，以保证自己能得到更多的金币。
- 1 号海盗知道 2 号、3 号、4 号和 5 号海盗的策略。所有海盗都知道一旦 1 号的方案不能被接受，那么就要按照 2 号海盗的分配方案 s_2^* 来分配金币，即 2 号、3 号、4 号和 5 号海盗的收益分别为 99 枚金币、0 枚金币、1 枚金币和 0 枚金币。1 号海盗需要找两个海盗同意自己的分配方案。从其他 4 个海盗中找出 2 个在 s_2^* 分配方案中收益最小的，分别是 3 号和 5 号。所以，他会提出一个方案，给 3 号和 5 号海盗各 1 枚金币，自己留下 98 枚金币。这样，3 号和 5 号海盗都有动力支持他的方案，因为至少能得到 1 枚金币，比什么都得不到要好。因此，1 号海盗的最优分配方案为 $s_1^*=(98, 0, 1, 0, 1)$。1 号海盗的方案能够得到超过一半的支持，从而避免被扔到海里。

“海盗分金”这个例子中的关键是，如果自己的方案不能被通过，那么要找到下一个可行的方案中收益最小的参与人与之合作。

从“海盗分金”这个例子中可以看出，完美信息动态博弈模型的各阶段是按顺序发生的。每个阶段的参与人都能观察到所有已经行动的参与人的策略选择，而且这些策略选择已经发生且不能再发生变化。所以参与人需要考虑的是自己的策略选择会对后续阶段参与人策略选择的影响。如果第一阶段参与人的选择属于原博弈的一个子博弈，那么均衡路径肯定是要经过这个子博弈的。然后这个子博弈的第一阶段参与人选择的是原博弈的一个二级子博弈，博弈路径也要经过这个二级子博弈，依次类推，所有阶段参与人的选择就构成了原博弈的博弈路径。当然，参与人可能会有两个收益相等的策略选择，这导致每阶段参与人可选择的路径不一定唯一，所以一个博弈模型的博弈路径不一定唯一。

从子博弈的定义来看，逆向归纳法是把动态博弈模型按照子博弈的定义划分为各个区间，一个区间就是原博弈的一个子博弈。根据逆向归纳法，首先分析每个最小的子博弈，也就是再也没有其他子博弈的子博弈。在完美信息动态的条件下，每个最小的子博弈就是原博弈最后阶段的博弈。此时的子博弈只有一次行动阶段，容易求出该子博弈的纳什均衡。根据子博弈精炼纳什均衡的定义，原博弈的一个子博弈精炼纳什均衡在每一个子博弈上也构成纳什均衡。这个命题的逆反命题就是，如果某个子博弈的策略组合不是该子博弈的纳什均衡，那么这个策略组合肯定不是原博弈的纳什均衡。根据严格劣策略消去法的思想，原博弈模型消去这个不是子博弈的纳什均衡的策略选择等价于这个原博弈。这样，不被选择的策略选择就会在博弈树中被消去。原博弈就少了一个阶段。依次类推，每一阶段的非纳什均衡策略选择都被消去，最后剩下一个或者这几个纳什均衡。那么剩下的这个或这几个纳什均衡就是原博弈的子博弈精炼纳什均衡。

以图 3.8 所示的博弈模型为例，博弈模型的第三阶段构成的博弈树只有攻击者一个参与人。攻击者的策略选择带来的收益u_1(攻击)>u_1(放弃)，所以攻击者的策略选择“放弃”就可以利用严格劣策略消去法剔除了。也就是说攻击者在第三阶段的策略选择“攻击”没有任何不确定性，博弈模型的第三阶段就没有意义了。原博弈就等价于图 3.10 所示博弈模型。图 3.10 所示博弈模型的最后一个阶段所构成的博弈模型中，也只有防御者一个参与人。防御者的策略选择带来的收益是u_2(不设)<u_2(防御)，所以防御者的策略选择“不设”也可以利用严格劣策略消去法剔除。防御者在第二阶段的策略选择“防御”没有任何不确定性，所以博弈模型的第二阶段也就没有意义了。最后，图 3.8 所示博弈模型就等价于一个一阶博弈。攻击者的策略选择为“放弃”。因此，博弈模型的最终均衡路径为攻击者选择策略“放弃”。子博弈精炼纳什均衡就是整个模型简化过程中各阶段参与人的策略选择：攻击者在第三阶段选择策略“攻击”，防御者在第二阶段选择策略“防御”，攻击者在第一阶段选择策略“放弃”，简记为((放弃, 攻击), 防御)。

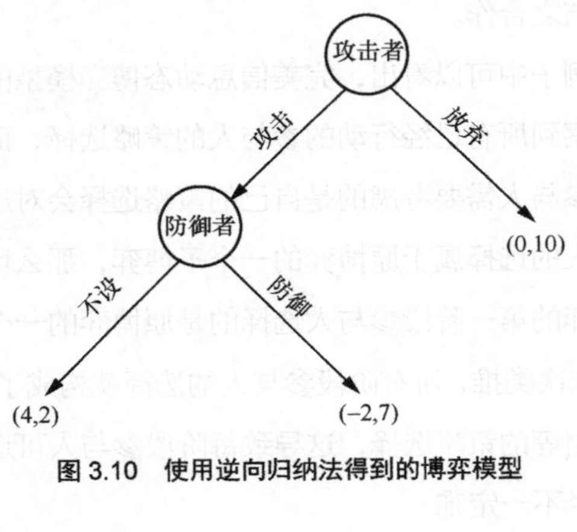

图 3.10　使用逆向归纳法得到的博弈模型

逆向归纳法不但逻辑清楚、表示简洁，更为重要的是利用逆向归纳法得出的结论是稳定的。由于逆向归纳法所确定的各阶段策略选择都建立在后续阶段的策略选择之上，因此自然排除了不可置信的威胁或承诺发生的可能性。

3.3.4　无限策略子博弈精炼纳什均衡

除了上述可以用博弈树表示的完美信息动态博弈，事实上，无法用扩展式表示的无限策略动态博弈也有子博弈。第 2 章分析了寡头企业同时行动进行产量竞争的古诺模型。如果寡头企业之间不是同时行动，而是有先后顺序，企业的产量应该是多少？假设两个企业中企业 2 已经存在于某个市场，首先选择产量 s_2。企业 1 随后进入市场，选择自己的产量 s_1。两个企业的收益和古诺模型中的一致，分别为 $u_1(s_1,s_2)=s_1(a-s_1-s_2)-cs_1$ 和 $u_2(s_1,s_2)=s_2(a-s_1-s_2)-cs_2$，其中 $a>0$ 且 $c>0$。企业 2 先进入市场，抢得了先行动的机会，企业 1 可以完全确定企业 2 的产量 s_2，所以这个过程可以被抽象为完美信息动态博弈模型。这种完美信息动态下的古诺模型被称作“斯塔克尔伯格模型”。由于该博弈模型中的策略选择是无限的，不能用博弈树描述，所以该博弈只能用标准策略式来表达。

- 参与人：企业 1 和企业 2。
- 策略集：企业 1 的策略 s_1 和企业 2 的策略 s_2 分别为 $s_1\in[0,+\infty)$、$s_2\in[0,+\infty)$。
- 收益：
  - ➢ 企业 1 的收益为 $u_1(s_1,s_2)=s_1(a-s_1-s_2)-cs_1$；
  - ➢ 企业 2 的收益为 $u_2(s_1,s_2)=s_2(a-s_1-s_2)-cs_2$。
- 企业 2 首先选择策略 $s_2\geqslant 0$；企业 1 观察到 s_2 后，选择自己的策略 s_1。

虽然该模型不是一个有限博弈模型，但是企业 1 观察到的企业 2 的每个策略选择都是确定的。所以可以认为企业 1 的每个策略选择都是一个子博弈。为此，可以利用 3.3.3 节介绍的逆向归纳法来分析该博弈模型。根据逆向归纳法，首先应该求出企业 1 的均衡策略。根据子博弈纳什均衡的定义，企业 1 的均衡策略是在企业 2 的策略 s_2 确定后能使企业 1 收益最大的策略 s_1。

与第 2 章介绍的古诺模型相同，因为 $s_1(a-s_1-s_2)-cs_1$ 是关于 s_1 的一个二次函数，且 $c>0$，所以企业 1 的均衡策略求解问题被转化成一个求极值的问题。

对 $u_1(s_1,s_2)$ 求偏导得：$\dfrac{\partial u_1(s_1,s_2)}{\partial s_1}=a-2s_1-s_2-c$。

当 $\dfrac{\partial u_1(s_1,s_2)}{\partial s_1}=0$ 时，$u_1(s_1,s_2)$ 能取得极大值。所以有：

$$s_1=\frac{a-s_2-c}{2} \tag{3.1}$$

式（3.1）中 s_1 为企业 1 随着企业 2 产量变化而选择的均衡策略。即当企业 2 的均衡策略为 s_2^* 时，企业 1 的均衡策略为：

$$s_1^* = \frac{a - s_2^* - c}{2} \tag{3.2}$$

当企业 1 的均衡策略确定后，企业 2 的收益为：

$$u_2(s_1, s_2) = u_2(s_2) = s_2(a - s_1 - s_2) - cs_2 = s_2\left(a - \frac{a - s_2 - c}{2} - s_2\right) - cs_2 \tag{3.3}$$

对式（3.3）求导得到：

$$u_2'(s_2) = \frac{a-c}{2} - s_2$$

当 $u_2'(s_2) = 0$ 时，$s_2 = \frac{a-c}{2}$，所以企业 2 的均衡策略为：

$$s_2^* = \frac{a-c}{2} \tag{3.4}$$

再将式（3.4）代入式（3.2），得到企业 1 的均衡策略为：

$$s_1^* = \frac{a-c}{4} \tag{3.5}$$

因此，该博弈模型的子博弈精炼纳什均衡为$\left(\frac{a-c}{4}, \frac{a-c}{2}\right)$。即后进入市场的企业 1 以$\frac{a-c}{4}$的产量生产产品而先进入市场的企业 2 以$\frac{a-c}{2}$的产量生产产品。

与第 2 章的古诺模型相比较，斯塔克尔伯格模型的参与人、策略集和收益函数等博弈信息并未改变，只是两个企业进行决策的顺序发生了变化，博弈的结果就发生了改变。就因为先进入市场，企业 2 的产量从$\frac{a-c}{3}$增加到$\frac{a-c}{2}$，利润从$\frac{(a-c)^2}{9}$增加到$\frac{(a-c)^2}{8}$；同时由于失去了先进入市场的机会，企业 1 的产量从$\frac{a-c}{3}$降低到$\frac{a-c}{4}$，利润从$\frac{(a-c)^2}{9}$降低到$\frac{(a-c)^2}{16}$。而因为斯塔克尔伯格模型中参与人的行动有先后顺序，总产量从$\frac{2(a-c)}{3}$增加到$\frac{3(a-c)}{4}$，总利润从$\frac{2(a-c)^2}{9}$降低到$\frac{3(a-c)^2}{16}$。通过分析可以看出，斯塔克尔伯格模型中先行动的企业 2 的利润明显高于古诺模型中企业 2 的利润。这种先行动者占优势的现象被称为“先行优势”。企业 2 的先行优势为其带来了正收益。而斯塔克尔伯格模型中后行动的企业 1 的利润明显低于古诺模型中企业 1 的利润。企业 1 在博弈模型中能够观察到企业 2 关于策略选择的信息，因此企业 1 有“后发优势”。然而企业 1 的后发优势为其带来了负收益。

一个完美信息动态博弈肯定会有“先行优势”和“后发优势”，但是一个具体的博弈模型中，“先行优势”和“后发优势”究竟会给参与人带来正收益还是负收益是需要具体分析的。一般来说，一个博弈模型有多个纳什均衡，先行动者会首先选择那个给自己带来正收益的均衡策略。这时“先行优势”会给参与人带来正收益，如本节的斯塔克尔伯格模型。如果一个博弈模型没有纳什均衡，后行动者就可以根据观察到的关于先行动者的完美信息来确定自己的策略选择。例如在第 3.1.2 节介绍的攻防选择博弈中，“后发优势”明显给后行动的攻击者带来了正收益。

“先行优势”说明了“承诺”的价值。如图 3.11 所示，在斯塔克尔伯格模型中，企业 1 和企业 2 的反应函数与其在古诺模型中没有变化。先进入市场的企业 2 已经进行了生产。它的产量 s_2^* 已经确定，所以后进入市场的企业 1 不得不相信企业 2 的威胁是可置信的，并根据反应函数调节自己的策略选择 s_1^*。企业 1 对于企业 2 的产量必须是确定的。企业 1 对企业 2 的任何不确定性都会导致企业 2 的策略改变。因为如果企业 2 的产量不是确定的 $\frac{a-c}{2}$，而企业 1 相信企业 2 的产量是 $\frac{a-c}{2}$，从而调节自己的产量到 $\frac{(a-c)}{4}$。企业 2 完全可以根据自己的反应函数调节自己的产量到 $\frac{3(a-c)}{8}$。

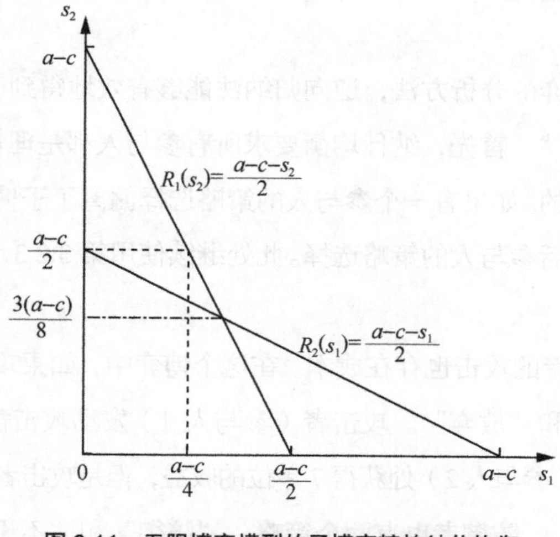

图 3.11　无限博弈模型的子博弈精炼纳什均衡

从古诺模型与斯塔克尔伯格模型之间的区别可以看出纳什均衡与子博弈精炼纳什均衡之间的区别。在斯塔克尔伯格模型中，除了 $\left(\frac{a-c}{4},\frac{a-c}{2}\right)$ 这个纳什均衡，还有 $\left(\frac{a-c}{3},\frac{a-c}{3}\right)$ 这个策略组合也是纳什均衡，因为当企业 1 选择策略 $\frac{a-c}{3}$ 时，企业 2 的最优策略是 $\frac{a-c}{3}$；同理，当企业 2 选择策略 $\frac{a-c}{3}$ 时，企业 1 的最优策略也是 $\frac{a-c}{3}$。这个新的纳什均衡和其在古诺模型中的纳什均衡的意义是一致的。但是 $\left(\frac{a-c}{3},\frac{a-c}{3}\right)$ 不是子博弈精炼纳什均衡。因为 $s_1=\frac{a-c}{3}$ 是一个不可置信的威胁，所以 $s_1=\frac{a-c}{3}$ 不在子博弈上构成均衡。企业 2 已经进入市场，会选择自己

的最优策略 $s_2=\dfrac{a-c}{2}$，后进入市场的企业 1 只能选择均衡策略 $s_1=\dfrac{a-c}{4}$。

3.4 子博弈精炼纳什均衡的合理性

到目前为止，对博弈模型的分析都建立在每个参与人都是理性的，而且每个参与人都知道其他参与人是理性的这个假设基础上。在这个假设基础上，由逆向归纳法得出的完美信息动态博弈模型的子博弈精炼纳什均衡是显而易见的。但是，当博弈涉及多个参与人，或者每一个参与人有多阶段的策略选择时，要求所有参与人理性，并且知道其他参与人也是理性的，最后所有参与人得到一个子博弈精炼纳什均衡是一个非常严苛的假设条件。本节将讨论子博弈精炼纳什均衡在完美信息动态博弈模型中的合理性。

3.4.1 网络攻防者的理性

作为完美信息动态博弈的分析方法，逆向归纳法能够有效地得到子博弈精炼纳什均衡。但是逆向归纳法也有其局限性。首先，纳什均衡要求所有参与人都是理性的，而且每个参与人要假设其他参与人都是理性的。如果有一个参与人的策略选择偏离了子博弈精炼纳什均衡的路径，则逆向归纳法无法得出其后参与人的策略选择。此处继续使用第 3.2.3 节介绍的攻防中被动防御的例子。

其次，我们考虑攻击者的攻击也存在成本。在这个博弈中，如果攻击者首先选择是否攻击，他有两个策略："攻击"和"放弃"。攻击者（参与人 1）发动攻击需要购买 3 单位的设备，每次攻击成功能从防御者（参与人 2）处获得 7 单位的收益，但是攻击者每次的攻击成本为 5 单位（不包括购买设备的成本）。防御者也有两个策略："防御"和"不设"。防御者原有价值 10 单位的资产，防御成本是 8 单位。防御成功后，只能拿回原本 2 单位的资产。

根据以上假设，如果攻击者选择了策略"放弃"，那么双方的收益是(0, 10)，博弈结束。如果攻击者选择了"攻击"，防御者可以选择策略"防御"和"不设"。如果防御者选择了策略"防御"，那么双方收益是(−8, 2)，博弈也结束了。如果攻击者选择了策略"攻击"，而防御者选择了策略"不设"，那么攻击者开始从"攻击"和"放弃"这两个策略中挑选。最后如果攻击者选择继续攻击，那么双方收益是(−3, 0)；如果选择不再攻击，那么双方收益就是(−1, 3)。整个过程可以用图 3.12 所示的扩展式表示。

用逆向归纳法很容易得到这个博弈的子博弈精炼纳什均衡策略组合，即攻击者在第一阶段选择策略"放弃"，防御者第二阶段选择策略"不设"，攻击者在第三阶段选择策略"放弃"。

这是因为在这个例子中，攻击者的攻击成本和防御者的防御成本都太高，选择放弃攻击对攻击者来讲收益最大，所以，防御者应该选择策略“不设”。也就是说，如果攻击者在第一阶段选择了策略“攻击”，按照子博弈精炼纳什均衡的要求，理性的防御者应该在第二阶段选择策略“不设”。如果攻击者是理性的，那么他在第三阶段会选择策略“放弃”，攻击者与防御者的收益分别是 −1 单位和 3 单位。防御者获得的收益比在第二阶段选择策略“防御”获得的 2 单位收益多。但是当攻击者在第一阶段选择了“攻击”后，防御者很难判断攻击者是否理性。因此，通过逆向归纳法得出的均衡就失去了前提条件。

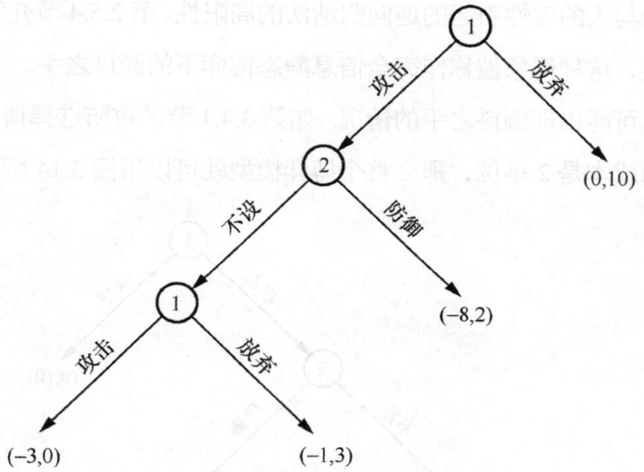

图 3.12　攻防选择博弈树 Ⅱ

逆向归纳法的另一个问题是当博弈参与人的人数特别多的时候，即使每个参与人做出不理性的策略选择的概率很小，但是博弈模型中参与人越多，那么存在参与人不理性的概率就越大。假设完成一个联邦学习的训练任务需要 n 个用户的合作，每个用户依次表达自己参与训练的策略选择，可以把这个攻击过程抽象成完美信息动态博弈模型，每个用户都是博弈参与人。博弈收益如图 3.13 所示。从图 3.13 中可以看到，若用户 i 选择了“拒绝”，那么每个用户的收益是 $\frac{1}{i}$，整个博弈立即结束；如果每个用户都选择了“训练”，那么每个用户的收益都会是 2 单位。如果按照逆向归纳法来分析，这个博弈的子博弈精炼纳什均衡是每个用户都选策略“训练”，因此均衡路径中“训练”出现了 n 次。考虑不同的 n 对用户策略选择的影响，只需要考虑不同的 n 对第一个用户的影响。即使每个用户都是理性的，也不能排除某个用户在策略选择时出错的风险。而每个理性用户都会有这种想法，这个风险就成为公共知识。因此，第一个用户选择“拒绝”的可能性就会增加，随着 n 的增加，这个风险增大。所以，第一个用户会有规避风险的想法而选择结束博弈。

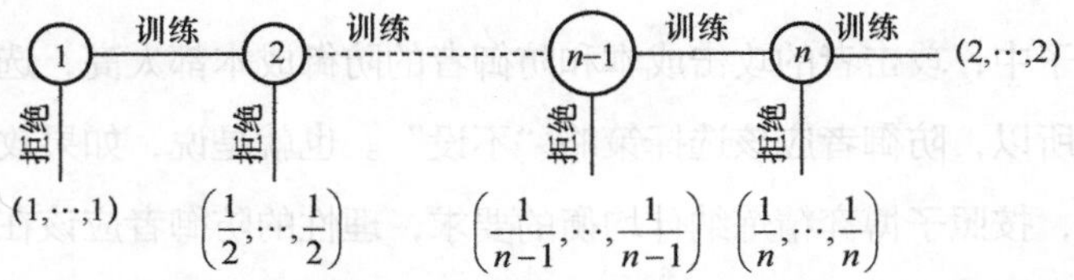

图 3.13　多人合作博弈

3.4.2　网络攻防的犯错问题

上文介绍了由参与人的理性引起的逆向归纳法的局限性。第 2.5.4 节介绍了即使参与人都是理性的也会出现失误，这种现象被称作完全信息静态博弈下的颤抖之手。

在动态博弈中也可能出现颤抖之手的情况。如第 3.4.1 节的攻防选择博弈模型中，如果攻击者的购买攻击设备的成本是 2 单位，那么整个博弈模型就可以用图 3.14 所示的博弈树来表示。

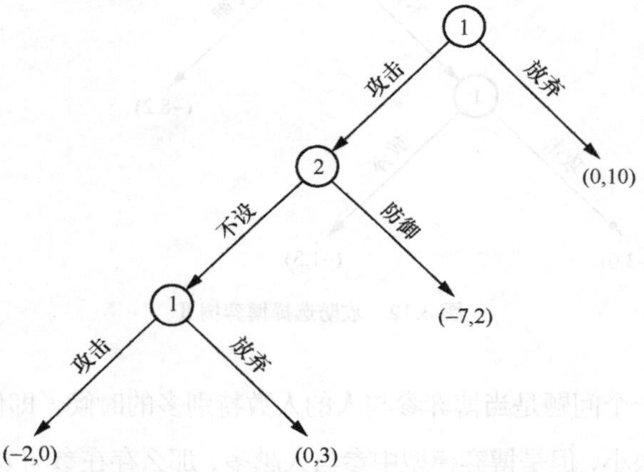

图 3.14　攻防选择博弈树Ⅲ

与第 2.5.4 节介绍的静态博弈模型下的颤抖手均衡必须是纳什均衡一致，动态博弈模型下的颤抖手均衡必须是子博弈精炼纳什均衡。根据逆向归纳法，图 3.14 所示博弈有两条子博弈精炼纳什均衡路径。一条是攻击者在第一阶段会选择放弃攻击，博弈结束；另一条是攻击者在第一阶段选择攻击，然后防御者在第二阶段选择不设置防御，最后攻击者在第三阶段选择放弃攻击。但是在第二条路径中，攻击者并不能确保防御者在第二阶段一定会选择不设置防御，如果攻击者认为防御者在第二阶段有选择设置防御的可能性，攻击者就不会在第一阶段选择攻击，所以在该博弈中，第一条均衡路径是颤抖手均衡，而第二条均衡路径不是颤抖手均衡。

如果进一步降低攻击者购买攻击设备的成本到 1 单位，此时表达该博弈模型的扩展式如图 3.15 所示。((攻击，放弃)，不设)就成了博弈模型中唯一的子博弈精炼纳什均衡，也是颤抖手均衡。即使某个参与人犯错，后行动的参与人仍然会认为这种策略选择是一种“颤抖”，最终能达到收益(1, 3)。从该博弈模型中可以看出，动态博弈的颤抖手均衡还是利用了子博弈精炼纳什均衡的思想。与第 2.5.4 节介绍的静态博弈中的颤抖手均衡不同，由于完美信息动态博弈中信息的完美性，动态博弈中的颤抖手均衡更加稳定。

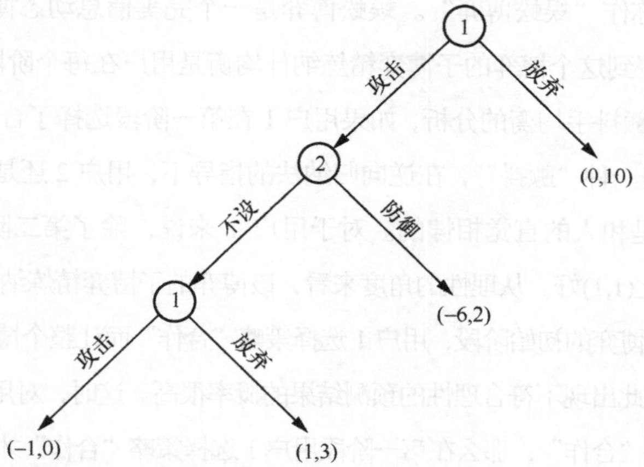

图 3.15 攻防选择博弈树Ⅳ

再考虑第 3.4.1 节图 3.12 所示博弈模型关于参与人理性的分析。根据分析，该博弈模型中的子博弈精炼纳什均衡是((放弃, 放弃), 不设)，这也是该博弈模型的颤抖手均衡。可是该博弈模型的均衡路径是策略“放弃”，所以有两个均衡策略不在均衡路径上。在博弈的第一阶段，攻击者选择策略“放弃”，然后博弈结束。如果防御者发现攻击者在第一阶段选择了策略“攻击”，而不是“放弃”。那么根据颤抖手均衡的思想，防御者在第二阶段还是选择策略“不设”。这是因为以防御者所在第二阶段为起点的子博弈中，(不设, 放弃)既是这个子博弈的均衡路径也是它的颤抖手均衡。根据颤抖之手的思想，参与人在各个阶段出现错误只是相互独立的小概率事件。因此，攻击者在第一阶段所犯的错误不会影响防御者在第二阶段的策略选择。

3.4.3 联邦学习用户重复合作

参与人的理性和偶发错误都会改变动态博弈模型的均衡路径。即使博弈参与人都是理性的，而且都不会出错，有时候博弈的结果也会不符合子博弈精炼纳什均衡的预测。

联邦学习中一起训练模型的用户往往不是单一的一次合作，双方很有可能进行多次合作。两个人交替训练分别对自己有利的全局模型。整个过程可以被抽象成图 3.16 所示的完美信息动态博弈。

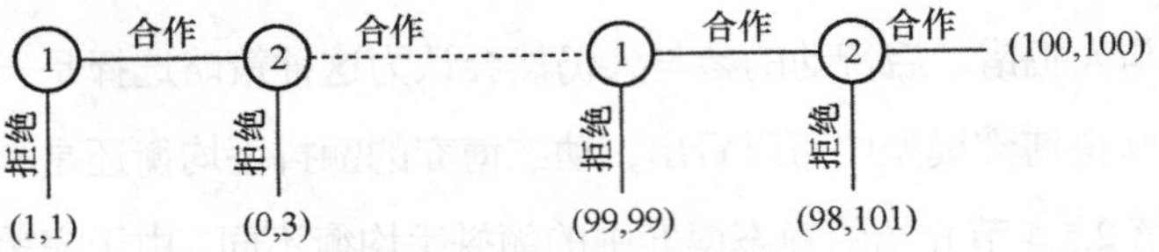

图 3.16 蜈蚣博弈 I

这种博弈模型被称作“蜈蚣博弈”。蜈蚣博弈是一个完美信息动态博弈。运用逆向归纳法对其进行分析，可以得到这个博弈的子博弈精炼纳什均衡是用户在每个阶段都该选择拒绝合作。即使按照 3.4.2 节对于颤抖手均衡的分析，如果用户 1 在第一阶段选择了合作，用户 2 认为用户 1 对“拒绝”的偏离只是一种“颤抖”，在逆向归纳法的指导下，用户 2 还是会选择策略“拒绝”。

显然，上述分析是和人的直觉相悖的。对于用户 1 来说，除了第二阶段的收益组合(0,3)，其他各阶段的收益都比(1,1)好。从理性的角度来看，该博弈的子博弈精炼纳什均衡并不是整个博弈模型的最优解。至少在博弈的初始阶段，用户 1 选择策略“合作”而让整个博弈持续下去，对双方都有很大的潜在利益，因此出现不符合理性的预测结果的概率很高。这时，对用户 1 来说，只要用户 2 有一定的概率选择策略“合作”，那么在第一阶段用户 1 选择策略“合作”才是真正的理性选择。而一旦用户 1 选择了策略“合作”，第二阶段成了原博弈的子博弈的起点。并且，一旦博弈进入第二阶段，用户 2 明显能接收到用户 1 发出的“合作”信号。此时，用户 2 选择策略“合作”也是理性选择。这种初步的合作对进一步的合作精神和相互的信心有明显的加强作用。因此在该博弈模型中，一旦出现良好的开端，整个博弈就会持续下去，从而进一步否定通过逆向归纳法得出的结论。

只要双方都是理性的参与人，这种合作未必能一直持续到最后一个阶段。因为随着博弈结束阶段的临近，双方进一步合作的可能性越来越小，合作停止的可能性也就越来越大。逆向归纳法肯定会在某个阶段起作用。但是很难确定逆向归纳法在什么时候起作用，亦很难确定博弈在哪个阶段结束。目前已经有很多文献对蜈蚣博弈进行研究，其中一个现实生活中的解决方法是，用户 1 在博弈最后阶段主动放弃 1 单位的收益，那么新的博弈如图 3.17 所示。按照逆向归纳法，每个用户在每个阶段选择策略“合作”就成了一个新的子博弈精炼纳什均衡。用户 1 看似在整个博弈过程中放弃了一些利益，实际上却获得了与用户 2 合作的机会。这种思想类似于“大蛋糕上的一小块多于小蛋糕上的一大块”。

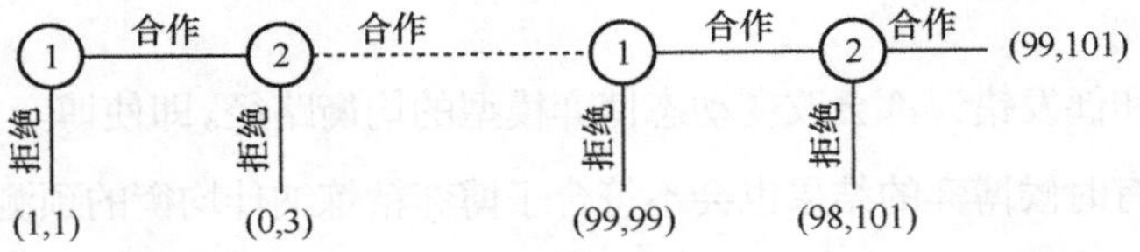

图 3.17 蜈蚣博弈 II

即使博弈模型中两个用户都一直选择策略“合作”，博弈收益的效率仍然值得讨论，尤其是用户 2 的收益效率。因为整个博弈模型中，用户 2 能获得的最大收益是 101 单位。而要得到 101 单位收益，用户 2 需要做出 99 次策略选择，即用户 2 的每次选择只有 $\frac{101}{99}$ 单位的收益。而用户 2 如果在第二阶段就选择了策略“拒绝”，那么用户 2 每次选择的收益就是 3 单位。所以说，对于用户 2 来讲，选择策略“合作”总体收益是增加的，但是收益的效率是降低的。

3.4.4 先行优势

前面各节讨论了参与人的理性以及参与人可能出现失误情况下对博弈模型的影响。这些分析都是建立在博弈参与人对承诺的确定上的。根据第 3.2.2 节对承诺的介绍可知，动态博弈模型中承诺的可置信性是根据参与人的收益确定的。理性的参与人总是选择使自己收益更大的策略。所以，理性的先行动的参与人不会相信后行动的参与人会选择使自己收益减小的策略。一个典型的例子就是第 3.2.1 节介绍的攻防选择博弈。如图 3.2 所示，在该博弈中，如果攻击者选择策略“攻击”，那么防御者应该选择策略“拒装”。所以(拒装, 攻击)是该博弈模型的纳什均衡。但是其中的问题我们之前也分析过了。这个博弈模型中有两个纯策略纳什均衡，除了(拒装, 攻击)，另一个是(安装, 放弃)。根据第 3.3.4 节的分析可知，先行动的参与人有“先行优势”，而后行动的参与人有“后发优势”。通常情况下，当完美信息动态博弈模型中有多个纯策略纳什均衡的时候，先行优势能够给参与人带来正收益，而后发优势只能给参与人带来负收益。当完美信息动态博弈模型中没有纯策略纳什均衡的时候，后发优势能够给参与人带来正收益，而先行优势只能给参与人带来负收益。综上所述，这个博弈模型中的先行优势非常明显。所以这个博弈的均衡路径是(安装, 放弃)，这个子博弈精炼纳什均衡中防御者占有明显的优势。但是对于攻击者来讲，他是否能够从这个过程中获得比自己的子博弈精炼纳什均衡策略更高的收益呢?

(拒装, 攻击)这个纳什均衡不是子博弈精炼纳什均衡的原因就是攻击者选择“攻击”这个策略是不可置信的。如果把这个策略选择变为可置信的，那么(拒装, 攻击)这个纳什均衡就会成为子博弈精炼纳什均衡，攻击者的收益也会随之增加。那么如何将“攻击”这个策略变为可置信的威胁呢？“破釜沉舟”这个成语的典故会让大家有所启发。

“破釜沉舟”这个成语出自《史记·项羽本纪》。项羽已杀卿子冠军，威震楚国，名闻诸侯。乃遣当阳君、蒲将军将卒二万渡河，救巨鹿。战少利，陈馀复请兵。项羽乃悉引兵渡河，皆沉船，破釜甑，烧庐舍，持三日粮，以示士卒必死，无一还心。于是至则围王离，与秦军遇，九战，绝其甬道，大破之，杀苏角，虏王离。涉间不降楚，自烧杀。当是时，楚兵冠诸侯。诸侯军救巨鹿下者十余壁，莫敢纵兵。及楚击秦，诸将皆作壁上观。楚战士无不一以当十。楚兵呼声动天，诸侯军无不人人惴恐。《史记·项羽本纪》中的这段记录描述了在中国历史上著名的以少胜多的战役——巨鹿之战。公元前 208 年宋义（卿子冠军）和项羽被楚怀王派去救援被秦军名将章邯围困在巨鹿城的赵王歇。宋义和项羽此时面对的就是上述博弈模型（图 3.2 所示博弈模型）中攻击者的难题。秦军此时兵力和士气都明显优于楚军，如果两军硬拼，肯定会两败俱伤。而楚军撤退至少能够保留实力。秦军与楚军的战损也符合上述博弈模型中的防御者和攻击者收益。那么此时章邯肯定会选择防御项羽。如果项羽选择和章邯硬拼，那么自己的收益肯定是 −4 单位；选择撤退，则自己的收益为 0。如果项羽是一个理性的攻击者，他一定会选择撤退，不和章邯交战。这个结果也符合历史记载。根据《史记》记载，当时来救援赵国的诸侯各军都有几十座营寨，却没有一个诸侯敢攻击秦军。楚军行至安阳，作为楚将主帅的宋义决定不再前进，在安阳逗留 46 天。但是项羽却发现了这个博弈模型中的另一个纳什均衡。所以他做出了一个举动——“破釜沉舟”。项羽诛杀了自己的主将宋义，接管了军队，然后率领全部军队渡过漳河。为了提升士气，项羽命令士兵把渡河的船都凿沉了，还把军营全部烧毁，以示自己胜利的决心。另外，项羽下令士兵砸毁行军做饭用的锅，每人只带了 3 天的口粮，从而断了楚军将领希望打持久战的想法，迫使自己与秦军速战速决。所以整个博弈模型的架构就有所改变。新的博弈模型的扩展式如图 3.18 所示。

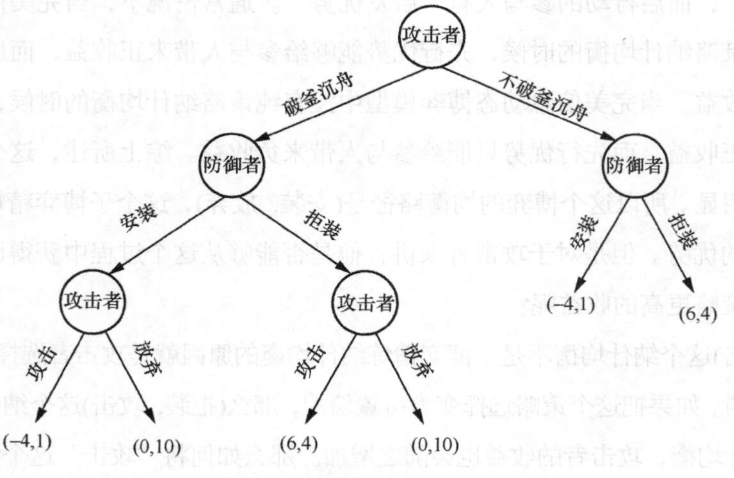

图 3.18　动态攻防选择博弈树Ⅱ

原本是秦军先行动而有“先行优势”，但是由于选择了破釜沉舟，楚军便占据了“先行优势”。楚军在第一阶段进行策略选择。楚军可以选择策略“破釜沉舟”，也可以选择策略“不破釜沉舟”。如果选择“不破釜沉舟”，那么就进入了图 3.2 所示的子博弈。博弈结果同图 3.2 所示博弈相同。如果选择“破釜沉舟”，也就是放弃了自己“放弃”的策略，当秦军选择策略“安装”时，楚秦两军收益分别为−4 单位和 1 单位；当秦军选择策略“拒装”时，楚秦两军收益分别为 6 单位和 4 单位。图 3.18 所示博弈模型的均衡路径为(破釜沉舟，拒装)。最终，秦军主将章邯选择了投降。

通过对破釜沉舟的分析，可以看出在攻防选择博弈中，攻击者也可以利用对承诺的可置信度的改变，迫使防御者选择使自己占优的策略。但是有一点需要注意。项羽破釜沉舟只是完成了构建完美信息动态博弈模型的第一步。他还要想方设法把“破釜沉舟”这件事变成公共知识。也就是说，项羽需要让秦军将领知道自己破釜沉舟了。所以项羽要大张旗鼓地破釜沉舟，而不能偷偷摸摸地破釜沉舟。如果项羽把“破釜沉舟”作为机密封锁消息，那么章邯不会知道项羽在图 3.18 所示博弈模型第一阶段所做出的策略选择。在章邯看来，策略“安装”是自己的均衡策略。那么项羽的收益不会因为自己破釜沉舟而增加。所以，博弈模型的收益固然重要，但是其中的信息也十分重要。信息的多寡甚至可以从根本上改变博弈的均衡结果。一个比较有名的例子是《三国演义》中的“孙权嫁妹”。孙权本来是假意嫁妹，只想借此把刘备秘密地骗到东吴。但是诸葛亮将计就计，指使赵云刚到东吴便大张旗鼓地去拜访乔国老。于是，孙权嫁妹就成了尽人皆知的事情。最后，孙权也不得不将自己的妹妹嫁给刘备。也就有了“赔了夫人又折兵”的典故。

关于信息对博弈模型的影响，我们将在第 4 和第 5 章详细介绍。本节主要介绍策略选择的数量对承诺的影响。我们在第 2.5.2 节介绍过，在完全信息静态博弈模型中，有时候增加参与人可选择的策略反而会降低参与人的收益。这和本节介绍的完美信息动态博弈模型是一致的。在巨鹿之战中，项羽放弃了撤退的策略，于是战胜了秦军。在攻防选择博弈中，攻击者放弃了策略“放弃”，从而使得攻击成功。世界著名围棋大师吴清源曾经告诫陷入低谷的后辈聂卫平“搏二兔而不得一兔”。这句话的本意是无论生活还是工作中，做事都要专心致志。如果做事三心二意，往往一事无成。就像同时追逐两只兔子，最后的结果往往是一只兔子都得不到。从博弈论的角度来看这句话反映了博弈模型中的“先行优势”。先确定下来自己的目标是什么，然后以终为始，所有的行为都是为了最后的结果。如果人生的目标太多，有可能这些目标之间会有冲突。最后得到的结果也可能不会是最好的。也就是说，博弈模型里的纳什均衡太多，如果不能获得“先行优势”，有可能自己不能得到收益最优的那个均衡。

当然，改变承诺的可置信性的方法还有很多，除了本节介绍的“破釜沉舟”，比较有名的还有商鞅的“徙木立信”、郭隗的“千金市马骨”等，其通过提升收益或者提升声誉将承诺变成可置信的。总之，博弈论只是一门模型理论。为了统一标准、提高效率，其剔除了工作生活中问题的很多重要因素。博弈论作为一种工具，可以为我们的工作生活提供可靠的指导和建议，但是要做到通过博弈论完全反映现实是一件很困难的事。很多现实问题还是需要具体分析。

第 4 章 不完全信息静态博弈

4.1 不完全信息静态博弈和海萨尼转换

前面两章介绍的博弈模型都基于一个非常重要的前提假设：模型中参与人以及其策略集、博弈收益的信息都是在参与人中间公开的，而且参与人对可选择的策略没有任何偏好，即完全信息博弈模型。甚至在完美信息动态模型中，已经行动的参与人的策略选择也是公共知识。完全信息博弈模型的应用还是有局限性的。尤其是在信息安全领域，通常模型中的参与人都会重视自己的信息保护，所以有些参与人不能完全获得模型中其他参与人的博弈信息，这就形成了信息不对称的问题。甚至充分掌握信息的参与者可以通过自己所占有的信息来误导、欺骗其他参与者，以增加自己的博弈收益。因此，信息的不完全会增加决策的难度，从而影响博弈的结果和效率。本章讨论不完全信息静态博弈模型在数据保护中的应用。

不完全信息静态博弈模型的两个特点是信息的不完全和博弈过程的静态。关于静态博弈模型的定义已经在第 2.1.2 节介绍。本节主要介绍不完全信息博弈的特点以及不完全信息的处理方法。

4.1.1 不完全信息

第 2.1.1 节已经介绍过完全信息博弈就是指一个博弈模型中的参与人、每个参与人的策略集以及每种策略组合中所有参与人的收益必须是博弈参与人之间的公共知识。即使这些知识是所有参与人都知道的相互知识，在不能达到公共知识的要求时，博弈本身还是不完全信息博弈。

著名数学家陶哲轩在其博客上发表过一个关于趣味逻辑问题。这个问题能够在一定程度上解释公共知识和相互知识的区别。

问题的设定是：在一个孤岛上共有 100 位岛民，都有极强的逻辑推理能力。其中有 95 位是蓝眼睛，5 位是红眼睛。他们都能看到其他岛民的眼睛颜色。但是岛上有规定，任何人都不能讨论和眼睛颜色相关的事情，且岛上没有任何镜子之类反光的物品，他们无法看到自己眼睛的颜色。岛上每天中午都有个仪式，所有在前一天知道了自己眼睛颜色的岛民，都必须在这个仪式上在所有岛民的注视中离岛。有一天，一个获得了全体岛民信任的外来游客在离开之前无意中对所有岛民说了一句，“很高兴能在这里看到和我一样有红眼睛的人。”然后，在此后第五天中午有 5 位岛民在仪式上离岛。

这个问题能够很好地解释“公共知识”和“相互知识”之间的关系。在游客告诉岛民岛上有红眼睛岛民之前，每个岛民都能看到其他 99 位岛民的眼睛颜色，所以肯定也都知道岛上存在岛民的眼睛是红色的。在这个阶段，岛上有岛民眼睛是红色的是相互知识。每个岛民都知道“有岛民的眼睛是红色的”，但是不确定其他岛民是否知道这个事件。游客说的“很高兴能在这里看到和我一样有红眼睛的人。”如果用香农的信息论来度量这句话，那么结果是 0。所以这句话看似是一句没有任何意义的废话。但是因为这句话是在公开场合对着所有岛民说的，每个岛民都确定所有岛民都知道了“有岛民的眼睛是红色的”这件事，所以这句话使得“有岛民的眼睛是红色的”这件事从“相互知识”转化成“公共知识”。于是便可以利用归纳法分析岛民公开离岛这个事件。

如果岛上只有一位岛民的眼睛是红色的。他能看到其他 99 位岛民的眼睛是蓝色的。那么在红眼睛岛民看来，这个岛上是没有红眼睛的。旅客的信息“有岛民的眼睛是红色的”使得红眼睛的岛民确定那个红眼睛的人就是自己。所以，他会在此后第一天中午的仪式上离岛。其他 99 位岛民都能看到这个红眼睛的岛民，也都能够预测到这位红眼睛岛民会在此后第一天中午离岛。

如果岛上有两位岛民的眼睛是红色的。这两位岛民都能看到另一位岛民的眼睛是红色的。那么红眼睛岛民的想法就和上文分析的只有一位红眼睛岛民时蓝眼睛岛民的想法一样了。等着对方在此后第一天中午离岛。结果此后第一天对方没离岛，说明还有一个红眼睛岛民。那么每个红眼睛岛民都能确定自己就是那个红眼睛岛民，所以选择此后第二天中午离岛。其他 98 位岛民都能看到这两位红眼睛的岛民，也都能够预测到这两位红眼睛岛民会在此后第二天中午离岛。

依次类推，如果岛上有 N 位岛民眼睛是红色的。每一位红眼睛岛民都能看到 $N-1$ 位红眼睛岛民，并预测他们要在此后第 $N-1$ 天中午离岛。结果此后第 $N-1$ 天中午没人离岛，说明还有一个红眼睛的岛民。那么此后第 N 天中午所有红眼睛岛民会都离岛。其他 $100-N$ 位岛民也都能够预测到这 N 位岛民会在此后第 N 天中午离岛。

这个问题也涉及自我认知和推理的逻辑问题。岛民们无法确定自己的眼睛颜色，因为他们无法看到自己的眼睛颜色，也无法通过其他方式了解自己的眼睛颜色，所以他们只能通过推理来猜测自己的眼睛颜色。在这时，任何关于红眼睛的信息都会将相互知识转化为公共知识，从而导致红眼晴岛民离岛。

目前对于完全信息博弈的分析方法已经成熟，但是我们在实际生活中遇到的问题往往没有那么明确的信息。学生想逃课，但是不知道老师喜欢点名还是不喜欢点名。老师想点名，他也不知道学生喜欢逃课还是不喜欢逃课。数据保护下不完全的例子也比比皆是。攻击者计划攻击一个信息系统，但是他不清楚这个信息系统是否安装了防御措施，安装了哪些防御措施，安装的防御措施是否有效，有效的话有多大效果；防御者也不知道攻击者所掌握的攻击知识，会采取哪些攻击手段以及这些手段的攻击效果。用户需要一个联邦学习模型，但是他不知道所想加入的联邦学习系统是否会侵犯用户的隐私；联邦学习系统希望吸引更多的用户，但是他不知道吸引的用户是否会帮助系统训练模型。如果把这些过程抽象为博弈模型，遇到的第一个问题就是博弈信息存在不确定性。这些信息不足以支撑一个完全信息的模型，为此，需要构建新的博弈模型——不完全信息模型。不完全信息模型是完全信息的逻辑逆。根据博弈模型中参与人对于模型内公共知识的了解程度，不完全信息模型的种类有很多。由于博弈模型中信息的重要性，博弈模型中给出的信息越充足，模型分析过程越简单。如果给出的博弈信息过少，则可能不足以支撑一个博弈模型的建立。极端的情况就是完全无信息，那么任何人都不能够分析这种模型。例如，设计一个游戏，玩家连游戏的玩法、奖励都不知道，那么这个游戏是无法玩的。

信息对于博弈结果的改变是巨大的。在封建王朝初期，统治者就发现了信息对于统治的作用。其代表就是商鞅的疲民、弱民之策。对于商鞅变法，现代历史学家的评论是战国时期一次较为彻底的封建化变法改革运动，顺应了封建历史发展的潮流，推动奴隶制社会向封建制社会转型，符合新兴地主阶级的利益，大大推动了社会进步和历史的发展。可是，在进行了这么重要的改革后的秦国，在统一六国后，仅二世而亡国。这里的商鞅变法和今天的法治社会有什么区别呢？现代法律本质上是一种对权力的约束，而在“商鞅变法”的“法”中统治阶级对于法律却有解释的权利。《史记·商君列传》记载，“秦民初言令不便者有来言令便者，卫鞅曰‘此皆乱化之民也’，尽迁之於边城。其后民莫敢议令。”商鞅变法后期，当初那些反映新法不方便的百姓，又都来国都大赞新法带来的方便和好处。但是，商鞅却认为这不利于新法的推行，就说：“这些都是扰乱教化的人”，于是惩罚他们，把这些赞誉新法之人全都迁到了边疆。从此以后，就再也没有百姓敢议论新法了。商鞅提出弱民政策，他要的不是百姓对自己颁布律法的推崇，而是对于法律的盲从。唐代著名的经学家孔颖达在给《左传》做注时曾写下“刑不可知，威不可测，则民畏上也。”意思是：百姓如果知道有法可依，就不会再对权威畏惧。因为有法作为依据，如果钻法律空子的人侥幸获得成功导致大家都来学，那么国家就很难治理了。只有不公布法律，让百姓永远生活在对法律的恐惧中，他们才能完全臣服于统治阶级。从博弈的角度来看，在博弈模型中，很多时候决定博弈均衡的并不是收益，而是其中的信息。一旦把知识变为公共知识，模型均衡的结果就会改变。所以，与有人反对变法相比，商鞅更担心公共知识的出现。但是就像皇帝的新装一样，只要时间久了，相互知识一定会成为公共知识。因此，秦国也不可避免地淹没在历史的洪流中。

目前对于不完全信息博弈模型的分析，比较成熟的只有“参与人的某些博弈信息的分布函数是公共知识”这一类不完全信息博弈模型。其他类型的不完全信息博弈模型的分析方法还有待改进。所以，本书提到的不完全信息博弈模型都是这类博弈模型。

1967 年，著名经济学家、博弈理论的奠基人之一约翰·海萨尼针对不完全信息博弈模型提出了一个转换的思想。这种转换思想被称作“海萨尼转换”。海萨尼转换的思路是在不完全信息博弈模型中引入一个虚拟的参与人“自然”。虽然存在参与人不知道其他参与人的确切博弈信息，但是得益于参与人未知博弈信息的分布函数是公共知识，参与人“自然”根据这个参与人博弈信息的分布函数，对博弈模型进行分类。为此，一个不完全信息静态博弈模型可以被转化成一个完全信息动态博弈进行分析。

博弈模型中“自然”的引入对于博弈模型的分析是非常重要的，可以认为给这个参与人开启了“新的视角”。不完全信息博弈模型中不完全的参与人信息往往只有“自然”才能够选择，作为自然人的其他参与人无法选择自己的类型，只能够意识到自己的类型。例如，生活中某个人的性格是激进还是保守。激进者往往更愿意冒险，而保守者往往更愿意避险。他们的策略选择可能没有区别，但是策略组合后的收益可能各不相同。这个在数据保护中的例子也比比皆是。网络攻防博弈中保守的防御者愿意安装成本较高、效果较好的防御系统，而激进的防御者更倾向成本低、效果一般的防御系统。在联邦学习系统中，有的用户愿意购买计算能力较强的设备，有的用户只有计算能力较弱的设备。他们都可以选择策略“勤劳”来帮助系统训练全局模型，也可以选择策略“懒惰”不训练模型。在第 2 章，我们为了简化模型，曾经把风险或者能力作为参与人可选择的策略。但是在实际生活中，有些事情是不能被选择的。在参与人理性的假设下，计算能力强的用户可能会选择帮助系统训练全局模型，也可能会选择不帮助系统训练全局模型；计算能力弱的用户可能会选择帮助系统训练模型，也可能不训练模型。如此，博弈模型就会变得更加复杂。

在“自然”被引入博弈模型后，可以对信息重新定义。所谓完全信息博弈就是参与人“自然”的策略选择没有任何不确定性的博弈模型。这与第 2 章对于完全信息博弈的定义是吻合的。完全信息博弈模型中，“自然”的策略选择没有不确定性，意味着在其他参与人看来“自然”只有一个策略选择。而本书研究的不完全信息博弈模型就是参与人“自然”的策略选择是一个以参与人类型为随机变量的博弈模型，而且变量的分布函数是公共知识。因此，我们就有了不完全信息静态博弈模型的定义：同时有不完全信息博弈和静态博弈模型特点的博弈模型被称作

"不完全信息静态博弈模型"。

4.1.2 海萨尼转换

目前并没有能够针对所有不完全信息静态博弈模型的分析方法，而只有参与者类型的分布函数是公共知识这一类不完全信息静态博弈模型可以用海萨尼转换进行分析。因为参与人类型分布函数是公共知识，而且作为参与人的"自然"首先进行选择，那么整个不完全信息博弈模型就变成了一个完全信息博弈模型。与原博弈相比，经过海萨尼转换的博弈模型多了一个参与人"自然"，而且多了一个"自然"的策略集，新的策略集就是参与人类型分布函数，博弈模型中参与人的收益就变成了参与人的期望收益。

海萨尼转换的具体过程是如下。

- 引入虚拟参与人"自然"。"自然"可选择的"策略集"就是参与人 i 的"类型集合" Θ_i。$\Theta_i=\{\theta_i^1,\cdots,\theta_i^k\}$ 是参与人 i 的完备描述。"自然"不是一个理性的参与人，它在博弈模型中没有收益。
- "自然"首先行动决定参与人 i 的类型 θ_i^j。"自然"不是选择策略，而是按照参与人的类型集合为每个参与人赋予类型，并为每个参与人的类型赋一个概率 $p(\theta_i^j)$。每个参与人都知道自己的类型，不知道其他参与人的类型，但是类型的分布函数 $\left\{p(\theta_i^1),p(\theta_i^2),\cdots,p(\theta_i^k)\right\}$ 是公共知识。
- 参与人 i 根据"自然"赋予自己的类型 θ_i^j 从自己的策略集中选择自己的策略 $s_i\in S_i$。所有参与人同时进行策略选择。不完全信息静态博弈模型转换成完全信息动态博弈模型。
- 利用完全信息动态博弈的分析方法来分析每个博弈模型，求出期望收益。
- 基于参与人的理性选择使自己期望收益最大的策略作为不完全信息静态博弈模型的均衡。

从这个过程中可以看出，可以把博弈信息不完全的某个参与人，按照其类型的分布函数看作多个虚拟的参与人。在引入参与人"自然"后，整个不完全信息静态博弈模型可以按照虚拟参与人的数目进行划分。"自然"安排每一个虚拟参与人参加一个完全信息静态博弈模型。每个类型对应一个虚拟参与人。当然，分布函数可能是连续的，所以这些虚拟参与人的数目也可能是无限的。

先看一个简单的例子。一个信息系统的资产是 10 单位。防御者可能是"保守"类型的，他愿意花费 2 单位成本安装高效防御系统。当攻击者发起攻击的时候，防御者如果发起防御则能够有效地保住所有剩余 8 单位的资产，而且让攻击者损失 1 单位成本；如果防御者回避攻击，选择不防御，那么防御者和攻击者平分 8 单位的资产。防御者也可能是"激进"类型的，他只愿意花费 1 单位的成本安装低效防御系统。当攻击者发起攻击的时候，防御者如果发起防御，则能够保住 3 单位资产，而攻击者扣除自己的成本后，只能获得 1 单位收益；如果防御者回避攻击，那么防御者获得剩余资产中的 4 单位，而攻击者获得其中的 5 单位。无论防御者的类型是什么，如果攻击者选择放弃攻击，那么防御者能够保住自己所有剩余资产，而攻击者的收益为 0。

整个网络攻防过程可以被抽象成一个不完全信息静态博弈模型。博弈模型由表 4.1 和表 4.2 所示策略式表达。其中，表 4.1 表达的是“保守”类型防御者情况下的策略式，表 4.2 表达的是“激进”类型防御者情况下的策略式。

表 4.1　网络攻防——防御者安装高效防御系统

s_1	(u_1,u_2)	
	s_2=发起	s_2=放弃
回避	(4, 4)	(8, 0)
防御	(8, −1)	(8, 0)

表 4.2　网络攻防——防御者安装低效防御系统

s_1	(u_1,u_2)	
	s_2=发起	s_2=放弃
回避	(4, 5)	(9, 0)
防御	(3, 1)	(9, 0)

按照海萨尼转换，“自然”按照防御者的类型将“保守”和“激进”分别赋予两个虚拟的防御者。如果防御者感知到自己是“保守”类型，那么整个博弈过程如表 4.1 所示。可以利用第 2 章介绍的完全信息静态博弈模型的分析方法得出表 4.1 所示策略式的纯策略纳什均衡是(防御(保守), 放弃(保守))。如果防御者感知到自己是“激进”类型，那么整个博弈过程如表 4.2 所示，可以分析得出表 4.2 所示策略式的纯策略纳什均衡是(回避(激进), 发起(激进))。通过博弈分析看出，因为知道自己的“类型”，所以防御者的策略选择是确定的。当自己的类型是“保守”时，防御者的策略选择是“防御”；当自己的类型是“激进”时，防御者的策略选择是“回避”。问题在于攻击者的策略选择。如果防御者的类型是“保守”，那么攻击者应该选择策略“放弃”，否则应该选择策略“发起”。

设防御者的类型是“保守”的概率是 p，那么它的类型是“激进”的概率为 $1-p$。考虑到防御者的策略选择是确定的。攻击者的收益不但与自己的策略选择相关，还与防御者的类型和策略选择相关。防御者的策略选择是“防御(保守)”和“回避(激进)”。所以，攻击者选择策略“发起”和“放弃”时的收益分别是 u_2 (防御(保守), 回避(激进), 发起)和 u_2 (防御(保守), 回避(激进), 放弃)。当攻击者选择策略“发起”并遇到“保守”类型的防御者时，他的收益是−1 单位；当遇到“激进”类型的防御者时，他的收益是 5 单位。所以，攻击者选择策略“发起”时的收益是u_2(防御(保守), 回避(激进), 发起)$=-1\times p+5\times(1-p)=5-6p$。当攻击者选择策略“放弃”时，他的收益是$u_2$(防御(保守), 回避(激进), 放弃)=0。基于参与人理性的假设，防御者应该选择使自己期望收益最大的策略。所以比较u_2(防御(保守), 回避(激进), 发起)和u_2(防御(保守), 回避(激进), 放弃)的大小就可以判断攻击者的策略选择。即，如果$p>\frac{5}{6}$，那么攻击者选择策略“放弃”；如果$p<\frac{5}{6}$，那么攻击者选择策略“发起”；如果$p=\frac{5}{6}$，那么攻击者随机选择策略“发起”和“放弃”。所以，分析这个不完全信息静态博弈模型还需要知道防御者类型的概率分布p。

4.2 贝叶斯博弈

贝叶斯博弈是不完全信息静态博弈模型的一种建模方式，也是不完全信息静态博弈模型的标准式描述。贝叶斯博弈的基础是贝叶斯法则。贝叶斯法则是贝叶斯博弈中用于均衡分析的重要工具，它帮助参与人根据先验概率确定其他参与人的类型，从而对参与人的策略选择进行建议和预测。根据贝叶斯法则，每个参与人都可以从自身的类型出发来推断其他参与人的类型，进一步可以得到参与人的期望收益。这种根据期望收益的偏好选择策略的博弈模型被称作贝叶斯博弈。能确定贝叶斯博弈中所有参与人最优期望收益的策略组合就是贝叶斯均衡。

4.2.1 模型评价指标

海萨尼转换的重要思想就是将一个较为复杂的博弈模型转化成较容易分析的博弈模型，然后对各个模型分别考虑。而贝叶斯法则就为博弈模型的化繁为简提供了有效的工具。在此简单介绍贝叶斯法则。

贝叶斯法则基于全概率公式。全概率公式是概率论中一个非常重要的定理，它将对复杂事件的概率求解问题转化为在不同情况下发生的简单事件的概率求和问题。

定理 4.1 全概率公式。假设事件集合$\{A_i \mid i=1,2,\cdots,n\}$中的元素互不相容，且$\Omega=\bigcup_{i=1}^{n}A_i$。$p(A_i)$为事件$A_i$发生的概率。任意满足$0<p(B)<1$的事件$B$发生的概率为：

$$p(B)=\sum_{i=1}^{n}p(A_i)p(B \mid A_i)$$

证明：因为Ω是一个必然事件，所以$B=B\cup\Omega=B\bigcup_{i=1}^{n}A_i=\bigcup_{i=1}^{n}(BA_i)$。

因为 $\{A_i \mid i=1,2,\cdots,n\}$ 中的元素互不相容，所以由有限可加性和概率的乘法公式可得：

$$p(B)=\sum_{i=1}^{n}p\left(A_iB\right)=\sum_{i=1}^{n}p\left(A_i\right)p(B\mid A_i)$$

在上一章，我们分析了联邦学习中激励机制的必要性。为了训练出高质量的全局模型，激励机制被引入联邦学习。联邦学习内的激励机制必须确保只有必要的数据被用于共享和训练，并且各参与方能够从贡献数据中获得相应的回报。这样各参与方才会有动力参与到联邦学习中。基于数据质量的激励机制是目前流行的联邦学习的激励机制之一。因为基于数据质量的激励机制主要通过评估用户发送本地模型的质量来发放激励，所以需要有效的评估标准来评价模型的质量。

目前关于模型的评估指标也有很多种。这些评估指标大多侧重点不同。对于不同的目的，评估指标也不同。目前最成熟的评价指标是分类、回归、推荐、排序、聚类等算法的评估指标，如正确率、精确率、误报率、召回率等。

我们以简单的二分类模型的评估指标为例。机器学习中所有需要分类的数据集被称为样本。二分类模型一般只有两种样本：正样本（Positive）和负样本（Negative）。一般来说，正样本指的是那些具有具体特性的样本，而负样本则是那些不具有这些特性的样本。有了正样本和负样本的概念后，便可以构建二分类的混淆矩阵。所谓 k 分类的混淆矩阵，就是一个 $k\times k$ 的矩阵，用来记录分类器的预测结果。常见的二分类的混淆矩阵是一个 2×2 的矩阵，如表 4.3 所示。

表 4.3　二分类的混淆矩阵

真实值	预测值	
	正样本	负样本
正样本	TP	FN
负样本	FP	TN

当真实值和预测值相符时，分类器的判断结果为真实（Ture）；相反，当真实值和预测值不相符时，分类器的判断结果为假（False）。因此，所有样本根据真实分类和预测分类便可分为 4 部分，包括真正样本（TP）、伪负样本（FN）、伪正样本（FP）和真负样本（TN）。

正确率是模型评估的最基本的指标。所谓正确率就是模型训练结果中真实值与预测值相符的占比。二分类中的正确率 $p=\dfrac{\text{TP+TN}}{\text{TP+FN+FP+TN}}$。

3 个彼此独立的学习系统（编号分别为 1、2 和 3）一起对样本进行分类。系统 1、系统 2 和系统 3 对样本分类的正确率分别为 0.7、0.8 和 0.6。各个系统所分类的问题数目占总数目的比例分别为 0.40、0.35、0.25。求一个样本分类正确的概率是多少？

一个样本被正确分类记为 B，其概率记为 $p(B)$。一个样本由系统 1，系统 2 和系统 3 分类，

分别记为 A_1、A_2 和 A_3，其概率为 $p(A_1)=0.40$、$p(A_2)=0.35$、$p(A_3)=0.25$。每个系统分类正确的概率为：$p(B|A_1)=0.70$、$p(B|A_2)=0.80$、$p(B|A_3)=0.60$。

根据全概率公式，一个样本分类正确的概率 $p(B)$ 为：

$$p(B)=p(A_1)p(B|A_1)+p(A_2)p(B|A_2)+p(A_3)p(B|A_3)=$$
$$0.40\times0.70+0.35\times0.80+0.25\times0.60=$$
$$0.28+0.28+0.15=0.71$$

所以一个样本分类正确的概率为 0.71。

贝叶斯法则是利用已经观察到的结果来探寻导致该结果发生的原因。有了全概率公式后，可以推导出贝叶斯法则。

定理 4.2 贝叶斯法则。假设事件集合 $\{A_i|i=1,2,\cdots,n\}$ 中的元素互不相容，且 $\Omega=\bigcup_{i=1}^{n}A_i$。$p(A_i)$ 为事件 A_i 发生的概率。对于任意满足 $p(B)>0$ 的事件 B，有：

$$p(A_i|B)=\frac{p(A_i)p(B|A_i)}{\sum_{i=1}^{n}p(A_i)p(B|A_i)}$$

证明：由条件概率的定义可以得出如下结论。

$$p(A_i|B)=\frac{p(A_iB)}{p(B)}$$

$$p\left(A_iB\right)=p(B|A_i)p\left(A_i\right)$$

由全概率公式可知：

$$p(B)=\sum_{i=1}^{n}p(A_i)p(B|A_i)$$

即得：

$$p(A_i|B)=\frac{p(A_i)p(B|A_i)}{\sum_{i=1}^{n}p(A_i)p(B|A_i)}$$

除了正确率，根据表 4.3，二分类中其他模型评估指标有：召回率、误报率和精确率。

- 召回率是真实的正样本中真实值和预测值相符的概率。二分类中的召回率 $p_1=\frac{\text{TP}}{\text{TP}+\text{FN}}$。
- 误报率是真实的负样本中真实值和预测值不相符的概率。二分类中的误报率 $p_2=\frac{\text{FP}}{\text{FP}+\text{TN}}$。
- 精确率是预测出的正样本中真实值和预测值相符的概率。二分类中的精确率 $p_3=\frac{\text{TP}}{\text{TP}+\text{FP}}$。

使用一种联邦学习算法对两类样本进行分类。算法的召回率是 99%，误报率是 1%。在一个总样本中，正样本占比 0.5%。那么这个算法的精确率是多少？

测试样本为正样本记为 A，测试结果为正样本记为 B。其中正样本占比 $p(A)=0.5\%$，那么负样本占比为 $p(\overline{A})=99.5\%$。正样本的召回率为 $p(B\mid A)=99\%$，同时误报率为 $p(B\mid\overline{A})=1\%$。一个检测结果为正样本的样本是正样本的概率为 $p(A\mid B)$。

根据贝叶斯法则：

$$p(A\mid B)=\frac{p(B\mid A)p(A)}{p(B\mid A)p(A)+p(B\mid\overline{A})p(\overline{A})}=$$

$$\frac{0.99\times 0.005}{0.99\times 0.005+0.01\times 0.995}=$$

$$0.3322$$

根据以上分析可知，只有约$\frac{1}{3}$的测试结果为正样本的样本确实是正样本。这个结果是有些反直觉的。召回率是一个衡量学习效果的重要指标。一方面，能达到 99%的召回率和 1%误报率的学习算法已经是非常好的算法了。另一方面，当算法找到一个正样本时，精确率只有不到$\frac{1}{3}$，又说明这个算法是个较差的算法。这种“矛盾”起因于所选择的总体样本中正样本的比例太小。只有 0.5%的正样本，说明平均每 20 000 个样本只有 100 个正样本，而测试显示这 100 个正样本中有 99 个是正样本。20 000 个样本中负样本的数量为 19 900。因为误报率为 1%，所以这 19 900 个负样本中会有 199 个被检测为正样本。因此，测试结果为正样本且实际上也是正样本的比例就是：

$$\frac{99}{99+199}=0.3322$$

从这个例子中可以看出，召回率、误报率和精确率，无论哪种衡量方法都是有缺陷的，片面追求召回率和误报率是不可取的。因为只要把所有的检测结果都标记为正样本，那么正样本的召回率肯定会很高；而把所有的检测结果都标记为负样本，那么负样本的误报率又会很低，这种算法没有实际意义。

4.2.2 不完全信息下的联邦学习用户合作

海萨尼转换只能分析参与人类型分布函数为公共知识的不完全信息静态博弈模型。记参与人 i 的类型集合为 Θ_i。$\theta_i\in\Theta_i$ 是参与人 i 的一个具体类型，则向量 $\boldsymbol{\theta}=(\theta_1,\theta_2,\cdots,\theta_n)$ 可以表示 n 个参与人的类型组合。“自然”在 $\Theta_1\times\Theta_2\times\cdots\times\Theta_n$ 中定义了概率，并且把这一知识扩散为公共知识。如果参与人 i 的类型是离散的，则“自然”赋予向量 $\boldsymbol{\theta}$ 一个概率 $(p(\theta_1),p(\theta_2),\cdots,p(\theta_n))$；如

果参与人i的类型是连续的，则“自然”赋予向量θ一个概率密度$\left(f(\theta_1),f(\theta_2),\cdots,f(\theta_n)\right)$。因此，参与人便可以根据自己的类型和参与人$i$的概率分布来推断其他参与人的类型。所以，一个非完全信息静态博弈模型需要知道参与人、参与人的类型以及参与人类型的概率分布。

另外，参与人可选择的策略集可以是自己类型依存的，也可以是类型无关的。也就是说，不同类型的同一参与人的策略集也可以不同，记为$S_i(\theta_i)$。但是如果存在一个类型空间$S_i=\bigcup_{\theta_i\in\Theta_i}S_i(\theta_i)$，把$S_i$作为所有类型的参与人$i$的共同策略集对模型分析没有任何影响。所以策略集是类型依存与否并不影响对博弈模型的分析。为了简化描述，本书假定每个参与人的策略集是不变的，与类型无关。

与完全信息静态博弈模型不同，不完全信息静态博弈模型的收益函数不只与模型中所有参与人的策略组合有关，还与模型中参与人i的类型相关，记为$u_i\left(s_1(\theta_1),\cdots,s_n(\theta_n)\right)$。因为$s_i$随着$\theta_i$的变化而变化，所以$s_i(\theta_i)$可以被看作$s_i$关于$\theta_i$的函数。故而收益函数可以简写为$u_i(s_i,s_{-i},\theta_i,\theta_{-i})$。

根据以上分析，便可以得到一类不完全信息静态博弈模型的定义，这类博弈模型被称作贝叶斯博弈。

定义 4.1 贝叶斯博弈。所谓贝叶斯博弈就是一个博弈模型中以下5个条件必须是博弈参与人之间的公共知识。

- 所有的参与人$\Gamma=\{1,2,\cdots,n\}$。
- 每个参与人所有可能的类型$\{\Theta_1,\Theta_2,\cdots,\Theta_n\}$。
- 参与人对其他参与人类型的推断$p(\theta_{-1}|\theta_1),p(\theta_{-2}|\theta_2),\cdots,p(\theta_{-n}|\theta_n)$。
- 每个参与人所有可能的策略选择$\{S_1,S_2,\cdots,S_n\}$。
- 每种策略组合中所有参与人可能得到的收益$\{u_1(s_1,s_{-1},\theta_1,\theta_{-1})$，$u_2(s_2,s_{-2},\theta_2,\theta_{-2}),\cdots$，$u_n(s_n,s_{-n},\theta_n,\theta_{-n})\}$。

有了贝叶斯博弈的定义后，便可以对博弈模型进行分析。分析的目的还是寻找博弈模型的均衡。均衡的寻找过程就是海萨尼转换的过程。之后便可以把纳什均衡的定义引进来，在理性参与人的假设下，确定参与人的最优期望收益。

定义 4.2 贝叶斯纳什均衡。在博弈表达式$G=\{\Gamma$，$\Theta_1,\cdots,\Theta_n$，$p(\theta_{-1}|\theta_1)$，$p(\theta_{-2}|\theta_2),\cdots$，$p(\theta_{-n}|\theta_n)$ $S_1,\cdots,S_n,u_1,\cdots,u_n\}$表示的博弈模型中，策略组合$s^*(\theta)=\{s_1^*(\theta_1),\cdots,s_n^*(\theta_n)\}$，如果对任意$i\in\Gamma$，$s_i^*(\theta_i)\in S_i$满足以下条件：

$$\sum_{\theta_{-i}}p(\theta_{-i}|\theta_i)u_i\left(s_i^*(\theta_i),s_{-i}^*(\theta_{-i})\right)\geqslant\sum_{\theta_{-i}}p(\theta_{-i}|\theta_i)u_i\left(s_i(\theta_i),s_{-i}^*(\theta_{-i})\right) \tag{4.1}$$

则称策略组合$s^*(\theta)$是博弈G中的贝叶斯纳什均衡，$s_i^*(\theta_i)$是类型为θ_i的参与人i在均衡情况下的最优策略。

例如，第 2.5.3 节介绍了大模型和小模型的区别。大模型系统适合数据量大、计算能力强的用户，这类用户被称作“高性能”用户，用 θ_1 表示；而小模型系统更适合数据量小，计算能力没有那么强大的用户，这类用户被称作“低性能”用户，用 θ_2 表示。有两个联邦学习系统，系统 A 和系统 B。其中系统 A 是个大模型系统，而系统 B 是个小模型系统。所有的系统至少需要两个用户合作才可以训练出有效的模型。用户都是独立的，彼此知道对方的存在，但是没有联系。其中，一个高性能用户和一个低性能用户都选择系统 A 时，高性能用户获得 4 单位收益，而低性能用户获得 2 单位收益；当这两个用户都选择系统 B 时，高性能用户获得 2 单位收益，而低性能用户获得 3 单位收益。当两个低性能用户都加入系统 A 时，则分别得到 1 单位收益；而当两个低性能用户都加入系统 B 时，则分别得到 2 单位收益。有两个用户，用户 1 和用户 2，有意选择一个系统加入。当用户 1 和用户 2 分别是高性能用户和低性能用户时，因为整个过程的博弈信息没有不确定性，所以可以被抽象为完全信息静态博弈模型。其博弈策略式可以由表 4.4 表示。易知，该博弈模型有两个纯策略纳什均衡(系统 A，系统 A)和(系统 B，系统 B)和一个混合策略纳什均衡 $\left(\left(\frac{3}{5},\frac{2}{5}\right),\left(\frac{1}{3},\frac{2}{3}\right)\right)$。而当两个用户都是低性能用户时，整个过程也可以被抽象为完全信息静态博弈模型。其博弈策略式可以由表 4.5 表示。易知，该博弈模型也有两个纯策略纳什均衡(系统 A，系统 A)和(系统 B，系统 B)和一个混合策略纳什均衡 $\left(\left(\frac{2}{3},\frac{1}{3}\right),\left(\frac{2}{3},\frac{1}{3}\right)\right)$。

此处考虑用户 2 的类型是低性能，而用户 1 的类型不确定的情况。已知用户 1 类型分布为：高性能的可能性为 $\frac{2}{3}$，低性能的可能性为 $\frac{1}{3}$，而且用户 2 的类型和用户 1 类型的分布都是公共知识。那么用户 2 的策略选择就面临不确定性。用户 1 和用户 2 的协作就可以被抽象成一个不完全信息静态博弈模型。该博弈模型的策略式由表 4.4 和表 4.5 表达。

表 4.4　联邦学习系统高性能用户和低性能用户选择博弈

s_1	(u_1,u_2)	
	s_2=系统 A	s_2=系统 B
系统 A	(4, 2)	(0, 0)
系统 B	(0, 0)	(2, 3)

表 4.5　联邦学习系统低性能用户选择博弈

s_1	(u_1,u_2)	
	s_2=系统 A	s_2=系统 B
系统 A	(1, 1)	(0, 0)
系统 B	(0, 0)	(2, 2)

因为用户 1 的类型不确定，用户 1 的类型“高性能”用θ_1表示，用户 1 的类型“低性能”用θ_2表示，所以用户 1 类型的条件概率就等于用户 1 类型的概率$p(\theta_1)=\frac{2}{3}$、$p(\theta_2)=\frac{1}{3}$。

- 如果用户 1 为高性能用户，则用户 1 在博弈模型中的策略选择由$\{A(\theta_1),B(\theta_1)\}$表示。设当用户 1 为高性能用户时，其策略选择为$P_1=(p_1,1-p_1)$，即选择策略“系统 A”的概率为$p_1$，选择策略“系统 B”的概率为$1-p_1$。
- 如果用户 1 为低性能用户，则用户 1 在博弈模型中的策略选择由$\{A(\theta_2),B(\theta_2)\}$表示。设当用户 1 为低性能用户时，其策略选择为$P_2=(p_2,1-p_2)$，即选择策略“系统 A”的概率为$p_2$，选择“系统 B”的概率为 $1-p_2$。
- 用户 2 的类型是公共知识，没有任何不确定性，所以设用户 2 的策略选择为$Q=(q,1-q)$，即选择策略“系统 A”的概率为q，选择“系统 B”的概率为 $1-q$。

根据第2章对混合策略的解释，可以把纯策略看作一种概率分布为(0, 1)或(1, 0)的混合策略，所以P_1、P_2和Q包括了不完全信息静态博弈模型中所有参与人的纯策略和混合策略。因为用户1的类型不确定，所以在用户2看来，用户1的混合策略P为$(p(\theta_1),p(\theta_2))$。即用户1以概率$p(\theta_1)$选择混合策略$P_1$，同时以概率$p(\theta_2)$选择混合策略$P_2$。

因为用户 2 的类型没有不确定性，用户 1 和用户 2 的收益除了策略选择，只与用户 1 的类型有关，与用户 2 的类型无关。设用户 1 的类型是高性能时的期望收益为$u_1(P_1,Q,\theta_1)$，用户 1 类型是低性能时的期望收益为$u_1(P_2,Q,\theta_2)$；用户 2 的期望收益为$u_2(P,Q)=u_2(P_1,P_2,Q)$。

通过表 4.4 所示策略式可知，高性能的用户 1 选择策略“系统 A”和“系统 B”时的收益如式（4.2）所示。

$$\begin{cases}u_1(A,Q,\theta_1)=qu_1(A,A,\theta_1)=4q\\u_1(B,Q,\theta_1)=(1-q)u_1(B,B,\theta_1)=2(1-q)\end{cases}\tag{4.2}$$

当用户 1 的类型为θ_1时，用户 2 选择策略“系统 A”和“系统 B”时的收益如式（4.3）所示。

$$\begin{cases}u_2(P_1,A,\theta_1)=p_1u_2(A,A,\theta_1)=2p_1\\u_2(P_1,B,\theta_1)=(1-p_1)u_2(B,B,\theta_1)=3(1-p_1)\end{cases}\tag{4.3}$$

通过表 4.5 所示策略式可知，低性能的用户 1 选择策略“系统 A”和“系统 B”的收益如式（4.4）所示。

$$\begin{cases}u_1(A,Q,\theta_2)=qu_1(A,A,\theta_2)=q\\u_1(B,Q,\theta_2)=(1-q)u_1(B,B,\theta_2)=2(1-q)\end{cases}\tag{4.4}$$

当用户 1 的类型为θ_2时，用户 2 选择策略“系统 A”和“系统 B”的收益如式（4.5）所示。

$$\begin{cases}u_2(P_2,A,\theta_2)=p_2u_2(A,A,\theta_2)=p_2\\u_2(P_2,B,\theta_2)=(1-p_2)u_2(B,B,\theta_2)=2(1-p_2)\end{cases}\tag{4.5}$$

根据式（4.2），当用户 1 的类型为高收益 θ_1 时，其期望收益为：

$$
\begin{aligned}
&u_1(P_1,Q,\theta_1)=p_1u_1(A,Q,\theta_1)+(1-p_1)u_1(B,Q,\theta_1)=\\
&4p_1q+2(1-p_1)(1-q)=2-2p_1-2q+6p_1q
\end{aligned}
\tag{4.6}
$$

根据式（4.4），低性能用户 1 的期望收益为：

$$
\begin{aligned}
&u_1(P_2,Q,\theta_2)=\\
&p_2u_1(A,Q,\theta_2)+(1-p_2)u_1(\mathrm{B},Q,\theta_2)=\\
&p_2q+2(1-p_2)(1-q)=\\
&2-2p_2-2q+3p_2q
\end{aligned}
\tag{4.7}
$$

根据式（4.3）和式（4.5），用户 2 的收益为：

$$
\begin{aligned}
&u_2(P_1,P_2,Q)=\\
&\frac{2}{3}u_2(P_1,Q,\theta_1)+\frac{1}{3}u_2(P_2,Q,\theta_2)=\\
&\frac{2}{3}\big(qu_2(P_1,A,\theta_1)+(1-q)u_2(P_1,B,\theta_1)\big)+\\
&\frac{1}{3}\big(qu_2(P_2,A,\theta_2)+(1-q)u_2(P_2,B,\theta_2)\big)=\\
&\frac{2}{3}\big(2p_1q+3(1-p_1)(1-q)\big)+\frac{1}{3}\big(p_2q+2(1-p_2)(1-q)\big)=\\
&\frac{1}{3}\big(10p_1q+3p_2q-6p_1-2p_2-8q+8\big)
\end{aligned}
\tag{4.8}
$$

根据式（4.1），该不完全信息静态博弈模型的贝叶斯纳什均衡需要满足式（4.9）。

$$
\begin{cases}
u_1(P_1,Q,\theta_1)\geqslant u_1(p_1=0,Q,\theta_1)\\
u_1(P_1,Q,\theta_1)\geqslant u_1(p_1=1,Q,\theta_1)\\
u_1(P_2,Q,\theta_2)\geqslant u_1(p_2=0,Q,\theta_2)\\
u_1(P_2,Q,\theta_2)\geqslant u_1(p_2=1,Q,\theta_2)\\
u_2(P_1,P_2,Q)\geqslant u_2(P_1,P_2,q=0)\\
u_2(P_1,P_2,Q)\geqslant u_2(P_1,P_2,q=1)
\end{cases}
\tag{4.9}
$$

将式（4.6）代入式（4.9）可以得到高性能用户 1 的策略选择条件。

$$
\begin{cases}
p_1(3q-1)\geqslant 0\\
(1-p_1)(1-3q)\geqslant 0
\end{cases}
\tag{4.10}
$$

将式（4.7）代入式（4.9）可以得到低性能用户 1 的策略选择条件。

$$
\begin{cases}
p_2(3q-2)\geqslant 0\\
(1-p_2)(2-3q)\geqslant 0
\end{cases}
\tag{4.11}
$$

将式（4.8）代入式（4.9）可以得到用户 2 的策略选择条件。

$$
\begin{cases}
q(10p_1+3p_2-8)\geqslant 0\\
(1-q)(8-10p_1-3p_2)\geqslant 0
\end{cases}
\tag{4.12}
$$

根据混合策略纳什均衡的定义，当 $p_1=0$ 时，高性能用户 1 选择策略“系统 B”；当 $p_1=1$ 时，高性能用户 1 选择策略“系统 A”；当 $0<p_1<1$ 时，高性能用户 1 选择混合策略。所以可

以将式（4.10）根据 p_1 的取值分别讨论。

$$\begin{cases} q \leqslant \frac{1}{3}, & p_1 = 0 \\ q \geqslant \frac{1}{3}, & p_1 = 1 \\ q = \frac{1}{3}, & 0 < p_1 < 1 \end{cases} \tag{4.13}$$

同理，可以将式（4.11）根据 p_2 的取值分别讨论。

$$\begin{cases} q \leqslant \frac{2}{3}, & p_2 = 0 \\ q \geqslant \frac{2}{3}, & p_2 = 1 \\ q = \frac{2}{3}, & 0 < p_2 < 1 \end{cases} \tag{4.14}$$

可以将式（4.12）根据 q 的取值分别讨论。

$$\begin{cases} 10p_1 + 3p_2 - 8 \leqslant 0, & q = 0 \\ 10p_1 + 3p_2 - 8 \geqslant 0, & q = 1 \\ 10p_1 + 3p_2 - 8 = 0, & 0 < q < 1 \end{cases} \tag{4.15}$$

根据式（4.13），博弈的结果可以分为 3 种情况。

- $p_1 = 0$ 时，$q \leqslant \frac{1}{3}$。根据式（4.14）可知，$q \leqslant \frac{1}{3}$ 与 $p_2 = 1$ 且 $q \geqslant \frac{2}{3}$ 和 $0 < p_2 < 1$ 且 $q = \frac{2}{3}$ 相矛盾，所以 $p_2 = 0$。根据式（4.15），因为 $p_1 = p_2 = 0$，所以 $10p_1 + 3p_2 - 8 = -8 \leqslant 0$，则有 $q = 0$。因此，((0, 1), (0, 1), (0, 1))是表 4.4 和表 4.5 所示不完全信息静态博弈模型的一个贝叶斯纳什均衡。也就是说，高性能的用户 1 总是选择策略“系统 B”，低性能的用户 1 也总是选择策略“系统 B”，用户 2 还总是选择策略“系统 B”是该博弈模型的一个贝叶斯纳什均衡。由于此均衡中参与人的策略选择都是纯策略，所以((0, 1), (0, 1), (0, 1))还是一个纯策略贝叶斯纳什均衡。
- $p_1 = 1$ 时，$q \geqslant \frac{1}{3}$。根据式（4.14）可知，$p_2 = 0$、$p_2 = 1$ 和 $0 < p_2 < 1$ 都可以满足 $q \geqslant \frac{1}{3}$。为此根据式（4.14），再对 $p_1 = 1$ 进行分类。
  - 当 $q \leqslant \frac{2}{3}$ 时，$p_2 = 0$。根据式（4.15）可知，$10p_1 + 3p_2 - 8 = 2 \geqslant 0$ 且 $q = 1$，这与 $q \leqslant \frac{2}{3}$ 矛盾。
  - 当 $q \geqslant \frac{2}{3}$ 时，$p_2 = 1$。根据式（4.15）可知，$10p_1 + 3p_2 - 8 = 5 \geqslant 0$ 且 $q = 1$。所以((1,0), (1,0), (1,0))也是表 4.4 和表 4.5 所示不完全信息静态博弈模型的贝叶斯纳什均衡。也就是说，高性能的用户 1 总是选择策略“系统 A”，低性能的用户 1 也总是选择策略

"系统 A"，用户 2 还总是选择策略"系统 A"是该博弈的一个贝叶斯纳什均衡。((1,0), (1,0), (1,0))也是一个纯策略贝叶斯纳什均衡。

➢ 当 $q=\frac{2}{3}$ 时，$0<p_2<1$。根据式（4.15）可知，$0<q<1$ 时，$10p_1+3p_2-8=2+3p_2=0$，即 $p_2=-\frac{2}{3}$。这与式（4.14）中的 $0<p_2<1$ 矛盾。

- $0<p_1<1$ 时，$q=\frac{1}{3}$。根据式（4.14），$q=\frac{1}{3}$ 与 $p_2=1$ 且 $q\geqslant\frac{2}{3}$ 和 $0<p_2<1$ 且 $q=\frac{2}{3}$ 矛盾，所以 $p_2=0$。根据式（4.15），$0<q<1$ 时，$10p_1+3p_2-8=10p_1-8=0$，即 $p_1=\frac{4}{5}$。所以 $\left(\left(\frac{4}{5},\frac{1}{5}\right),(0,1),\left(\frac{1}{3},\frac{2}{3}\right)\right)$ 是一个表 4.4 和表 4.5 所示不完全信息静态博弈模型的贝叶斯纳什均衡。也就是说，高性能的用户 1 以概率 $\frac{4}{5}$ 选择策略"系统 A"，以概率 $\frac{1}{5}$ 选择策略"系统 B"；低性能的用户 1 则总是选择策略"系统 B"；用户 2 以概率 $\frac{1}{3}$ 选择策略"系统 A"，以概率 $\frac{2}{3}$ 的概率选择策略"系统 B"是该博弈模型的一个贝叶斯纳什均衡。由于此均衡中存在参与人的策略选择是混合策略，所以 $\left(\left(\frac{4}{5},\frac{1}{5}\right),(0,1),\left(\frac{1}{3},\frac{2}{3}\right)\right)$ 是一个混合策略贝叶斯纳什均衡。

综上所述，表 4.4 和表 4.5 所示的不完全信息静态博弈模型有两个纯策略贝叶斯纳什均衡((0, 1), (0, 1), (0, 1))、((1, 0), (1, 0), (1, 0))和一个混合策略贝叶斯纳什均衡 $\left(\left(\frac{4}{5},\frac{1}{5}\right),(0,1),\left(\frac{1}{3},\frac{2}{3}\right)\right)$。

4.2.3　基于激励的无限策略选择

离散贝叶斯博弈模型可以用矩阵式表达，其博弈结果比较直观简洁。如果贝叶斯博弈中的收益函数是连续的，那么均衡分析就会更加复杂。例如，第 2.3.3 节介绍的贡献选择博弈模型是一个完全信息博弈。每一个策略组合下的收益是模型中的公共知识。这些公共知识当然包括所有用户训练本地模型的成本。而在实践当中，一个系统中的用户肯定是知道自己的训练成本的，但是往往有一些用户不清楚其他用户的训练成本，甚至存在每个用户都不知道其他用户训练成本的情况。在这种情况下，用户的训练成本就成了用户个人的私有信息，也就对应用户的类型。与第 2.3.3 节的贡献选择模型一致，本节介绍的也是一个只有两个用户的情况，而且每个用户可选择的贡献度都是非负实数 $s_i\in[0,+\infty)$。用户的收益函数由 3 个部分组成：由自己的贡献度决定的激励 $A(s_i)$、由全体用户的共同贡献度决定的模型收益 $B(s_i,s_{-i})$、自己训练本地模型消耗的成本 $C(s_i)$。为了使计算变得简单，设激励参数 a 和全局模型收益参数 b 都是 1 单位。

首先考虑用户贡献度为离散分布的情况。用户 2 的训练成本为 2 单位，而且是公共知识；用户 1 的训练成本是私有知识，但是分布函数是公共知识。

- 参与人：用户 1 和用户 2。
- 策略集：用户 1 的策略 s_1 和用户 2 的策略 s_2 分别为 $s_1 \in [0,+\infty)$、$s_2 \in [0,+\infty)$。
- 类型分布：用户 1 的成本为 1 单位的概率是 γ，则其成本为 2 单位的概率是 $1-\gamma$。用户 2 的成本为 2 单位是确定的。为了便于描述计算，将成本为 1 单位的用户 1 的策略记为 $s_1 = s_1(1)$。成本为 2 单位的用户 1 的策略记为 $s_1' = s_1(2)$。
- 收益：
  - 用户 1 的成本为 1 单位的收益为 $u_1(s_1,s_2) = s_1 + s_1 s_2 - s_1^2$；
  - 用户 1 的成本为 2 单位的收益为 $u_1'(s_1',s_2) = s_1' + s_1' s_2 - 2s_1'^2$；
  - 用户 2 的收益为 $u_2(s_1,s_2) = s_2 + s_1 s_2 - 2s_2^2$。

设该博弈的贝叶斯纳什均衡为(s_1^*，$s_1'^*$，s_2^*)，即用户 1 成本为 1 单位时的均衡策略为 s_1^*，用户 1 成本为 2 单位时的均衡策略为 $s_1'^*$，用户 2 的均衡策略为 s_2^*。当成本为 1 单位时，用户 1 的收益为：

$$u_1(s_1,s_2) = s_1 + s_1 s_2 - s_1^2 \tag{4.16}$$

对式（4.16）求关于 s_1 的偏导。当其偏导为 0 时，$u_1(s_1,s_2)$ 取极大值。所以有：

$$\frac{\partial u_1(s_1,s_2)}{\partial s_1} = 1 + s_2 - 2s_1 = 0$$

当用户 1 和用户 2 的策略选择达到均衡后，

$$s_1^* = \frac{s_2^* + 1}{2} \tag{4.17}$$

同理，当自己的成本为 2 单位时，用户 1 的收益为：

$$u_1'(s_1',s_2) = s_1' + s_1' s_2 - 2s_1'^2 \tag{4.18}$$

对式（4.18）求关于 s_1' 的偏导。当其偏导为 0 时，$u'_1(s_1',s_2)$ 取极大值。所以有：

$$\frac{\partial u'_1(s_1',s_2)}{\partial s_1'} = 1 + s_2 - 4s_1' = 0$$

当用户 1 和用户 2 的策略选择达到均衡后，

$$s_1'^* = \frac{s_2^* + 1}{4} \tag{4.19}$$

由于用户 2 不能确定用户 1 的类型，用户 2 的期望收益为：

$$u_2(s_1,s_1',s_2) = \gamma(s_2 + s_1 s_2 - 2s_2^2) + (1-\gamma)(s_2 + s_1' s_2 - 2s_2^2) \tag{4.20}$$

对式（4.20）求关于 s_2 的偏导。当其偏导为 0 时，$u_2(s_1,s_1',s_2)$ 取极大值。所以有：

$$\frac{\partial u_2(s_1,s_1',s_2)}{\partial s_2}=1-4s_2+\gamma s_1+(1-\gamma)s_1'=0$$

当用户 1 和用户 2 的策略选择达到均衡后：

$$s_2^*=\frac{1+\gamma s_1^*+(1-\gamma)s_1'^*}{4} \tag{4.21}$$

将式（4.17）、式（4.19）和式（4.21）联立成方程组：

$$\begin{cases} s_1^*=\dfrac{s_2^*+1}{2} \\ s_1'^*=\dfrac{s_2^*+1}{4} \\ s_2^*=\dfrac{1+\gamma s_1^*+(1-\gamma)s_1'^*}{4} \end{cases}$$

解方程组得：

$$\begin{cases} s_1^*=\dfrac{10}{15-\gamma} \\ s_1'^*=\dfrac{5}{15-\gamma} \\ s_2^*=\dfrac{5+\gamma}{15-\gamma} \end{cases} \tag{4.22}$$

所以，该博弈模型的贝叶斯纳什均衡为：$\left(\dfrac{10}{15-\gamma},\dfrac{5}{15-\gamma},\dfrac{5+\gamma}{15-\gamma}\right)$。即用户 1 成本为 1 单位时的均衡策略为 $\dfrac{10}{15-\gamma}$，用户 1 成本为 2 单位时的均衡策略为 $\dfrac{5}{15-\gamma}$，用户 2 的均衡策略为 $\dfrac{5+\gamma}{15-\gamma}$。

通过式（4.22）可以看出该博弈模型的贝叶斯纳什均衡的范围为 $s_1^*\in\left[\dfrac{2}{3},\dfrac{5}{7}\right]$、$s_1'^*\in\left[\dfrac{1}{3},\dfrac{5}{14}\right]$ 和 $s_2^*\in\left[\dfrac{1}{3},\dfrac{3}{7}\right]$，并且用户 1 和用户 2 的贡献度都随着 γ 的增加而升高。也就是说，两个用户的贡献度都随着用户 1 成本的减小而升高。只比较该模型中成本为 1 单位的用户 1 和成本为 2 单位的用户 1 的价格区别也能得出这个结论。当用户 1 成本为 1 单位时，将 $\gamma=1$ 代入式（4.22）得 $s_1^*=\dfrac{5}{7}$、$s_2^*=\dfrac{3}{7}$，此时 $s_1'^*$ 的值已经没有意义。当用户 1 成本为 2 单位时，将 $\gamma=0$ 代入式（4.22）得 $s_1'^*=\dfrac{1}{3}$、$s_2=\dfrac{1}{3}$，此时 s_1^* 的值也没有意义。

回顾第 2.3.3 节完全信息静态下的贡献选择模型中，用户 1 和用户 2 的反应函数分别为式（4.23）和式（4.24）。

$$s_1=\frac{a+bs_2}{2c_1} \tag{4.23}$$

$$s_2 = \frac{a + bs_1}{2c_2} \tag{4.24}$$

将式（4.23）和式（4.24）联立成方程组，并求解得：

$$\begin{cases} s_1^* = \dfrac{2ac_2 + ab}{4c_1c_2 - b^2} \\ s_2^* = \dfrac{2ac_1 + ab}{4c_1c_2 - b^2} \end{cases} \tag{4.25}$$

在不完全信息下的贡献选择模型中，$a = b = 1$，用户 1 的训练成本为$c_1 = 1$或$c_1 = 2$，用户 2 的成本为$c_2 = 2$。当用户 1 的训练成本为 1 单位时，把$a = b = c_1 = 1$、$c_2 = 2$代入式（4.25），得到用户 1 成本为 1 单位时的均衡结果：

$$\begin{cases} s_1^* = \dfrac{2\times1\times2 + 1\times1}{4\times1\times2 - 1^2} = \dfrac{5}{7} \\ s_2^* = \dfrac{2\times1\times1 + 1\times1}{4\times1\times2 - 1^2} = \dfrac{3}{7} \end{cases} \tag{4.26}$$

当用户 1 的训练成本为 2 单位时，把$a = b = 1$、$c_1 = c_2 = 2$代入式（4.25），得到用户 1 成本为 2 单位时的均衡结果：

$$\begin{cases} s_1'^* = \dfrac{1}{3} \\ s_2'^* = \dfrac{1}{3} \end{cases} \tag{4.27}$$

通过式（4.26）和式（4.27）可以看出，在参与人的类型分布是离散的情况下，当参与人的其中一个类型的概率趋向 1 时，也就是说参与人的信息接近完全时，贝叶斯纳什均衡的解和完全信息静态博弈模型下纳什均衡的解是一致的。

下面考虑用户的贡献度为连续分布的情况。因为用户 1 的贡献度是连续的，所以用户 1 类型的分布函数也可以是连续的。此时，用户 2 的训练成本依然为 2 单位，而且是公共知识。用户 1 的训练成本是私有知识，但是分布函数是公共知识，且分布函数是连续的。那么该过程可以被抽象为一个不完全信息静态博弈模型，模型的标准策略式如下。

- 参与人：用户 1 和用户 2。
- 策略集：用户 1 的策略s_1和用户 2 的策略s_2分别为$s_1 \in [0, +\infty)$、$s_2 \in [0, +\infty)$。
- 类型分布：用户 1 的成本为$c_1 \in [1, 2]$，用户 2 的成本为 2 单位。
- 收益：
  - 用户 1 的收益为$u_1(s_1, s_2) = s_1 + s_1s_2 - c_1s_1^2$；
  - 用户 2 的收益为$u_2(s_1, s_2) = s_2 + s_1s_2 - 2s_2^2$。

该博弈模型中，用户 1 的类型分布是一段连续函数，也就是说，用户 1 的类型个数是无限的。当用户 1 的训练成本为 c_1、用户 1 的贡献度为 $\hat{s}_1$ 时，收益为：

$$\hat{u}_1(\hat{s}_1, s_2) = \hat{s}_1 + \hat{s}_1 s_2 - c_1 \hat{s}_1^2 \tag{4.28}$$

对式（4.28）求关于 $\hat{s}_1$ 的偏导，当偏导数为 0 时，$\hat{u}_1(\hat{s}_1, s_2)$ 取极大值。所以有：

$$\frac{\partial \hat{u}_1(\hat{s}_1, s_2)}{\partial \hat{s}_1} = 1 + s_2 - 2c_1\hat{s}_1 = 0$$

当用户 1 和用户 2 的策略选择都达到均衡后，

$$\hat{s}_1 = \frac{1+s_2}{2c_1} \tag{4.29}$$

因为用户 2 不能确定用户 1 的类型，所以用户 2 只能选择使自己期望收益最大的策略。

$$u_2(\hat{s}_1, s_2) = \int_1^2 (s_2 + \hat{s}_1 s_2 - 2s_2^2)\mathrm{d}c_1 \tag{4.30}$$

对式（4.30）求关于 s_2 的偏导：

$$\frac{\partial u_2(\hat{s}_1, s_2)}{\partial s_2} = \int_1^2 (1 + \hat{s}_1 - 4s_2)\mathrm{d}c_1 = 1 + \int_1^2 \hat{s}_1 \mathrm{d}c_1 - 4s_2 \tag{4.31}$$

当式（4.31）的偏导数为 0 时，$u_2(\hat{s}_1, s_2)$ 达到最大值。所以将式（4.29）代入式（4.31）且令式（4.31）为 0。

$$1 + \int_1^2 \frac{1+s_2}{2c_1}\mathrm{d}c_1 - 4s_2 = 1 - 4s_2 + \frac{1}{2}\ln 2 + \frac{1}{2}s_2 \ln 2 = 0$$

解得：

$$s_2 = \frac{2+\ln 2}{8-\ln 2} \tag{4.32}$$

将式（4.32）代入式（4.29）得：

$$\hat{s}_1 = \frac{10}{2c_1(8-\ln 2)}$$

所以，该博弈模型的贝叶斯纳什均衡为$\left(\frac{10}{2c_1(8-\ln 2)}, \frac{2+\ln 2}{8-\ln 2}\right)$。即成本为 c_1 的用户 1 的均衡策略为 $\frac{10}{2c_1(8-\ln 2)}$，用户 2 的均衡策略为 $\frac{2+\ln 2}{8-\ln 2}$。

4.3 混合策略纳什均衡的解释

第 2 章介绍了当一个完全信息静态博弈模型有多个均衡或者没有均衡时，会有一个混合策略均衡，以概率的形式来指导参与人选择纯策略纳什均衡。但是混合策略纳什均衡的概念从提出就饱受质疑。因为混合策略的核心“随机”缺乏行为的支持，所以混合策略的策略选择需要随机数发生器来决定。对于混合策略的解释是需要依场景的。之后很多数学家、经济学家和管理学家对混合策略提出了新的解释，例如混合策略纳什均衡可以被解释为参与人信息的缺乏，也可以解释为依概率选择，还可以解释为“信念”，而不是策略选择。约翰·海萨尼将完全信息静态博弈模型中的混合策略均衡解释为不完全信息静态博弈模型中纯策略均衡的极限。这样就给了完全信息静态博弈模型中混合策略纳什均衡一个新的解释：混合策略纳什均衡是一个不完全信息静态博弈模型下的纯策略贝叶斯纳什均衡。混合策略的特征是在博弈模型中，参与人在一次性博弈中彼此之间无法通信，造成其他参与人的策略选择具有不确定性，只能由参与人根据彼此收益来确定选择每种纯策略的概率。在不完全信息静态博弈模型中，参与人也不能确定其他参与人的策略选择，但是这种不确定性是由其他参与人的“类型”的不确定性决定的。海萨尼将两种不确定性相统一，把混合策略中参与人行动的“随机性”转化成“类型”的不同，即把混合策略的博弈问题转化成一个求解贝叶斯纳什均衡的问题。根据这个解释，可以认为混合策略纳什均衡的根本特征不是参与人以随机的方式做策略选择，而是参与人不能确定其他参与人会做什么策略选择。这种不确定性可能是信息的不完全导致的，也可能是随机性导致的。

4.3.1 联邦学习用户合作的不完全信息解释

第 4.2.2 节分析了不完全信息静态博弈模型下联邦学习中用户协作的均衡。在表 4.4 所示的博弈模型中，当联邦学习系统中两个用户分别是高性能和低性能时，双方合作所获得的收益不同。该博弈模型有两个纯策略纳什均衡(系统 A, 系统 A)和(系统 B, 系统 B)和一个混合策略纳什均衡$\left(\left(\frac{3}{5},\frac{2}{5}\right),\left(\frac{1}{3},\frac{2}{3}\right)\right)$。该完全信息静态博弈模型中的一个假设是用户 1 和用户 2 彼此知道对方的类型，但是没有任何联系。由于在实际中，彼此之间没有联系的两个人往往也不能确定对方的类型，因此，对彼此之间的收益并不是那么确定。如果用户 1 和用户 2 都参与联邦学习系统 A，那么用户 1 的收益是$4+t_1$个单位。其中，用户 1 确定t_1的值；用户 2 对t_1的值并不确定，只知道t_1在$[0,x]$区间均匀分布。用户 2 的收益为 2 单位，是公共知识。 如果用户 1 和用户 2 都参与联邦学习系统 B，那么用户 2 的收益是$3+t_2$个单位。其中，用户 2 确定t_2的值；用户 1 对t_2的值并不确定，只知道t_2在$[0,x]$区间均匀分布。用户 1 的收益为 2 单位，是公共知识。如果用户 1 和用户 2 分别参与了不同的系统，那么两个参与人的收益都是 0。通过分析可知，此时用户 1 和用户 2 的类型都是不确定的，而且两个参与人的类型分布是公共知识。用户 1 和用户 2 的协作过程就可以被抽象成一个不完全信息静态博弈模型，而且还是一个贝叶斯博弈。该博弈模型的策略式由表 4.6 表示。

表 4.6 不完全信息下联邦学习系统高性能用户和低性能用户选择博弈

s_1	(u_1,u_2)	
	s_2=系统 A	s_2=系统 B
系统 A	$(4+t_1, 2)$	(0, 0)
系统 B	(0, 0)	$(2, 3+t_2)$

在这个贝叶斯博弈中，两个参与人可选择的策略和表 4.4 所示的完全信息静态博弈模型的策略集是相同的，都是{系统 A, 系统 B}。用户 1 的类型为 t_1，用户 2 的类型为 t_2。t_1 和 t_2 都连续分布在区间 $[0,x]$ 上。

设在该模型中，用户 1 选择策略“系统 B”的概率为 p，则其选择策略“系统 A”的概率为 $1-p$；用户 2 选择策略“系统 A”的概率为 q，则其选择策略“系统 B”的概率为 $1-q$。

当用户 1 选择策略“系统 A”和策略“系统 B”时，自己的收益如式（4.33）所示。

$$\begin{cases} u_1(A,q)=q(4+t_1) \\ u_1(B,q)=2(1-q) \end{cases} \tag{4.33}$$

基于参与人理性的假设，当 $u_1(A,q)>u_1(B,q)$，即 $t_1>\dfrac{2-6q}{q}$ 时，用户 1 选择策略“系统 A”。同理，$t_1<\dfrac{2-6q}{q}$ 时，用户 1 选择策略“系统 B”。因为 t_1 在 $[0,x]$ 上均匀分布，所以存在 $0\leqslant w_1\leqslant x$，满足 $w_1=\dfrac{2-6q}{q}$，当 $t_1>w_1$ 时，用户 1 选择策略“系统 A”；当 $t_1<w_1$ 时，用户选择策略“系统 B”。即用户 1 选择系统 B 的概率 p 也可以用 $\dfrac{w_1}{x}$ 表示，其选择策略“系统 B”的概率为：

$$p=\frac{w_1}{x}=\frac{2-6q}{qx} \tag{4.34}$$

当用户 2 选择策略“系统 A”和策略“系统 B”时，自己的收益如式（4.35）所示。

$$\begin{cases} u_2(p,A)=2(1-p) \\ u_2(p,B)=(3+t_2)p \end{cases} \tag{4.35}$$

当 $u_2(p,A)>u_1(p,B)$ 时，即 $t_2<\dfrac{2-5p}{p}$ 时，用户 2 选择策略“系统 A”。同理，$t_2>\dfrac{2-5q}{p}$ 时，用户 2 选择策略“系统 B”。因为 t_2 在 $[0,x]$ 上均匀分布，所以存在 $0\leqslant w_2\leqslant x$，满足 $w_2=\dfrac{2-5p}{p}$，当 $t_2>w_2$ 时，用户 2 选择策略“系统 B”；当 $t_2<w_2$ 时，用户选择策略“系统 A”。即用户 2

选择“系统A”的概率q也可以用$\frac{w_2}{x}$表示，其选择策略“系统B”的概率为：

$$q=\frac{w_2}{x}=\frac{2-5p}{px} \tag{4.36}$$

根据式（4.34）和式（4.36）可得方程组，解方程组可得：

$$\begin{cases} p^*=\dfrac{-30+\sqrt{100+240x}}{10x} \\ q^*=\dfrac{-15+\sqrt{255+60x}}{6x} \end{cases}$$

所以，该博弈模型的纯策略贝叶斯纳什均衡为：当$t_1>\frac{-30+\sqrt{100+240x}}{10x}$时，用户1总是选择策略“系统A”；当$t_1<\frac{-30+\sqrt{100+240x}}{10x}$时，用户1总是选择策略“系统B”。当$t_2>\frac{-15+\sqrt{255+60x}}{6x}$时，用户2总是选择策略“系统B”；当$t_2<\frac{-15+\sqrt{255+60x}}{6x}$时，用户2总是选择策略“系统A”。

当上述模型中博弈信息的不完全性接近消失的时候，可根据洛必达法则，当x趋向0时p^*和q^*的值为：

$$\begin{cases} \lim\limits_{x\to 0} p^*=\dfrac{2}{5} \\ \lim\limits_{x\to 0} q^*=\dfrac{1}{3} \end{cases}$$

4.3.2 蜜罐系统攻防不完全信息解释

对于没有纯策略纳什均衡的完全信息静态博弈模型，其混合策略也可以用贝叶斯纳什均衡的极限来解释。例如，第2章多次提及的蜜罐系统攻防博弈模型中，一个网络信息系统由A区和B区组成。防御者（参与人1）可以选择把蜜罐安装在A区，或者安装在B区。因为防御者预算有限，只能防御一个区域。我们认为只有安装的区域是攻击者（参与人2）的攻击区域，才是攻击失败且防御成功，否则是防御失败且攻击成功。无论攻防，当成功时，会有1单位的收益，否则会有−1单位的收益。其策略表达式如表4.7所示。

表4.7 完全信息下蜜罐系统攻防博弈

s_1	(u_1,u_2)	
	s_2=区域A	s_2=区域B
区域A	(1, −1)	(−1, 1)
区域B	(−1, 1)	(1,−1)

经过分析可知，表 4.7 所示博弈模型中没有任何纯策略纳什均衡，只有一个混合策略纳什均衡$\left(\frac{1}{2},\frac{1}{2}\right)$。即防御者和攻击者都分别以$\frac{1}{2}$的概率选择策略“区域 A”，同时以$\frac{1}{2}$的概率选择策略“区域 B”。防御者选择策略“区域 A”和“区域 B”的平均收益都是 0。攻击者选择策略“区域 A”和“区域 B”的平均收益也都是 0。

该博弈模型可以被转化成一个不完全信息静态博弈模型。对于防御者来说，区域 A 和区域 B 的防御成本是不一样的。防御者认为区域 A 的价值为$1+\theta_1$，区域 B 的价值为$1-\theta_1$。同时，对于攻击者来说，区域 A 和攻击区域 B 的攻击成本也是不一样的。攻击者认为攻击区域 A 带来的价值为$1+\theta_2$，攻击区域 B 的价值为$1-\theta_2$。设θ_1和θ_2都在$[-\epsilon,+\epsilon]$上均匀分布。θ_1和θ_2分别是防御者和攻击者的主观认定，双方彼此之间不知道对方的认定。于是，θ_1和θ_2就分别成为防御者和攻击者的类型。该不完全信息静态博弈模型可以由表 4.8 表达。

表 4.8　不完全信息下蜜罐系统攻防博弈

s_1	(u_1,u_2)	
	s_2=区域 A	s_2=区域 B
区域 A	$(1+\theta_1,-1+\theta_2)$	$(-1+\theta_1,1-\theta_2)$
区域 B	$(-1-\theta_1,1+\theta_2)$	$(1-\theta_1,-1-\theta_2)$

对于防御者来讲，存在$\theta_1^*\in[-\epsilon,+\epsilon]$，当$\theta_1>\theta_1^*$时，防御者选择策略“区域 A”；当$\theta_1<\theta_1^*$时，防御者选择策略“区域 B”。因为$\theta_1$在$[-\epsilon,+\epsilon]$上均匀分布，所以$\theta_1>\theta_1^*$的概率为$\frac{\epsilon-\theta_1^*}{2\epsilon}$。即防御者防御区域 A 的概率为$p_1=\frac{\epsilon-\theta_1^*}{2\epsilon}$。设防御者的策略选择为$P_1=\{p_1,1-p_1\}$。攻击者攻击区域 A 的收益为：

$$u_2(P_1,A)=p_1(-1+\theta_2)+(1-p_1)(1+\theta_2)=1-2p_1+\theta_2=\frac{\theta_1^*}{\epsilon}+\theta_2 \tag{4.37}$$

攻击者攻击区域 B 的收益为：

$$u_2(P_1,B)=p_1(1-\theta_2)+(1-p_1)(-1-\theta_2)=-1+2p_1-\theta_2=-\frac{\theta_1^*}{\epsilon}-\theta_2 \tag{4.38}$$

因为当$\theta_1>\theta_1^*$时，有$u_2(P_1,A)>u_2(P_1,B)$；$\theta_1<\theta_1^*$时，有$u_2(P_1,A)<u_2(P_1,B)$，所以根据式（4.37）和式（4.38），当$\theta_1=\theta_1^*$时，有$u_2(P_1,A)=u_2(P_1,B)$，即：

$$\theta_1^*=-\epsilon\theta_2^* \tag{4.39}$$

同理，对于攻击者来讲，存在$\theta_2^*\in[-\epsilon,+\epsilon]$，当$\theta_2>\theta_2^*$时，攻击者选择策略“区域 A”；当$\theta_2<\theta_2^*$时，攻击者选择策略“区域 B”。即攻击者攻击区域 A 的概率为$p_2=\frac{\epsilon-\theta_2^*}{2\epsilon}$。设攻击者

的策略选择为 $P_2=\{p_2,1-p_2\}$，则防御者防御区域 A 的收益为：

$$u_1(A,P_2)=p_2(1+\theta_1)+(1-p_2)(-1+\theta_1)=-1+2p_2+\theta_1=-\frac{\theta_2^*}{\epsilon}+\theta_1 \quad (4.40)$$

防御者防御区域 B 的收益为：

$$u_1(B,P_2)=p_2(-1-\theta_1)+(1-p_2)(1-\theta_1)=1-2p_2-\theta_1=\frac{\theta_2^*}{\epsilon}-\theta_1 \quad (4.41)$$

根据式（4.40）和式（4.41），当 $\theta_2=\theta_2^*$ 时，有 $u_1(A,P_2)=u_1(B,P_2)$，即：

$$\theta_2^*=\epsilon\theta_1^* \quad (4.42)$$

将式（4.39）和式（4.42）联立为方程组，解方程组得到结果，如式（4.43）所示。

$$\begin{cases}\theta_1^*=0\\ \theta_2^*=0\end{cases} \quad (4.43)$$

根据式（4.43）中 θ_1^* 和 θ_2^* 的求解结果可以看出，表 4.8 所示不完全信息静态博弈的贝叶斯纳什均衡是：当防御者的类型 $\theta_1>\theta_1^*$ 时，攻击者选择策略“区域 A”；当防御者的类型 $\theta_1<\theta_1^*$ 时，攻击者选择策略“区域 B”。同理，当攻击者的类型 $\theta_2>\theta_2^*$ 时，防御者选择策略“区域 A”；当攻击者的类型 $\theta_2<\theta_2^*$ 时，防御者选择策略“区域 B”。因为 $\theta_i>\theta_i^*$ 和 $\theta_i<\theta_i^*$ 的概率都是 $\frac{1}{2}$。所以无论攻击者还是防御者，在做策略选择时都认为对方选择“区域 A”和“区域 B”的概率是 $\frac{1}{2}$。攻击者和防御者都感觉自己面临的是一个选择混合策略的对手，尽管每个参与人做的都是纯策略选择。当 ϵ 趋向 0 时，该博弈模型的贝叶斯纳什均衡就收敛为一个完全信息博弈模型的混合策略纳什均衡。因此，当一个完全信息静态博弈模型没有纯策略纳什均衡的时候，它的混合策略纳什均衡也是不完全信息静态博弈模型的贝叶斯纳什均衡的极限。

4.4 机制设计

无论是第 2 章和第 3 章介绍的完全信息博弈模型，还是本章前面各节介绍的不完全信息博弈模型都是针对一个确定的博弈问题来构造模型，寻找均衡。然而，在实际工程应用中经常会面对这种问题：如何设计一套规则，以实现一个目的。或者说为了确定一个均衡，如何设计一个博弈模型。这种问题在数据保护领域也十分常见，如隐私保护中考虑到用户的隐私和数据的可用性，如何设计差分隐私的隐私预算，或者如何设计一个联邦学习的激励机制以吸引更多的用户帮助系统训练模型。

4.4.1 基于拍卖的联邦学习激励机制

对于联邦学习系统而言，能够吸引到足够多的用户来为系统贡献计算、宽带以及隐私资源是维持联邦学习系统的动力。而激励机制则是促进参与方积极参与联邦学习并贡献数据的手段。第 2.3.3 节介绍了在有激励机制情况下，联邦学习用户的贡献度会随着激励的提高而提高。基于拍卖的激励机制是目前联邦学习中流行的激励机制之一。

在现代社会，读者肯定对“拍卖”这个词并不陌生。“拍卖”是指专门从事拍卖业务的拍卖行接受货主的委托，在规定的时间与场所，按照一定的章程和规则，将要拍卖的货物向买主展示，公开叫价竞购，最后拍卖人把货物卖给出价最高的买主的一种现货交易方式。最早关于人类“拍卖”历史的文字描述可以追溯到公元前 5 世纪古希腊的《历史》。但是直至 1961 年著名经济学家维克里才开始将博弈的知识运用到拍卖中。当前，大众对于“拍卖”的理解还停留在实物的商品交易。其实“拍卖理论”已经被应用到智能电网电力分配、差分隐私、联邦学习等互联网应用场景中。拍卖理论是贝叶斯博弈中的一类重要问题。影视剧中常见的商品拍卖通常是竞拍者是买方的情形。多个竞拍者竞拍一个商品，最后出价最高者胜出，获得购买这个商品的权利。这种拍卖方式被称作公开拍卖。很明显，公开拍卖是一个动态调整的过程。每一个竞拍者公开地报出自己的竞拍价格。这个报价可以被其他的竞拍者观察到，属于所有竞拍者之间的公共信息。

按照竞价方式的不同，公开拍卖被划分为英国式拍卖和荷兰式拍卖。英国式拍卖中商品的所有者会出一个底价。竞拍者会在这个价格的基础上连续出价。竞拍者确认后的出价是不可撤回的，而且竞拍者的出价必须高于前次竞拍者的出价才会被认可。这样使得价格持续升高，直至无人再出价。最后一个竞拍者被视为竞拍胜出。荷兰式拍卖以荷兰鲜花和农产品拍卖而闻名。荷兰式拍卖中，商品所有者给商品定一个高价。如果无人竞拍，则商品所有者会持续降低价格，直至有竞拍者接受出价。这个竞拍者被视为胜出。

目前的拍卖方式，除了公开拍卖，还有密封拍卖。密封拍卖又被称作“投标”。在密封拍卖过程中，竞标者将自己可以接受的商品价格提前写下，然后加密，将密文发送给商品所有者。商品所有者用自己的密钥对密文解密，得到所有竞拍者的竞拍价格。其中，竞拍价格最高的竞拍者胜出。密封拍卖的最大特点是，竞拍价格是竞拍者的秘密。每个竞拍者都不知道其他竞拍者的竞拍价格。按照竞价方式的不同，密封拍卖也被划分为两类：一级价格密封拍卖和二级价格密封拍卖。

- 一级价格密封拍卖在影视剧中比较常见，在生活中多见于政府或者企业的采购或者承包。比较有名的是电影《黑金》中梁家辉饰演的周朝先私下联合多家建筑公司投标政府的公路工程。当然电影里的这种行为是违法的，也是不符合密封拍卖的规则的。这种拍卖方式被称作“反向拍卖”。这时商品是某项工程，被称作“标的”。这里的开发商就是竞拍者。竞拍者按照规定给出计划和竞拍价格。最后拍卖方认定竞拍价格最低者胜出，并获得标的。这里需要注意的是，一级价格密封拍卖中胜出者按照胜出者的竞拍价格给付（为了避免产生歧义，对于密封拍卖，本书都以“反向拍卖”为例，出价最低者胜出）。

- 二级价格密封拍卖的形式和一级价格密封拍卖相同。只是二级价格密封拍卖中的胜出者按照除自己外，其他竞拍者中最低的竞拍价格给付。值得注意的是，胜出者不是按照除自己的竞价外的最低竞价给付，而是除自己外，其他竞拍者的最低的竞拍价格给付。这还是有区别的。与公开拍卖中，所有竞拍者都能知道其他竞拍者的竞拍价格不同，密封拍卖中默认所有竞拍者都不知道其他竞拍者的竞拍价格。这就导致有可能出现两个或者更多竞拍者出价最低的情形。这种情形下，其他竞拍者的最低竞拍价格和胜出者的最低竞拍价格是一样的。所以最后胜出者还是按照自己的竞拍价格给付。

拍卖机制中的一个重要假设就是拍卖的商品本身是固定的，多个竞拍者对同一个商品进行竞拍，这个商品对于不同竞拍者的影响是不同的。即获得这个商品后，不同的竞拍者所获得的收益是不同的，这就导致了不同的竞拍者对商品的估价不同。否则，如果所有竞拍者对拍卖的商品估价都相同的话，就不需要拍卖，可以直接购买了。竞拍者的这个估价被称作自己的“保留价格”。

英国式拍卖、荷兰式拍卖、一级价格密封拍卖和二级价格密封拍卖是 4 种不同的拍卖方式。但是可以证明，荷兰式拍卖和一级价格密封拍卖在最优竞拍结果上是等价的。以竞拍价格最高的竞拍者胜出为例，在荷兰式拍卖中，如果竞拍价格不低于最高的保留价格，那么竞拍价格会一直降低。首先，没有胜出的竞拍者收益为 0。当竞拍价格不低于自己的保留价格时，竞拍者不会竞拍而是选择 0 收益，因为此时他一旦胜出，就会获得负收益。在竞拍价格降低的过程中，一旦有竞拍者出价，则出价者被认为是胜出者，竞拍结束。这个竞拍结果和一级价格密封拍卖相同，都是出价最高的竞拍者胜出。竞拍者按照自己的出价付款。

基于拍卖的激励机制中，需要假设用户训练出的本地模型的质量与自己的训练成本无关。联邦学习系统根据自己的需求发布学习任务。每个用户都对所发布的任务做出衡量，然后出价。出价最低的用户胜出。本节分别以一级价格密封拍卖和二级价格密封拍卖为例进行说明。用户在出价时将自己可以承担的价格加密后发送给系统。系统根据用户的报价，寻求报价最低的用户。保留价格是指每个用户对于学习任务进行评估后对学习任务成本的衡量。

密封拍卖方式会出现两个或者多个用户出价相同的情况。当这种情况出现时，需要额外的机制来协调。目前比较流行的有均分方式和有序方式。均分方式是当多个出价最高的竞拍者出价相同时，这几个竞拍者同时胜出，胜出者均分拍品；有序方式是在开拍前为竞拍者编号，当有多个出价最高者时，编号最大的竞拍者为唯一的胜出者。本节以有序方式为例解决用户出价相同的问题。

先看一个只有两个用户的简化模型。用户 1 认为完成任务需要消耗 v_1 单位成本，用户 2 认为完成任务需要消耗 v_2 单位成本。为了简化模型，设 $v_1 \geqslant v_2$。该博弈模型的标准策略式表达如下。

- 参与人：用户 1 和用户 2。
- 策略集：用户 i 的策略即用户 i 报出的竞拍价格 $s_i \in S_i$。策略集 $S_i = [0,+\infty)$。
- 收益：用户 i 的收益为 $u_i(s_i,s_{\neg i})$。

$$u_i(s_i,s_{\neg i}) = \begin{cases} s_i - v_i, s_i < s_{\neg i} \vee (s_i = s_{\neg i} \wedge i > \neg i) \\ 0,其他 \end{cases} \tag{4.44}$$

因为用户的竞拍价格取值是连续的，理论上用户可以选择的竞拍价格是无限的，而且参与人的反应函数并不连续，所以无法根据反应函数求均衡。

首先，根据式（4.44），当用户 i 的竞拍价格 s_i 小于自己的保留价格 v_i 时，自己的收益 $u_i(s_i,s_{\neg i})<0$；当用户 i 的竞拍价格 s_i 大于或等于自己的保留价格 v_i 时，自己的收益 $u_i(s_i,s_{\neg i}) \geqslant 0$。所以用户 i 的竞拍价格 $s_i \geqslant v_i$ 是自己的弱占优策略。根据博弈中参与人的理性假设，无论用户 1 还是用户 2 的竞拍价格都不会低于自己的保留价格。

其次，用户 2 的策略选择 $s_2 > s_1$ 是弱劣策略。用户 2 没有偏离自己的策略到 $s_2 > s_1$ 的动机。因为如果策略组合 (s_1,s_2) 中，$s_2 > s_1$，那么用户 1 胜出，$u_2(s_1,s_2)=0$。上文分析过，用户 1 的竞拍价格 $s_1 \geqslant v_1$ 是自己的弱占优策略，那么就有 $s_2 > s_1 \geqslant v_1 \geqslant v_2$。这也就意味着用户 2 还有动机降低自己的竞拍价格 s_2，从而偏离这个策略组合。按照有序方式，即使 $s_1 = s_2$，用户 2 也可以胜出，所以，如果 (s_1^*,s_2^*) 是一个纳什均衡，则有 $s_1^* \geqslant s_2^*$，即用户 2 的均衡策略选择是 $s_2^* \in [v_2,v_1]$。

进一步地，$s_2 < s_1$ 对用户 2 也是一个弱劣策略。用户 2 也没有偏离自己的策略到 $s_2 < s_1$ 的动机。如果一个策略组合 (s_1,s_2) 中，用户 2 的竞价 s_2 小于用户 1 的竞价 s_1，用户 2 肯定会提升价格，从而偏离这个策略组合。所以，用户 2 的策略 $s_2 = s_1$ 既弱占优于策略 $s_2 > s_1$，又弱占优于策略 $s_2 < s_1$。所以该博弈的纳什均衡 (s_1^*,s_2^*) 为 $\{(s_1^*,s_2^*) \mid s_1^* = s_2^* \wedge s_2^* \in [v_2,v_1]\}$。

在该策略组合中任何用户都没有偏离均衡的动机。在该均衡中用户 2 胜出，所以用户 2 的收益为 $u_2(s_1^*,s_2^*) = s_2^* - v_2$。因为 $s_2^* \in [v_2,v_1]$，所以 $u_2(s_1^*,s_2^*) \geqslant 0$。如果用户 2 提高自己的竞拍价格到 $\neg s_2^* > s_2^*$，那么用户 1 胜出，用户 2 的收益为 $u_2(s_1^*,\neg s_2^*) = 0 \leqslant u_2(s_1^*,s_2^*)$，用户 2 的收益直接降到 0。如果用户 2 降低自己的竞拍价格到 $\neg s_2^* < s_2^*$，那么用户 2 的收益为 $u_2(s_1^*,\neg s_2^*) = \neg s_2^* - v_2 \leqslant$

$s_2^* - v_2 = u_2(s_1^*, s_2^*)$，用户 2 的收益会减小。所以$s_2^*$是用户 2 的均衡策略。

在该均衡中用户 1 没有胜出，所以用户 1 的收益为$u_1(s_1^*, s_2^*) = 0$。如果用户 1 提高自己的竞拍价格到$\neg s_1^* \geqslant s_1^*$，用户 1 还是没有胜出，则收益不会有任何改变。如果用户 1 降低自己的竞拍价格到$\neg s_1^* < s_1^* \leqslant v_1$，那么用户 1 胜出，且用户 1 的收益为$u_1(\neg s_1^*, s_2^*) = \neg s_1^* - v_1 < 0 = u_1(s_1^*, s_2^*)$，用户 1 的收益降为负数。所以$s_1^*$是用户 1 的均衡策略。

把这个结果推广到$n>1$个用户上。设有n个用户，每个用户的竞拍价格都是$[0,+\infty)$。为了简化模型，竞拍者按照其保留价格从大到小排序，即$v_1 \geqslant v_2 \geqslant v_2 \geqslant \cdots \geqslant v_n$。则这个博弈模型的标准策略式表达如下。

- 参与人：$\Gamma = \{1, 2, \cdots, n\}$。
- 策略集：$\forall \in \Gamma, S_i = [0, +\infty)$。
- 收益：

$$u_i(s_i, s_{-i}) = \begin{cases} s_i - v_i, s_i < \min(s_{-i}) \vee (s_i = \min(s_{-i}) \wedge \forall s_j = \min(s_{-i}), j < i) \\ 0, 其他 \end{cases}$$

该博弈的纳什均衡$(s_1^*, s_2^*, \cdots, s_n^*)$为$s_n^* \in [v_n, v_{n-1}]$且$s_n^* = \min(s_1^*, s_2^*, \cdots, s_{n-1}^*)$。即用户$n$的竞拍价格$s_n^*$最低，且用户1到$n-1$中存在至少一个用户的竞拍价格等于$s_n^*$。同上一个博弈模型相似，理性用户$i$的竞拍价格$s_i \geqslant v_i$是自己的弱占优策略。根据博弈中参与人理性的假设，用户i的竞拍价格都不会低于自己的保留价格。在该策略组合中任何用户都没有偏离均衡的动机。在该均衡中用户n胜出，所以用户n的收益为$u_n(s_n^*, s_{-n}^*) = s_n^* - v_n$。因为$s_n^* \in [v_n, v_{n-1}]$，所以$u_n(s_n^*, s_{-n}^*) \geqslant 0$。因为存在用户$j \in \Gamma$，$j \neq n$，他的竞拍价格$s_j^* = s_n^*$，所以，如果用户$n$提高自己的竞拍价格到$\neg s_n^* > s_n^*$，那么用户$n$不能胜出，用户$n$的收益为$u_n(\neg s_n^*, s_{-n}^*) = 0 \leqslant u_n(s_n^*, s_{-n}^*)$，用户$n$的收益直接降到 0。如果用户$n$降低自己的竞拍价格到$\neg s_n^* < s_n^*$，那么用户$n$的收益为$u_n(\neg s_n^*, s_{-n}^*) = \neg s_n^* - v_n < s_n^* - v_n = u_2(s_n^*, s_{-n}^*)$，用户$n$的收益会减小。因此，$s_n^*$是用户$n$的均衡策略。

在该均衡中没有胜出的用户有两种。第一种，存在用户$j \in \Gamma$，$j < n$且$s_j^* = s_n^*$。在均衡中，用户j的收益为$u_j(s_j^*, s_{-j}^*) = 0$。如果用户j提高自己的竞拍价格到$\neg s_j^* > s_j^*$，用户j还是没有胜出，则$u_j(s_j^*, s_{-j}^*) = 0 = u_j(\neg s_j^*, s_{-j}^*)$；如果用户$j$降低自己的竞拍价格到$\neg s_j^* < s_j^* = s_n^*$，那么用户$j$胜出，且用户$j$的收益为$u_j(\neg s_j^*, s_{-j}^*) = \neg s_j^* - v_j < 0 = u_j(s_j^*, s_{-j}^*)$，用户$j$的收益降为负数。所以竞拍价格$s_j^* = s_n^*$的用户$j$不会偏离自己的均衡策略。第二种，可能存在用户$k \in \Gamma$，$k < n$，其竞拍价格$s_k^* > s_n^*$。在均衡中，用户$k$的收益为$u_k(s_k^*, s_{-k}^*) = 0$。如果用户$k$在区间$[s_n^*, +\infty)$内调整自己的竞拍价格$\neg s_k^* \neq s_k^*$，用户$k$还是没有胜出，则$u_k(s_k^*, s_{-k}^*) = u_k(\neg s_k^*, s_{-k}^*) = 0$；如果用户$k$降低自己的竞拍价格到$\neg s_k^* < s_n^*$，那么用户$k$胜出，且用户$k$的收益为$u_k(\neg s_k^*, s_{-k}^*) = \neg s_k^* - v_k < 0 = u_j(s_k^*, s_{-k}^*)$，用户$k$的收益降为负数。所以竞拍价格$s_k^* < s_n^*$的用户$k$也不会偏离自己的均衡策略。

综上所述，任何均衡中的用户都不会偏离均衡。

与其他 3 种在现实生活中常见的拍卖方式不同，二级价格密封拍卖是维克里于 1961 年提出来的拍卖方式。所以二级价格密封拍卖又被称作维克里拍卖。可以证明，英国式拍卖和二级价格密封拍卖在最优竞拍结果上是等价的。以竞拍价格最高的竞拍者胜出为例，在英国式拍卖中，如果竞拍价格低于至少两个竞拍者的保留价格，那么竞拍价格会一直升高。没有胜出的竞拍者收益为 0。当竞拍价格没有超过自己的保留价格时，竞拍者有机会胜出，获得正收益，所以他不会放弃出价。当竞拍价格超过竞拍者自己的保留价格时，竞拍者会放弃竞拍选择 0 收益，因为此时他一旦胜出，则获得负收益。在这个过程中，保留价格低的竞拍者逐渐放弃竞拍。最后价格升到第二高的保留价格，如果此时只剩下一个竞拍者，则剩下的这个竞拍者胜出。竞拍者以第二高的保留价格付款。如果此时还有多个竞拍者且这些竞拍者的保留价格都是一样的，那么当竞拍价格达到这些竞拍者的保留价格时，通常来说第一个竞价的竞拍者胜出。于是这个胜出者还是按照除自己以外的最高价格付款。通过分析可以看出，英国式拍卖和二级价格密封拍卖在最优竞拍结果上是等价的。

同样，先看一个只有两个用户的简化模型。用户 1 认为完成任务后系统需要交付给自己 v_1 单位收益，用户 2 认为完成任务后系统需要交付给自己 v_2 单位收益。为了简化模型，设 $v_1 > v_2$。该博弈模型的标准策略式表达如下。

- 参与人：用户 1 和用户 2。
- 策略集：用户 1 的策略 s_1 和用户 2 的策略 s_2 分别为 $s_1 \in [0,+\infty)$、$s_2 \in [0,+\infty)$。
- 收益：用户 i 的收益为 $u_i(s_i, s_{\neg i})$。

$$u_i(s_i, s_{\neg i}) = \begin{cases} s_{\neg i} - v_i, s_i < s_{\neg i} \vee (s_i = s_{\neg i} \wedge i > \neg i) \\ 0, 其他 \end{cases} \tag{4.45}$$

这个博弈模型与一级价格密封拍卖模型唯一的区别就是用户确定胜出时的收益 $u_i(s_i, s_{\neg i})$ 并不是和自己的策略选择 s_i 线性相关，而是和对方的策略选择 $s_{\neg i}$ 线性相关。

在这个模型中用户 i 的竞拍价格 $s_i = v_i$ 是自己的弱占优策略。

- 根据式（4.45），当用户 $\neg i$ 的竞拍价格 $s_{\neg i}$ 大于用户 i 的保留价格 v_i，或者 $s_{\neg i}$ 等于用户 i 的保留价格 v_i 且 $i > \neg i$ 时，用户 i 胜出，此时用户 i 获得的激励为用户 $\neg i$ 的竞拍价格，所以收益为 $u_i(v_i, s_{\neg i}) = s_{\neg i} - v_i \geqslant 0$。
  - 如果用户 i 在 $[0, s_{\neg i})$ 内调整自己的价格 $\neg v_i$，他依然会胜出，而且获得激励 $s_{\neg i}$，用户 i 的收益为 $u_i(\neg v_i, s_{\neg i}) = s_{\neg i} - v_i = u_i(v_i, s_{\neg i})$。
  - 如果用户 i 将自己的竞拍价格提高到 $\neg v_i \in (s_{\neg i}, +\infty)$，那么用户 $\neg i$ 胜出。用户 i 的收益为 $u_i(\neg v_i, s_{\neg i}) = 0$，此时 $u_i(\neg v_i, s_{\neg i}) \leqslant u_i(v_i, s_{\neg i})$。

所以，当用户 $\neg i$ 的竞拍价格 $s_{\neg i} \geqslant v_i$ 时，$u_i(v_i, s_{\neg i}) \geqslant u_i(\neg v_i, s_{\neg i})$。

- 当用户 $\neg i$ 的竞拍价格 $s_{\neg i}$ 小于用户 i 的保留价格 v_i，或者 $s_{\neg i}$ 等于用户 i 的保留价格 v_i 且 $i < \neg i$ 时，用户 $\neg i$ 胜出，此时用户 i 的收益为 $u_i(v_i, s_{\neg i}) = 0$。
  - ➢ 用户 i 如果提高自己的竞拍价格，或者降低自己的竞拍价格到 $\neg v_i \in (s_{\neg i}, v_i)$，那么不会改变用户 $\neg i$ 胜出的结果，此时 $u_i(\neg v_i, s_{\neg i}) = 0 = u_i(v_i, s_{\neg i})$。
  - ➢ 用户 i 如果将自己的竞拍价格降低到 $\neg v_i \in [0, s_{\neg i})$，那么用户 i 胜出。用户 i 的收益为 $u_i(\neg v_i, s_{\neg i}) = s_{\neg i} - v_i < 0 = u_i(v_i, s_{\neg i})$。

所以，当用户 $\neg i$ 的竞拍价格 $s_{\neg i} \leqslant v_i$ 时，$u_i(v_i, s_{\neg i}) \geqslant u_i(\neg v_i, s_{\neg i})$。

综上，无论用户 $\neg i$ 的策略选择如何，用户 i 选择竞拍价格 v_i 的收益 $u_i(v_i, s_{\neg i}) \geqslant u_i(\neg v_i, s_{\neg i})$。所以竞拍价格 v_i 是用户 i 的弱占优策略。

以上对于用户 i 的分析既符合用户 1 的策略选择又符合用户 2 的策略选择，所以 v_1 是用户 1 的弱占优策略，同时 v_2 是用户 2 的弱占优策略，即 (v_1, v_2) 是该博弈模型的弱占优均衡。

把这个结果推广到 $n>1$ 个用户上。设有 n 个用户，每个用户的竞拍价格都是 $[0, +\infty)$。为了简化模型，竞拍者按照其保留价格从大到小排序，即 $v_1 \geqslant v_2 \geqslant v_2 \geqslant \cdots \geqslant v_n$。则这个博弈模型的标准策略式表达如下。

- 参与人：$\Gamma = \{1, 2, \cdots, n\}$。
- 策略集：$\forall \in \Gamma, S_i = [0, +\infty)$。
- 收益：用户 i 的收益为 $u_i(s_i, s_{\neg i})$。

$$u_i(s_i, s_{\neg i}) = \begin{cases} \min(s_{\neg i} - v_i), s_i < \min(s_{\neg i}) \vee (s_i = \min(s_{\neg i}) \wedge \forall s_j = \min(s_{\neg i}), j < i) \\ 0, \text{其他} \end{cases} \tag{4.46}$$

在这个模型中用户 i 的竞拍价格 $s_i = v_i$ 是自己的弱占优策略。

- 根据式（4.46），当所有用户 $\neg i$ 的竞拍价格 $s_{\neg i}$ 大于用户 i 的保留价格 v_i，或者存在 $s_{\neg i}$ 等于用户 i 的保留价格 v_i 且存在竞拍价格等于 v_i 的用户的编号 $\neg i$ 小于 i 时，用户 i 胜出，此时用户 i 获得的激励为其他用户 $\neg i$ 的竞拍价格的最小值，收益为 $u_i(v_i, s_{\neg i}) = \min s_{\neg i} - v_i \geqslant 0$。
  - ➢ 如果用户 i 在 $[0, \min s_{\neg i}]$ 内调整自己的价格 $\neg v_i$，那他依然会胜出，而且获得的激励为 $\min s_{\neg i}$，用户 i 的收益为 $u_i(\neg v_i, s_{\neg i}) = \min s_{\neg i} - v_i = u_i(v_i, s_{\neg i})$。
  - ➢ 如果用户 i 将自己的竞拍价格提高到 $(s_{\neg i}, +\infty)$，那么其他用户胜出。用户 i 的收益为 $u_i(\neg v_i, s_{\neg i}) = 0$。此时 $u_i(\neg v_i, s_{\neg i}) \leqslant u_i(v_i, s_{\neg i})$。

所以，当所有用户 $\neg i$ 的竞拍价格都大于 v_i，或者都等于 v_i 且所有竞拍价格和 v_i 相等的用户编号都小于 i 时，$u_i(v_i, s_{\neg i}) \geqslant u_i(\neg v_i, s_{\neg i})$。

- 当存在用户 $\neg i$ 的竞拍价格 $s_{\neg i}$ 小于用户 i 的保留价格 v_i，或者存在 $s_{\neg i}$ 等于用户 i 的保留价

格 v_i 且竞拍价格等于 v_i 的用户的编号 $\neg i$ 大于 i 时，用户 i 没有胜出，此时用户 i 的收益为 $u_i(v_i, s_{\neg i}) = 0$ 。

- 如果用户 i 提高自己的竞拍价格到 $\neg v_i \in (s_{\neg i}, v_i)$ ，那么不会改变其他用户胜出的结果。此时，$u_i(\neg v_i, s_{\neg i}) = 0 = u_i(v_i, s_{\neg i})$ 。
- 如果用户 i 将自己的竞拍价格降低到 $v_i \in [0, s_{\neg i})$ ，那么用户 i 胜出，用户 i 的收益为 $u_i(\neg v_i, s_{\neg i}) = s_{\neg i} - v_i \leqslant 0 = u_i(v_i, s_{\neg i})$ 。

所以，当存在用户 $\neg i$ 的竞拍价格 $s_{\neg i} < v_i$ ，或者存在 $s_{\neg i} = v_i$ 且编号 $\neg i > i$ 时，$u_i(v_i, s_{\neg i}) \geqslant u_i(\neg v_i, s_{\neg i})$ 。

综上，在 n 个用户的情况下，无论其他用户的策略选择如何，用户 i 选择竞拍价格 v_i 的收益 $u_i(v_i, s_{\neg i}) \geqslant u_i(\neg v_i, s_{\neg i})$ 。因此，竞拍价格 v_i 是用户 i 的弱占优策略。

通过对博弈模型的分析可以看出，无论是一级价格密封拍卖还是二级价格密封拍卖，用户的保留价格越低，其竞拍价格也就越低，其更有可能获得系统提供的激励并为系统训练本地模型。通常来说，性能越高的用户训练本地模型的成本越低。基于拍卖的联邦学习激励机制更能吸引到性能较高的用户参与系统学习，但是无法衡量用户训练本地模型的质量。我们将在下一章介绍如何在吸引到高性能用户的同时保证数据质量，以及联邦学习中的其他激励机制。

4.4.2　克拉克激励

第 4.4.1 节介绍了完全信息下基于拍卖的联邦学习激励机制。其中，每个用户对于联邦学习系统发布任务的保留价格都是公共知识。但是通常来说，用户对于任务的估价是用户的私有信息，甚至是用户的个人主观想法，很难被其他用户获知，这就导致了该机制在实际应用中有很多局限性。比如，二级价格密封拍卖中，一个用户胜出，他本应该获得第二低竞拍价格的激励，但是系统告诉他有多个最低竞拍价格，所以胜出者只能获得自己的竞拍价格的激励。这就需要设计一套博弈规则。在这个博弈规则之下，说实话是参与人在博弈模型中的均衡策略。这样设计的博弈模型有两个特征。

- 不能强求参与人参与博弈。即需要设计参与人拒绝参与博弈的策略。
- 最终参加博弈的参与人的均衡策略应该符合博弈的目的。不同类型的参与人的策略选择应该不同。

需要注意的是，所设计的博弈机制应该与所期望的目标一致。例如，联邦学习的激励机制有很多，这些规则达成的目的可能各不相同，在给定了目标的前提下，如何选择激励机制，使得该激励机制是目标下的最优。选择博弈机制的方法有两种，一种是直接机制，另一种是间接机制。

- 所谓直接机制，是指每个参与人的策略集就是其类型空间的贝叶斯博弈，即参与人直接报告其类型。
- 所谓间接机制，是指从参与人的策略选择去推断其类型。

任何贝叶斯博弈的贝叶斯纳什均衡，都可以重新表示为一个激励相容的直接机制。重新表示是指对于参与人的任何可能的类型组合，新均衡下参与人的行动和收益与旧均衡下的完全相同。即任何一套间接机制都可以找到一个在均衡结果上等价的直接机制。而激励相容是指每个参与人在博弈模型中以自己的类型做策略构成的组合是一个贝叶斯纳什均衡。参与人在均衡下的收益是每个参与人的类型下的策略组合的函数，其一定不小于参与人的其他策略选择，即 $u_i(s_i^*,s_{-i}^*,\theta_i) \geqslant u_i(\neg s_i^*,s_{-i}^*,\theta_i)$ 。也就是说，如果其他参与人都如实报告自己的类型 θ_{-i} ，那么参与人 i 也如实报告自己的类型 θ_i 优于报告其他类型 $\neg\theta_i$ 。明显，激励相容的直接机制是直接机制的一种特殊情况。当直接机制中所有参与人都选择讲真话时，其中一个参与人讲假话的收益会减小，那么这种直接机制就是激励相容的直接机制。而无论直接机制还是间接机制，都等价于一个激励相容的直接机制。所以，在设计博弈机制时，机制设计者不再需要考虑设计信号等机制细节，只需要考虑设计激励相容的直接机制中的收益函数。

第 2.3.4 节分析了在没有激励的情况下，如何依靠提升全局模型对用户的收益来吸引用户。但是很多情况下，联邦学习系统的全局模型并不一定对所有的参与用户都有正收益，可能有零收益或负收益。而且即使一个全局模型对于不同的用户都有正收益，收益的大小也可能不一样。可能有些模型规模较大，不但需要正收益用户的资源，还需要负收益用户的资源。所以很多时候联邦学习系统不能完全靠全局模型给用户带来的收益。第 4.4.1 节介绍的基于拍卖的激励机制没有考虑全局模型带给用户的收益，只考虑用户的计算成本，这又加重了联邦学习系统的负担。这就需要设计新的激励机制来吸引用户。

新的激励机制不但要考虑用户对系统的贡献，还需要考虑学习结果对用户的影响。如果对于所有用户，总的收益大于总的成本，那么系统就可以安排训练这个全局模型；相反，如果对于所有用户，总的收益小于总的成本，那么系统就放弃训练这个全局模型。但是全局模型对每个用户的影响各不相同，而且这是用户的私人信息，用户完全可以虚报自己的贡献和影响。例如，一个全局模型可能对某个用户具有非常高的正收益，但是这个用户报告这个全局模型对自己没有正收益，或者有一个较低的正收益，那么这个用户就可以从系统骗取一定量的激励。这就是第 2 章介绍的“搭便车”问题。或者一个用户不希望系统训练这个询问的全局模型，于是故意报告一个远高于自己真实训练成本的训练成本，从而希望系统不训练自己不需要的模型。

克拉克机制是爱德华·克拉克于 1971 年基于维克里拍卖设计出的税收机制，所以这种机制又被称作维克里–克拉克机制。克拉克机制是为了解决在公共物品供给的时候参与人“搭便车”

问题而提出的，其保证参与人按照自己的保留价格如实回答公共物品对个人的影响。克拉克机制也可以用于联邦学习系统的激励分发。联邦学习系统训练出的全局模型可以对用户产生收益，也需要用户贡献自己的资源。例如，一个联邦学习系统中有 n 个用户。训练好的全局模型对用户 i 的收益为 v_i，而用户 i 帮助系统训练模型所需要的成本为 c_i，其中 v_i 是用户 i 的私人信息，同时也是用户 i 的类型。此处，假设每个用户的贡献度和系统所收到的总的贡献度是线性关系，即 $C=\sum_{i=1}^{n}c_i$。用户 i 可以根据自己的类型 θ_i 选择策略，即向系统报告全局模型带给自己的收益 s_i。系统汇总所收到的用户的报告，并将所有报告相加，即 $S=\sum_{i=1}^{n}s_i$。当 $S>C$ 时，系统选择训练模型；当 $S\leqslant C$ 时，系统选择放弃训练模型。

因为用户 i 的收益不仅与策略选择相关，还与自己的类型 v_i 相关，所以如果系统选择训练模型，那么用户 i 的收益为 $u_i(s_i,s_{-i},v_i)=v_i-c_i-T(S,C,s_i,c_i)$；如果系统选择不训练模型，那么用户的收益为 $u_i(s_i,s_{-i},v_i)=T(S,C,s_i,c_i)$，其中 $T()$ 是用户 i 需要向系统支付的逆向激励。只有当用户 i 的策略选择改变了系统的决策时，用户 i 才需要支付逆向激励，其中 $T(S,C,s_i,c_i)=\left|\sum_{j=1,j\neq i}^{n}s_j-\sum_{j=1,j\neq i}^{n}c_j\right|$；如果用户 i 的策略选择没有改变系统的决策，则 $T(S,C,s_i,c_i)=0$。这是因为用户 i 对系统是否训练模型的收益并不总是正向的。如果系统原本的决定为训练模型，那么一定有 $\sum_{j=1,j\neq i}^{n}s_j>\sum_{j=1,j\neq i}^{n}c_j$，而用户 i 的加入使得系统决定不训练模型，那么用户 i 应该补偿其中的差值 $T(S,C,s_i,c_i)=\sum_{j=1,j\neq i}^{n}s_j-\sum_{j=1,j\neq i}^{n}c_j$；相反，如果系统原本的决定是不训练，那么一定有 $\sum_{j=1,j\neq i}^{n}s_j\leqslant\sum_{j=1,j\neq i}^{n}c_j$，而用户 i 的加入使得系统训练模型，那么用户 i 从系统中获取的收益是基于系统折损之上的，所以要向系统支付 $T(S,C,s_i,c_i)=\sum_{j=1,j\neq i}^{n}c_j-\sum_{j=1,j\neq i}^{n}s_j$。

通过以上分析可知，克拉克机制的过程如下。

首先，每个用户 i 向系统报告全局模型对自己的收益 s_i。当然，用户 i 可以选择报告自己的收益 $s_i\neq v_i$。

其次，系统根据用户的报价来决定是否训练，如果 $\sum_{j=1}^{n}s_j>\sum_{j=1}^{n}c_j$，则系统选择训练模型；如果 $\sum_{j=1}^{n}s_j\leqslant\sum_{j=1}^{n}c_j$，则系统选择不训练模型。

再次，根据全局模型带给用户 i 的收益 s_i 和用户 i 贡献的成本 c_i，用户 i 被划分为关键用户或非关键用户。其中，当 $\sum_{j=1}^{n}s_j>\sum_{j=1}^{n}c_j$ 且 $\sum_{j=1,j\neq i}^{n}s_j>\sum_{j=1,j\neq i}^{n}c_j$，或者 $\sum_{j=1}^{n}s_j\leqslant\sum_{j=1}^{n}c_j$ 且 $\sum_{j=1,j\neq i}^{n}s_j\leqslant\sum_{j=1,j\neq i}^{n}c_j$ 时，用户 i 被划分为非关键用户，否则用户 i 被划分为关键用户。

最后，如果用户 i 不是关键用户，则他所获得的激励就是全局模型带给用户的收益 s_i；如果用户 i 是关键用户，则他所获得的激励除了全局模型的收益 s_i，还有其他用户的总收益与其他用户的总成本之差。

克拉克机制的核心是第三步，划分关键用户和非关键用户。当一个用户存在和不存在对于系统做出是否训练模型的决策没有影响的时候，该用户被称作非关键用户。例如，根据其他所有用户的报告，系统内用户总的收益大于总成本，而用户 i 加入系统后，系统的总收益还是大于总成本，那么用户 i 就是非关键用户；如果用户 i 加入系统后，系统的总收益却小于总成本了，那么用户 i 就是关键用户。

这个过程可以被抽象为一个不完全信息静态博弈模型，模型可以由标准策略式表达。

- 参与人：$\Gamma=\{1,2,\cdots,n\}$。
- 策略集：$\forall i\in\Gamma, S_i=(-\infty,+\infty)$。
- 收益：用户 i 的收益根据全局模型带给自己的收益和训练本地模型所需的成本分为如下 4 种情况。

$$u_i(s_i,s_{-i},v_i)=\begin{cases} v_i-c_i,\ \text{Case1} \\ v_i-c_i-\left(\sum\limits_{j=1,j\neq i}^{n}c_j-\sum\limits_{j=1,j\neq i}^{n}s_j\right),\text{Case2} \\ \sum\limits_{j=1,j\neq i}^{n}c_j-\sum\limits_{j=1,j\neq i}^{n}s_j,\ \text{Case3} \\ 0,\ \text{Case4}\end{cases} \tag{4.47}$$

Case1：在有用户 i 参与的情况下，训练后全局模型的收益大于训练全局模型的成本；在没有用户 i 参与的情况下，训练后全局模型的收益还是大于训练全局模型的成本。因为无论有没有用户 i，系统都会训练全局模型，所以用户 i 不是关键用户。

$$\begin{cases}\sum\limits_{j=1}^{n}s_j>\sum\limits_{j=1}^{n}c_j \\ \sum\limits_{j=1,j\neq i}^{n}s_j>\sum\limits_{j-1,j\neq i}^{n}c_j\end{cases} \tag{4.48}$$

Case2：在有用户 i 参与的情况下，训练后全局模型的收益大于训练全局模型的成本；在没有用户 i 参与的情况下，训练后全局模型的收益小于或等于训练全局模型的成本。因为用户 i 将系统不训练全局模型的决定改为训练，所以用户 i 是关键用户。

$$\begin{cases}\sum\limits_{j=1}^{n}s_j>\sum\limits_{j=1}^{n}c_j \\ \sum\limits_{j=1,j\neq i}^{n}s_j\leqslant\sum\limits_{j=1,j\neq i}^{n}c_j\end{cases} \tag{4.49}$$

Case3：在有用户 i 参与的情况下，训练后全局模型的收益小于或等于训练全局模型的成本；在没有用户 i 参与的情况下，训练后全局模型的收益大于训练全局模型的成本。因为用户 i 将系统训练全局模型的决定改为不训练，所以用户 i 是关键用户。

$$\begin{cases}\sum_{j=1}^{n} s_j \leqslant \sum_{j=1}^{n} c_j \\ \sum_{j=1, j\neq i}^{n} s_j > \sum_{j=1, j\neq i}^{n} c_j\end{cases} \tag{4.50}$$

Case4：在有用户 i 参与的情况下，训练后全局模型的收益小于或等于训练全局模型的成本；在没有用户 i 参与的情况下，训练后全局模型的收益还是小于或等于训练全局模型的成本。因为无论有没有用户 i 系统都不会训练全局模型，所以用户 i 不是关键用户。

$$\begin{cases}\sum_{j=1}^{n} s_j \leqslant \sum_{j=1}^{n} c_j \\ \sum_{j=1, j\neq i}^{n} s_j \leqslant \sum_{j=1, j\neq i}^{n} c_j\end{cases} \tag{4.51}$$

定理 4.3 在克拉克机制中用户 i 向系统反映自己真实的收益 $s_i^* = v_i$ 是用户 i 的弱占优策略。

证明：克拉克机制中用户 i 的真实收益是弱占优策略的证明过程就是用户 i 的策略选择 s_i 影响系统训练模型的一个列举。根据这个条件，逻辑上只有 4 种结果。

- 在用户 i 加入系统前，系统已决定训练模型，而用户的均衡策略是不改变系统的决定。

$$\begin{cases}v_i + \sum_{j=1, j\neq i}^{n} s_j > \sum_{j=1}^{n} c_j \\ \sum_{j=1, j\neq i}^{n} s_j > \sum_{j=1, j\neq i}^{n} c_j\end{cases} \tag{4.52}$$

根据式（4.52），可得：

$$\begin{cases}v_i - c_i > \sum_{j=1, j\neq i}^{n} c_j - \sum_{j=1, j\neq i}^{n} s_j \\ \sum_{j=1, j\neq i}^{n} c_j - \sum_{j=1, j\neq i}^{n} s_j < 0\end{cases} \tag{4.53}$$

➢ 当选择均衡策略 $s_i^* = v_i$ 时，用户 i 不是关键用户。根据式（4.47）中的 Case1，用户 i 的收益为 $u_i(v_i, s_{-i}^*, v_i) = v_i - c_i$。

➢ 当用户 i 改变自己的策略选择使得 $\neg v_i \neq v_i$，但是 $\neg v_i$ 满足 $\neg v_i + \sum_{j=1, j\neq i}^{n} s_j > \sum_{j=1}^{n} c_j$ 时，用户 i 依然没有改变系统的决定。用户 i 的收益为 $u_i(\neg v_i, s_{-i}^*, v_i) = v_i - c_i = u_i(v_i, s_{-i}^*, v_i)$。

➢ 当用户 i 降低自己的策略选择到 $\neg v_i$，使得 $\neg v_i + \sum_{j=1,j\neq i}^{n} s_j \leqslant \sum_{j=1}^{n} c_j$ 时，用户 i 已经改变系统的决定。根据式（4.47）的 Case3，用户 i 的收益为 $u_i(\neg v_i, s_{\neg i}^*, v_i) = \sum_{j=1,j\neq i}^{n} c_j - \sum_{j=1,j\neq i}^{n} s_j$。

根据式（4.53）可得，$u_i(\neg v_i, s_{\neg i}^*, v_i) < v_i - c_i = u_i(v_i, s_{\neg i}^*, v_i)$。

综上，当式（4.52）成立时，用户 i 的收益 $u_i(v_i, s_{\neg i}^*, v_i) \geqslant u_i(\neg v_i, s_{\neg i}^*, v_i)$，所以策略 $s_i^* = v_i$ 是弱占优策略。

- 在用户 i 加入系统前，系统已决定不训练模型，而用户的均衡策略是改变系统的决定。

$$\begin{cases} v_i + \sum_{j=1,j\neq i}^{n} s_j > \sum_{j=1}^{n} c_j \\ \sum_{j=1,j\neq i}^{n} s_j \leqslant \sum_{j=1,j\neq i}^{n} c_j \end{cases} \tag{4.54}$$

根据式（4.54），可得：

$$\begin{cases} v_i - c_i - \left(\sum_{j=1,j\neq i}^{n} c_j - \sum_{j=1,j\neq i}^{n} s_j \right) > 0 \\ \sum_{j=1,j\neq i}^{n} c_j - \sum_{j=1,j\neq i}^{n} s_j \geqslant 0 \end{cases} \tag{4.55}$$

➢ 当选择均衡策略 $s_i^* = v_i$ 时，用户 i 是关键用户。根据式（4.47）的 Case2，用户 i 的收益为 $u_i(v_i, s_{\neg i}^*, v_i) = v_i - c_i - \left(\sum_{j=1,j\neq i}^{n} c_j - \sum_{j=1,j\neq i}^{n} s_j \right)$。

➢ 当用户 i 改变自己的策略选择使得 $\neg v_i \neq v_i$，但是 $\neg v_i$ 满足 $\neg v_i + \sum_{j=1,j\neq i}^{n} s_j > \sum_{j=1}^{n} c_j$ 时，用户 i 的决策还是改变了系统的决定。用户 i 的收益为 $u_i(\neg v_i, s_{\neg i}^*, v_i) = v_i - c_i - \left(\sum_{j=1,j\neq i}^{n} c_j - \sum_{j=1,j\neq i}^{n} s_j \right) = u_i(v_i, s_{\neg i}^*, v_i)$。

➢ 当用户 i 降低自己的策略选择到 $\neg v_i$，使得 $\neg v_i + \sum_{j=1,j\neq i}^{n} s_j \leqslant \sum_{j=1}^{n} c_j$ 时，用户 i 没有改变系统的决定。根据式（4.47）的 Case4，用户 i 的收益为 $u_i(\neg v_i, s_{\neg i}^*, v_i) = 0$。根据式（4.55），$u_i(\neg v_i, s_{\neg i}^*, v_i) < v_i - c_i - \left(\sum_{j=1,j\neq i}^{n} c_j - \sum_{j=1,j\neq i}^{n} s_j \right) = u_i(v_i, s_{\neg i}^*, v_i)$。

综上，当式（4.54）成立时，用户 i 的收益 $u_i(v_i, s_{\neg i}^*, v_i) \geqslant u_i(v_i, s_{\neg i}^*, v_i)$，所以策略 $s_i^* = v_i$ 是弱占优策略。

• 在用户 i 加入系统前，系统已决定训练模型，而用户的均衡策略是改变系统的决定。

$$\begin{cases} v_i + \sum_{j=1, j\neq i}^{n} s_j \leqslant \sum_{j=1}^{n} c_j \\ \sum_{j=1, j\neq i}^{n} s_j > \sum_{j=1, j\neq i}^{n} c_j \end{cases} \tag{4.56}$$

根据式（4.56），可得：

$$\begin{cases} v_i - c_i \leqslant \sum_{j=1, j\neq i}^{n} c_j - \sum_{j=1, j\neq i}^{n} s_j \\ \sum_{j=1, j\neq i}^{n} c_j - \sum_{j=1, j\neq i}^{n} s_j < 0 \end{cases} \tag{4.57}$$

➢ 当选择均衡策略 $s_i^* = v_i$ 时，用户 i 是关键用户。根据式（4.47）的 Case3，用户 i 的收益为 $u_i(v_i, s_{\neg i}^*, v_i) = \sum_{j=1, j\neq i}^{n} c_j - \sum_{j=1, j\neq i}^{n} s_j$ 。

➢ 当用户 i 改变自己的策略选择使得 $\neg v_i \neq v_i$，但是 $\neg v_i$ 满足 $\neg v_i + \sum_{j=1, j\neq i}^{n} s_j \leqslant \sum_{j=1}^{n} c_j$ 时，用户 i 依然改变了系统的决定。用户 i 的收益为 $u_i(\neg v_i, s_{\neg i}^*, v_i) = \sum_{j=1, j\neq i}^{n} c_j - \sum_{j=1, j\neq i}^{n} s_j = u_i(v_i, s_{\neg i}^*, v_i)$ 。

➢ 当用户 i 提高自己的策略选择到 $\neg v_i$，使得 $\neg v_i + \sum_{j\neq i}^{n} s_j > \sum_{j=1}^{n} c_j$ 时，用户 i 没有改变系统的决定。根据式（4.47）的 Case1，用户 i 的收益为 $u_i(\neg v_i, s_{\neg i}, v_i) = v_i - c_i$ 。根据式（4.57），$u_i(\neg v_i, s_{\neg i}^*, v_i) = v_i - c_i \leqslant u_i(v_i, s_{\neg i}^*, v_i)$ 。

综上，当式（4.56）成立时，用户 i 的收益 $u_i(v_i, s_{\neg i}^*, v_i) \geqslant u_i(\neg v_i, s_{\neg i}^*, v_i)$，所以策略 $s_i^* = v_i$ 是弱占优策略。

• 在用户 i 加入系统前，系统已决定不训练模型，而用户的均衡策略是不改变系统的决定。

$$\begin{cases} v_i + \sum_{j=1, j\neq i}^{n} s_j \leqslant \sum_{j=1}^{n} c_j \\ \sum_{j=1, j\neq i}^{n} s_j \leqslant \sum_{j=1, j\neq i}^{n} c_j \end{cases} \tag{4.58}$$

根据式（4.58），可得：

$$\begin{cases} v_i - c_i - \sum_{j=1, j\neq i}^{n} c_j + \sum_{j=1, j\neq i}^{n} s_j \leqslant 0 \\ \sum_{j=1, j\neq i}^{n} c_j - \sum_{j=1, j\neq i}^{n} s_j \geqslant 0 \end{cases} \tag{4.59}$$

➢ 当选择均衡策略 $s_i^* = v_i$ 时，用户 i 不是关键用户。根据式（4.47）的 Case4，用户 i 的收益为 $u_i(v_i, s_{\neg i}^*, v_i) = 0$ 。

➢ 当用户 i 改变自己的策略选择使得 $\neg v_i \neq v_i$，但是 $\neg v_i$ 满足 $\neg v_i + \sum_{j=1, j\neq i}^{n} s_j \leqslant \sum_{j=1}^{n} c_j$ 时，用户 i 依然没有改变系统的决定。用户 i 的收益为 $u_i(\neg v_i, s_{\neg i}^*, v_i) = 0 = u_i(v_i, s_{\neg i}^*, v_i)$。

➢ 当用户 i 提高自己的策略选择到 $\neg v_i$，使得 $\neg v_i + \sum_{j\neq i}^{n} s_j > \sum_{j=1}^{n} c_j$ 时，用户 i 已经改变系统的决定。根据式(4.47)的 Case2，用户 i 的收益为 $u_i(\neg v_i, s_{\neg i}^*, v_i) = v_i - c_i - \left(\sum_{j\neq i}^{n} c_j - \sum_{j\neq i}^{n} s_j\right)$。根据式（4.59），$u_i(\neg v_i, s_{\neg i}^*, v_i) \leqslant 0 = u_i(v_i, s_{\neg i}^*, v_i)$。

综上，当式（4.58）成立时，用户 i 的收益 $u_i(v_i, s_{\neg i}^*, v_i) \geqslant u_i(\neg v_i, s_{\neg i}^*, v_i)$，所以策略 $s_i^* = v_i$ 是弱占优策略。

上述 4 种情况涵盖了用户 i 的策略选择对系统训练模型影响的所有可能性。所以，综上所述，在任何情况下 $u_i(v_i, s_{\neg i}^*, v_i) \geqslant u_i(\neg v_i, s_{\neg i}^*, v_i)$ 都成立。

接下来我们看一个例子。有一个由 4 个用户组成的联邦学习系统，系统内有训练任务，该任务需要 $C = 20$ 单位的训练成本。该训练的全局模型带给 4 个用户的收益分别是 $v_1 = 25$、$v_2 = 0$、$v_3 = 10$、$v_4 = 20$。该任务的训练成本由 4 个用户均摊。每个用户向系统报告训练后的全局模型对自己的收益。如果所有用户的收益之和大于成本，则系统通知用户训练模型，否则系统放弃训练模型。因为训练成本由 4 个用户均摊，所以每个用户的成本为 5 单位，即 $c_i = 5$。

如果用户不报告全局模型带给自己的真实收益，例如用户 1 报告 $s_1 = 5$，用户 2 报告 $s_2 = -35$，用户 3 报告 $s_3 = 15$，用户 4 报告 $s_4 = 20$。那么此时的总收益为 $S = \sum_{i=1}^{5} s_i = 5 - 35 + 15 + 20 = 5$。很明显 $S < C$，系统拒绝训练模型。用户 i 从全局模型中得到的收益为 0。下面分析 4 个用户中是否有关键用户。

- 如果没有用户 1，总收益为 $S - s_1 = 0$，$C - c_1 = 15 > S - s_1$，所以系统依然放弃训练。
- 如果没有用户 2，总收益为 $S - s_2 = 40$，$C - c_2 = 15 < S - s_2$，所以系统改变决定，准备训练。
- 如果没有用户 3，总收益为 $S - s_3 = -10$，$C - c_3 = 15 > S - s_3$，所以系统依然放弃训练。
- 如果没有用户 4，总收益为 $S - s_4 = -15$，$C - c_4 = 15 > S - s_4$，所以系统依然放弃训练。

因为此时系统拒绝训练模型，所以 4 个用户的收益分别为：

$$\begin{cases} u_1(s_1, s_{\neg 1}) = 0 \\ u_2(s_2, s_{\neg 2}) = -\left|(S - s_2) - (C - c_2)\right| = -25 \\ u_3(s_3, s_{\neg 3}) = 0 \\ u_4(s_4, s_{\neg 4}) = 0 \end{cases} \tag{4.60}$$

如果 4 个用户都按照全局模型对自己的真实收益报告，$s_i^* = v_i$，那么总收益为 $S^* = \sum_{i=1}^{5} s_i = 25 + 0 + 10 + 20 = 55$ 单位。很明显 $S^* > C$，系统应该选择训练模型。用户 i 从全局模

型中得到的收益为 v_i。下面分析 4 个用户中是否有关键用户。

- 如果没有用户 1，总收益为 $S^* - s_1^* = 30$，$C - c_1 = 15 < S - s_1$，所以系统依然决定选择训练模型。
- 如果没有用户 2，总收益为 $S^* - s_2^* = 55$，$C - c_2 = 15 < S - s_2$，所以系统依然决定准备训练模型。
- 如果没有用户 3，总收益为 $S^* - s_3^* = 45$，$C - c_3 = 15 < S - s_3$，所以系统依然决定准备训练模型。
- 如果没有用户 4，总收益为 $S^* - s_4^* = 35$，$C - c_4 = 15 < S - s_4$，所以系统依然决定准备训练模型。

此时，4 个用户的收益分别为：

$$\begin{cases} u_1(s_1^*, s_{-1}^*) = 25 - 5 = 20 \\ u_2(s_1^*, s_{-2}^*) = 0 - 5 = -5 \\ u_3(s_3^*, s_{-3}^*) = 10 - 5 = 5 \\ u_4(s_4^*, s_{-4}^*) = 20 - 5 = 15 \end{cases} \tag{4.61}$$

根据式（4.60）和式（4.61），有：

$$\begin{cases} u_1(s_1, s_{-1}) < u_1(s_1^*, s_{-1}^*) \\ u_2(s_1, s_{-1}) < u_2(s_1^*, s_{-2}^*) \\ u_3(s_3, s_{-3}) < u_3(s_3^*, s_{-3}^*) \\ u_4(s_4, s_{-4}) < u_4(s_4^*, s_{-4}^*) \end{cases}$$

第 5 章

不完美信息动态博弈

5.1 不完美信息动态博弈和信息集

通过第 3 章对完全信息静态博弈和完美信息动态博弈模型的对比可以看出，静态博弈模型不能体现已行动参与人的策略选择。对于完美信息动态博弈模型，目前的分析方法已经日趋成熟。一般的动态博弈模型可以使用逆向归纳法来获得博弈模型的子博弈精炼纳什均衡。但同时第 3 章也分析了一些逆向归纳法和子博弈精炼纳什均衡的局限性。本章把子博弈精炼纳什均衡的思想运用到不完美信息动态博弈上，从而在信息不完美的情况下为博弈参与人提供最优策略。

5.1.1 不完美信息下的被动防御

我们在第 3 章讨论了如何利用逆向归纳法获得完美信息动态博弈的子博弈精炼纳什均衡。例如图 5.1 所示的博弈模型是第 3.1.2 节描述的博弈模型的一个扩展。参与人 1 是信息系统的防御者，参与人 1 可以选择安装防火墙策略，也可以选择安装加密软件策略。信息系统的攻击者，也就是博弈模型中的参与人 2，在这时也有两个策略，发起中间人攻击和发起 DoS 攻击。无论攻击者还是防御者，当他成功时都会有 4 单位的收益，否则会有-4 单位的收益。另外，参与人 1 还有第三个可供选择的策略，即拿出 1 单位的收益来聘用第三方专业公司提供维护外包服务来转移风险。这时，参与人 2 有两个策略，一个是放弃攻击，那么防御者和攻击者的运行成本就会大大减小，参与人 2 的收益为 0；另一个是参与人 2 依然发起攻击，获得 1 单位收益，此时参与人 1 和参与人 2 的收益分别是-1 单位和 1 单位。

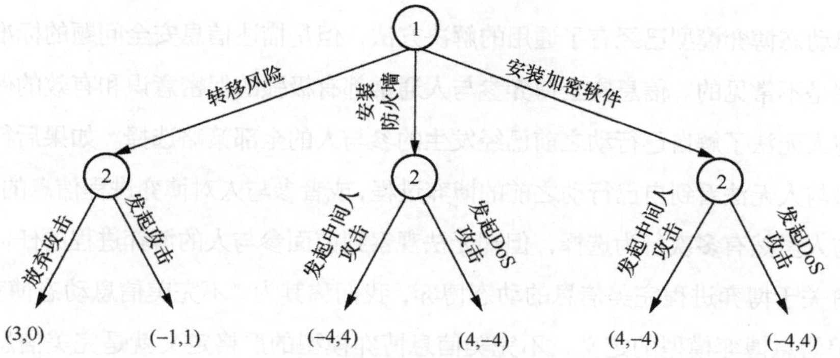

图 5.1 动态攻防选择博弈树 I

图 5.1 所示的博弈扩展式是一个典型的两阶段完美信息动态博弈模型。根据第 3 章介绍的完美信息动态博弈模型中的逆向归纳法，可以分析出这个博弈的均衡路径是参与人 1 选择“转移风险”，参与人 2 选择“发起攻击”，博弈双方的收益分别是(−1, 1)。因为当参与人 2 了解参与人 1 的策略选择时，参与人 1 无论安装防火墙还是加密软件都无法阻止参与人 2 攻击成功，所以参与人 1 无论选择安装防火墙还是加密软件，他的收益都是−4 单位。这样一来，参与人 1 就只有在收益为−1 单位的策略“转移风险”和收益为−4 单位的策略“不转移”（包括安装防火墙和安装加密软件）之间做选择。这个博弈模型中比较重要的一个条件就是，参与人 2 完全了解参与人 1 的策略选择，即参与人 1 的策略选择是一个公共知识。但是，如果更改一下这个博弈模型的条件，假设参与人 2 不知道参与人 1 会在“安装防火墙”和“安装加密软件”两个策略之间做何选择，也就是说把这个完美信息模型转化为不完美信息模型。那么，这个博弈的均衡会是什么？

当然，参与人 1 的策略“转移风险”对于参与人 2 来讲是公开的。也就是说，如果参与人 1 选了策略“转移风险”，参与人 2 是完全了解的。如果参与人 1 选择了策略“安装防火墙”或者“安装加密软件”，参与人 2 只知道参与人 1 选择了不转移，不知道安装了哪种防御措施。如此，参与人 2 只有两种情况，要么参与人 1 选择策略“转移风险”，那么参与人 2 肯定选择“发起攻击”，参与人 1 的收益为−1 单位；要么参与人 1 选择策略“安装防火墙”或者“安装加密软件”，对于参与人 2 来讲，两个策略是对称的，如果参与人 2 对参与人 1 在此处的策略选择没有任何其他信息，即参与人 1 选择两个防御策略的分布是均匀的，任何一个选择都会给参与人 1 带来期望为 0 的收益，同时给参与人 2 带来的期望收益也是 0，那么参与人 1 肯定会从“安装加密软件”和“安装防火墙”两个策略中选择一个。我们可以看到，这个博弈模型的收益并没有改变，只是改变了博弈中的知识，博弈的结果就发生了改变。

第 3 章介绍了完美信息动态博弈以及动态博弈模型下的子博弈精炼纳什均衡。虽然第 3 章也介绍了一些子博弈精炼纳什均衡的局限性，但是那些都已经超出完美信息的概念了。目前对于完美信息动态博弈模型已经有了通用的解决方法，但是描述信息安全问题的标准完美信息动态博弈模型是不常见的。信息安全博弈参与人通常都有极强的保密意识和有效的保密手段。后选择的参与人无法了解自己行动之前已经发生的参与人的全部策略选择。如果后行动的参与人中有部分参与人无法看到自己行动之前的博弈过程，或者参与人对博弈进程信息的掌握不完全，再或者参与人虽然有多次行为选择，但却无法观察到前面参与人的博弈进程的任何信息，这种博弈是没有关于博弈进程完美信息的动态博弈，我们称其为“不完美信息动态博弈”。第 3 章给出了完美信息博弈模型的定义，不完美信息博弈模型的严格定义就是完美信息博弈模型的补集。

与完美信息动态博弈模型类似，不完美信息动态博弈模型的目标是剔除那些不可置信威胁或者承诺的均衡。不完美信息动态博弈模型的表示方法，也就是如何反映动态博弈模型中参与人信息不完美的问题。我们仍然可以采用完美信息动态博弈的扩展式表示。以图 5.1 所示扩展式为例，参与人 2 无法分辨参与人 1 的“安装防火墙”和“安装加密软件”两个策略。也就是说参与人 1 如果选择策略“转移风险”，那么参与人 2 会知道，分析过程就和之前的完美信息动态博弈模型的分析过程一致。这个博弈模型的重点是如果参与人 1 选择“安装防火墙”或者“安装加密软件”，参与人 2 不会知道参与人 1 的选择。首先，需要解决的是如何在树里表达这个博弈。对参与人 1 来讲，这个结构是不变的，还是在“转移风险”“安装防火墙”和“安装加密软件”之间做选择。其次，我们需要对博弈模型的扩展式进行扩充，使它能够显示参与人 2 不能观察到参与人 1 选择“安装防火墙”还是“安装加密软件”。如图 5.2 所示，在参与人 2 观察的两个策略之间画一条虚线，表示参与人 2 不能区分这两个决策点。因此，这个博弈模型就变成一个全新的博弈。在图 5.1 所示的博弈模型中，参与人 2 会知道参与人 1 的行动选择。然而在新的博弈模型里，参与人 2 不知道参与人 1 的选择，参与人 2 的决策就不那么明显了，所以只依靠逆向归纳法无法分析这个博弈模型。而且参与人 1 也不知道参与人 2 的选择，那么参与人 1 的策略也无法依靠逆向归纳法选择。

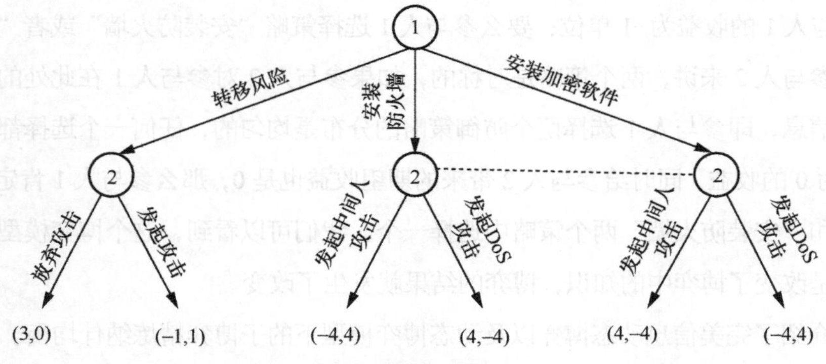

图 5.2 动态攻防选择博弈树 Ⅱ

5.1.2　信息集与联邦学习的动态解释

为了将子博弈精炼纳什均衡的逻辑扩展到不完美信息动态博弈模型，我们需要构造更为严格的概念，以便能更好地理解动态理性的定义。在完美信息动态博弈模型中，每个参与人在其决策点上都知道在此之前其他参与人的策略选择，即每个参与人的策略选择都是公共知识。而在其他参与人的策略选择成为公共知识之后，这个参与人在做策略选择的时候，只需要面临一个决策点。但是在不完美信息动态博弈模型中，有参与人在其决策点上不知道此前其他参与人的策略选择，即此参与人在做策略选择的时候，面临的是其他参与人多个可能的决策点。无论是单个决策点还是多个决策点，此参与人在这个阶段只能有一个策略选择，那么这个策略选择对应的其他参与人的策略选择点就被称为信息集。

定义 5.1　信息集。信息集是指对于特定的参与人，建立基于其所观察到的所有博弈中可能发生的行动的集合。

关于本书定义的信息集，有一些特殊性质：

- 同一信息集的不同决策点必须是同一参与人在同一阶段的策略选择点。
- 每个决策点必须属于某个信息集，而且信息集互不相交。
- 如果某两个信息集有共同决策点，则这两个信息集不能区分。

根据应用环境的不同，信息集的定义和性质也有所不同。根据本书信息集的定义和性质，有些情况下决策点不能组成一个信息集，即参与人 2 可以分辨参与人 1 的策略选择。

如图 5.3 所示，参与人 1 有左右两个策略选择。如果参与人 1 选择策略左，那么参与人 2 有上中下 3 个策略选择；如果参与人 1 选择策略右，那么参与人 2 有上下两个策略选择。在这种情况下，参与人 2 完全可以通过自己的策略选择来区分参与人 1 的策略选择，所以参与人 2 在第二阶段有两个信息集。

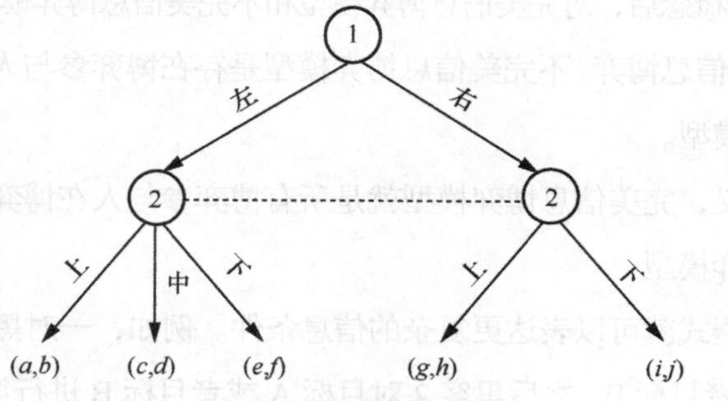

图 5.3　信息集 I

如图 5.4 所示的博弈模型中，参与人 1 在第一阶段有两个策略选择；无论参与人 1 在第一阶段如何选择，参与人 2 在第二阶段也有两个策略选择。如果参与人 1 和参与人 2 在第一二阶段分别选择了策略“左”和策略“下”，或者策略“右”和策略“上”，那么参与人 1 在第三阶段就需要在策略“前”和策略“后”中进行选择。否则，参与人 1 在第三阶段不需要选择。关于这个博弈模型的分析取决于模型中参与人的记忆是否会导致信息不充分。一种极端情况是参与人没有任何记忆能力，那么这个博弈的分析就失去了意义：另一种情况是参与人 1 有完美的记忆，如果参与人 1 在第一阶段选择了策略“左”，并且他在第三阶段有选择策略的机会，那么他会确定参与人 2 在第二阶段选择了策略“下”；如果参与人 1 在第一阶段选择了策略“右”，而且他在第三阶段还有选择策略的机会，那么他就能够确定参与人 2 在第二阶段选择了策略“上”。虽然在现实生活中，当动态阶段较多时，完美记忆是一个较严格的假设，但是在数据保护背景下完美记忆并不困难。数据保护背景下，博弈参与人对其他参与人的行动都有记录，参与人可以随时查找自己的策略选择。所以，数据保护背景下，在图 5.4 所示的博弈模型中，参与人 1 在第三阶段的两个策略选择不是不可区分的。也就是说，参与人 1 在第三阶段的策略选择是不能合并为一个信息集的。

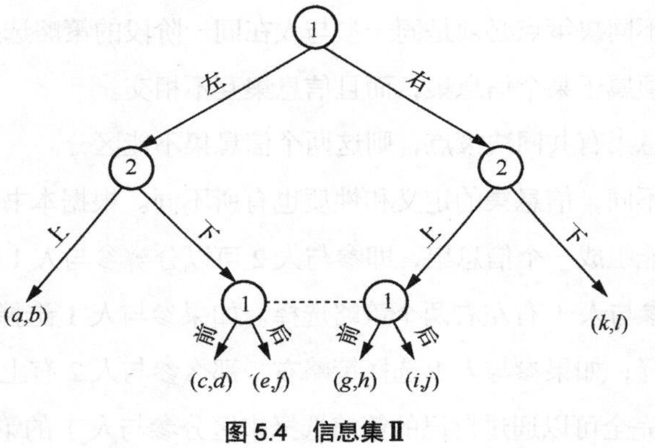

图 5.4　信息集Ⅱ

在有了信息集这个概念后，对完美信息博弈模型和不完美信息博弈模型的定义就更加简单了。

定义 5.2　不完美信息博弈。不完美信息博弈模型是存在博弈参与人在博弈中的某个信息集有多个决策点的博弈模型。

根据信息集的定义，完美信息博弈模型就是所有博弈参与人在博弈的各个阶段的信息集都只有一个决策点的博弈模型。

利用信息集，扩展式就可以表达更复杂的信息条件。例如，一对黑客互不认识。黑客 1 首先选择攻击目标 A 或者目标 B，之后黑客 2 对目标 A 或者目标 B 进行第二阶段攻击。已知如果黑客 1 和黑客 2 攻击的目标均为目标 A，则攻击成功，黑客 1 收益为 2 单位，黑客 2 收益为 1 单位；如果黑客 1 和黑客 2 攻击目标均为目标 B，同样攻击成功，黑客 1 收益为 1 单位，黑客

2 收益为 2 单位；如果黑客 1 和黑客 2 攻击的目标不同，则攻击失败，二人收益皆为 0。该联合攻防可以被抽象为图 5.5 所示的不完美信息动态博弈模型。对于这个博弈模型的分析可以利用第 2 章介绍的策略式来解决。其策略式如表 5.1 所示。而表 5.1 所示的策略式表达的是一个完全信息静态博弈模型。因为两个黑客谁先行动对于博弈的分析并没有任何影响，所以不完美信息动态博弈模型和完全信息静态模型是等价的。因此，有了信息集的定义后，静态博弈模型也可以用扩展式表达了。利用完全信息静态博弈模型中对策略式的分析方法可以得出，策略组合(目标 A，目标 A)和(目标 B，目标 B)是该完全信息静态博弈的纳什均衡。

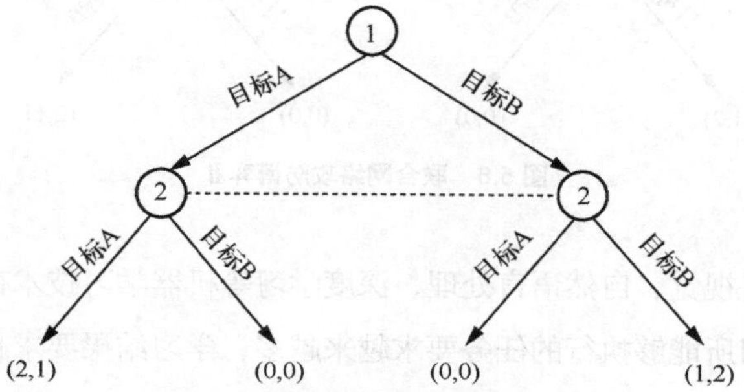

图 5.5　联合网络攻防博弈 I

表 5.1　联合网络攻防博弈 I

s_1	(u_1,u_2)	
	s_2=目标 A	s_2=目标 B
目标 A	(2, 1)	(0, 0)
目标 B	(0, 0)	(1, 2)

需要注意的是，第 3.1.1 节介绍的完美信息博弈模型的纯策略明确了参与人在每个决策点的策略选择。与完美信息动态博弈不同，不完美信息动态博弈模型下的多决策点信息集中，参与人不能在此信息集中区分上一阶段参与人的策略选择。所以需要对不完美信息博弈下的纯策略重新定义。

定义 5.3　不完美信息博弈纯策略。在一个不完美信息博弈中，参与人的纯策略是一个完整的策略选择序列，这个纯策略明确了参与人在每个信息集上的策略选择。

有了不完美信息博弈下纯策略的定义后，所有的策略式也可以利用扩展式表达。这样，完全信息静态博弈下的纯策略纳什均衡就可以等价于不完美信息博弈下的纯策略纳什均衡。对于上述例子，如果把黑客 1 和黑客 2 的攻击顺序调换一下，黑客 2 进行第一阶段攻击，而黑客 1 进行第二阶段攻击，那么这个联合攻防可以被抽象为图 5.6 所示博弈模型。显然，这个扩展式也可以用表 5.1 所示的策略式表达。因此，图 5.5 所示的不完美信息动态博弈模型和图 5.6 所示的不完美信息动态博弈模型是等价的。图 5.5 所示的博弈模型中，黑客 1 先进行策略选择，黑客2无法观察到黑客1的策略选择。图5.6所示的博弈模型中，黑客2先进行策略选择，黑客1无法观察到黑客2的策略选择。然而哪个参与人首先进行策略选择，对于整个博弈模型的分析是没有任何影响的，因为他们都对应了同一个策略式。

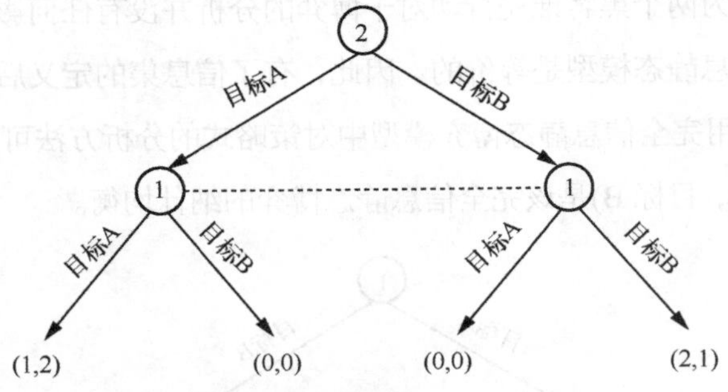

图 5.6　联合网络攻防博弈Ⅱ

随着近年来计算机视觉、自然语言处理、深度学习等机器学习技术在人工智能应用领域的发展，人们对机器学习所能够执行的任务要求越来越多，学习结果要求越来越精确。这些要求往往都是建立在大量的学习数据基础之上的。但是在过去几年，社会上曝出的隐私侵犯事件越来越多，如大数据杀熟、点对点电信诈骗等，用户也开始关注自己的隐私信息是否被滥用。随着人民群众对自身的隐私问题的关注度越来越高，关于个人信息隐私保护的法律法规陆续出台。2016年11月7日，第十二届全国人民代表大会常务委员会第二十四次会议通过《中华人民共和国网络安全法》，该法自2017年6月1日起施行。2021年8月20日，第十三届全国人民代表大会常务委员会第三十次会议通过《中华人民共和国个人信息保护法》，该法自2021年11月1日起施行。

在各种隐私数据保护法规的规定下，个人数据的收集会越来越难。各种机器学习系统所需要的数据不能互通，数据整合需要面对巨大的阻力，最终形成“信息孤岛”。为了能在现有的隐私保护法律框架下解决“信息孤岛”问题，联邦学习技术被提了出来。联邦学习系统中，模型训练的过程在用户端完成。用户训练模型结束后，将训练好的模型上传给系统，不再需要上传自己的原始数据，但是只上传模型并不能完全保护用户的原始数据，如果模型被泄露，经过一定轮数的逆训练，攻击者可以从逆训练的结果中推断出一部分原始数据。假设一个机器学习系统（参与人2），既可以接受用户（参与人1）上传的原始数据（使用传统学习技术），又可以接受用户上传的模型（使用联邦学习技术）。如果系统保护用户隐私，那么用户的收益是4单位（发送数据）或者5单位（发送模型），系统的收益是2单位；如果用户参与传统学习系统发送原始数据而被系统侵犯隐私，那么用户损失巨大，而系统收益巨大，双方收益分别为−4单位和4单位；如果用户参与联邦学习系统发送模型而被系统侵犯隐私，因为只有部分原始数据被恢复，用户损失较小，而系统逆学习所需花费很大，所以此时双方收益分别为−2 单位和 1 单位。假设用户发送原始数据还是模型对系统来说是未知的，那么整个过程可以被抽象为图 5.7 所示的不完全信息动态博弈模型。

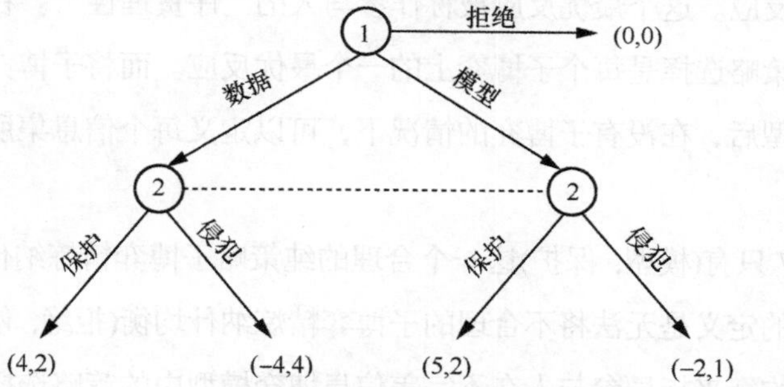

图 5.7　联邦学习系统必要性

第 3 章介绍了如何利用逆向归纳法求解完美信息动态博弈模型中的子博弈精炼纳什均衡。然而图 5.7 所示的动态博弈模型中没有子博弈，所以使用第 2 章介绍的策略式来求解该博弈模型。该扩展式的策略式如表 5.2 所示。可以分析出表 5.2 所示的博弈模型存在(拒绝，侵犯)和(模型，保护)两个纯策略纳什均衡，即系统若侵犯用户隐私，则用户该选择拒绝参与系统，否则用户应该参与联邦学习系统发送模型。所以，(拒绝，侵犯)和(模型，保护)两个策略组合都是子博弈精炼纳什均衡。

表 5.2　联邦学习系统必要性的策略式

s_1	(u_1,u_2)	
	s_2=保护	s_2=侵犯
拒绝	(0, 0)	(0, 0)
数据	(4, 2)	(−4, 4)
模型	(5, 2)	(−2, 1)

同第 3 章对纳什均衡的局限性的分析相同，均衡(拒绝，侵犯)明显依赖一个不可置信的威胁。根据前面的分析，我们可以得知参与人 2 是不会选择策略“侵犯”的。因为当参与人 1 选择参与学习系统时，选择参与传统学习系统发送原始数据就是一个严格劣策略。即无论参与人 2 如何选择，参与人 1 选择参与传统学习系统发送原始数据的收益总会小于选择参与联邦学习系统发送模型的收益 $\{u_1$(数据，侵犯)$<u_1$(模型，侵犯)$, u_1$(数据，保护)$<u_1$(模型，保护)$\}$。根据第 2 章介绍过的严格劣策略消去法，一旦参与人 2 观察到参与人 1 没有选择拒绝参与联邦学习系统，那么就意味着参与人 1 选择参与传统学习系统发送原始数据的概率为 0。所以，参与人 2 此时选择策略“侵犯”的收益是 1 单位，而选择策略“保护”的收益是 2 单位。因此，参与人 2 只

能选择策略“保护”。这也导致了一旦参与人 1 选择参与学习系统，他的收益总会大于不参与学习系统的收益。所以，当子博弈精炼纳什均衡的思想推广到多决策点的信息集时，不完美信息动态博弈模型中的均衡需要满足：参与人在其每个信息集上的策略选择是对该信息集所有后续策略的一个最优反应。这个最优反应被称作参与人的“序贯理性”。在子博弈精炼纳什均衡中，要求参与人的策略选择是每个子博弈上的一个最优反应。而将子博弈精炼的思想引入不完美信息动态博弈模型后，在没有子博弈的情况下，可以定义每个信息集所有后续策略的一个最优反应。

实际上，图 5.7 只有(模型，保护)这一个合理的纯策略子博弈精炼纳什均衡。但是，根据子博弈精炼纳什均衡的定义是无法将不合理的子博弈精炼纳什均衡(拒绝，侵犯)排除掉的。所以，需要定义更稳定的均衡来指导参与人在不完美信息博弈模型中的策略选择。

5.2 精炼贝叶斯均衡

5.2.1 隐私保护策略的必要性

图 5.7 所示的博弈模型比较特殊，它有一个严格劣策略，导致它的均衡比较明显。更一般的博弈模型如图 5.8 所示。因为联邦学习系统所收集的模型在一定程度上还是会泄露用户隐私，所以联邦学习系统中依然需要隐私保护策略，如同态加密。现有的隐私侵犯技术不能从加密数据中攫取任何有用的信息。这使得系统在同态加密的背景下，侵犯用户隐私的收益会变小。另外，用户使用同态加密需要额外的算法以及计算量，因此，使用隐私保护策略会有 1 单位的成本。当用户拒用隐私保护策略时，他和系统的收益与图 5.7 所示的博弈模型相同。

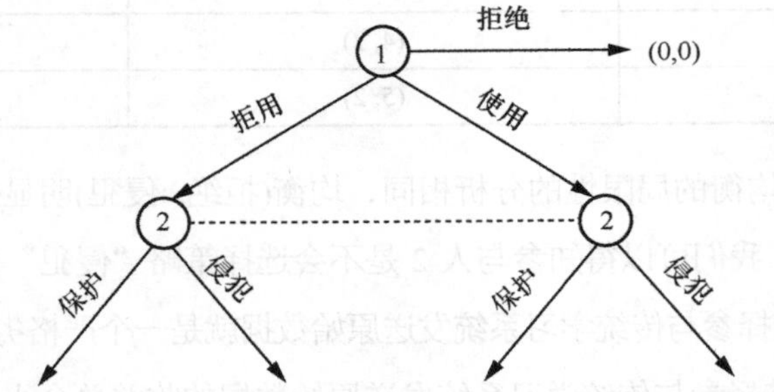

图 5.8 联邦学习中隐私保护策略必要性

当参与人 1 选择加入联邦系统后，参与人 1 和参与人 2 都不再有严格劣策略或者严格占优策略。子博弈精炼的概念不再起作用。在第 5.1.2 节中介绍的序贯理性可以将子博弈精炼纳什均衡的思想推广到不完美信息动态博弈模型中。为此，均衡不能再对参与人在决策点上给出建议，而是对参与人在信息集上的策略选择给出建议。因此，每个参与人都将在每一个信息集上做出最优策略选择，这些被选择的最优策略组合都使参与人得到最优的收益。所以，那些不可置信的威胁和承诺的均衡就可以被排除掉。为了描述参与人在信息集里的最优策略选择，需要引入信念的定义。基于所设置的信念系统，参与人可以做出最优策略选择。

定义 5.4 信念。动态博弈的一个信念系统 μ 是信息集上每个决策点的一个概率分布。即，对于信息集 H 中的一个决策点 $x \in H$，$\mu(x) \in [0,1]$ 是在信息集 H 中做策略选择的参与人在 x 处出现的概率。其中，$\sum_{x \in H} \mu(x) = 1$。

从第 2 章对策略式的分析可以看出，在混合策略的纳什均衡中，参与人的策略选择并不一定是呈均匀分布的。与之相同，一个信息集内的无法区分的决策点的出现也不一定是等概率的。无法区分的决策点只表示信息集中每一个决策点出现的概率不为 0，而没有更多的意义。虽然位于多决策点信息集上的参与人并不能确定自己到底位于信息集中的哪一个决策点，但是对于自己所处的决策点还是有个大概的判断。参与人可以用一个概率分布来描述自己所面临的关于状态的不确定性，虽然这个估计的概率分布不一定是均匀分布。当位于多决策点信息集上的参与人能够用一个定义在该信息集上的概率分布来对自己位于哪个决策点进行描述时，就称该参与人具有关于自己位于哪个决策点的信念。而当参与人具有关于自己位于哪一个决策点的信念时，就可借助这种信念来指导自己的决策。由此可以认为，信念是博弈参与人对自己位于信息集中的决策点的估计。在完美信息动态博弈中，可以认为每个参与人在其决策点处的信念都是 1，而对于不完美信息动态博弈，参与人在其决策点处的信念需要一定量的运算来求解。所以，一个不完美信息动态博弈模型中的参与人在每个信息集处不再只有策略选择，还要有信念。为此，策略和信念共同构成了参与人在决策点处的推断。

图 5.8 所示博弈模型中，参与人 1 如果选择拒绝参与联邦学习系统，那么参与人 1 的策略选择就成了公共知识；否则参与人 2 不能知道参与人 1 是否选择使用隐私保护策略。但是参与人 2 在自己的信息集上有一个信念，即参与人 2 可以估计参与人 1 选择使用隐私保护策略的概率。根据信念系统的定义，给定了一个行为策略和一个信念系统后，就可以断定在该信息集上的参与人的收益。由此，子博弈精炼的思想便被进一步推广到不完美信息动态博弈。在其他人策略选择不变的情况下，参与人没有动机偏移自己的策略选择。

假设参与人 2 在其信息集上的信念系统就是 $\{\mu(\text{拒用})=\alpha, \mu(\text{使用})=1-\alpha\}$。$\alpha$ 会影响参与人 2 的策略选择，那么参与人 1 在每个信息集的策略选择和参与人 2 在该信息集的每个决策点的信念会产生一个收益组合。因为参与人 2 是序贯理性的，所以根据这个收益组合可知：

- 当u_2(*, 保护)$>u_2$(*, 侵犯)时，参与人 2 选择保护参与人 1 的隐私；
- 当u_2(*, 保护)$<u_2$(*, 侵犯)时，参与人 2 选择侵犯参与人 1 的隐私；
- 当u_2(*, 保护)$=u_2$(*, 侵犯)时，参与人 2 以一定概率选择自己的策略。

参与人 2 的收益由参与人 2 的策略集和参与人 2 对参与人 1 的信念在参与人 2 信息集处产生的一个收益组合概率分布决定。那么接下来就是分析这个收益组合的概率分布如何影响参与人 2 的策略选择。参与人 2 不能确定参与人 1 的策略选择，但是可以确定参与人 1 在信息集中。在给定了参与人 2 在该决策点“拒用”上的信念系统为(μ(拒用)$=\alpha$, μ(使用)$=1-\alpha$)和参与人 2 的策略选择“保护”后，就可以确定参与人 2 选择策略“保护”的期望收益为：

$$u_2(*,\text{保护})=\alpha\cdot u_2(\text{拒用},\text{保护})+(1-\alpha)\cdot u_2(\text{使用},\text{保护})=2 \tag{5.1}$$

而选择策略“侵犯”隐私的收益为：

$$\begin{aligned}&u_2(*,\text{侵犯})=\alpha\cdot u_2(\text{拒用},\text{侵犯})+(1-\alpha)\cdot u_2(\text{使用},\text{侵犯})=\\&4\alpha+(1-\alpha)=1+3\alpha\end{aligned} \tag{5.2}$$

根据式（5.1）和式（5.2），可得：

- 当$\alpha<\frac{1}{3}$时，参与人 2 选择策略“保护”。此时参与人 1 选择拒用隐私保护策略的收益u_1(拒用,保护)$=4$ 单位，选择使用隐私保护策略的收益u_1(使用, 保护)$=3$ 单位，而选择拒绝参与联邦学习系统的收益u_1(拒绝, 保护)$=0$。u_1(拒用, 保护)$>u_1$(使用, 保护)$>u_1$(拒绝, 保护)，所以参与人 1 应该选择拒用隐私保护策略。
- 当$\alpha>\frac{1}{3}$时，参与人 2 选择策略“侵犯”，同时由于u_1(拒用,侵犯)$<u_1$(拒绝, 侵犯)$<u_1$(使用, 侵犯)，所以参与人 1 应该选择使用隐私保护策略。
- 当$\alpha=\frac{1}{3}$时，参与人 2 以一定概率选择自己的策略。

图 5.8 所示的博弈模型解释了信念对博弈模型的影响，但是信息集中的信念系统该如何设定才能使博弈模型达到均衡呢？一般来讲，参与人在信息集上的信念设定与所要精炼的参与人的策略选择是一致的，即参与人的信念要满足一致性，其中包括信念的共同性和信念与策略的一致性。

所谓信念的共同性，是指博弈模型中的所有参与人在同一个信息集上的信念相同。信念的共同性是基于博弈均衡特性而产生的对于博弈结构的要求。共同信念是公共知识在不完美信息动态博弈中的扩展。博弈的公共知识要求把信息不对称的描述也包含进博弈模型中。这就必然要求所有参与人具有相同的关于某一未预测到的事件的信念。这个假设在数据保护中也经常见到，比如，对于所有机器学习用户的一个统计，到底其中有多少用户关注自己的隐私，从而使用隐私保护策略；或者网络攻防中有多少防御者会安装价格高、性能好的防御系统。这是一个主观的先验概率。但是要求这个概率是博弈模型中所有参与人的公共知识。例如图 5.8 所示的博弈模型中，参与人 2 由自己所在信息集的信念确定了自己的策略选择。因为这个信念是参与人 1 和参与人 2 的公共知识，所以参与人 1 也可以推导出参与人 2 的策略选择。之后，参与人 1 可以根据参与人 2 的策略选择来进行自己的策略选择。

所谓信念与策略的一致性，是指对于任一与参与人的策略一致的信息集中的信念，由贝叶斯法则及参与人的策略决定。信念与策略的一致性被用来指导不完美信息动态博弈模型上的信息集的信念设定。有了一致性的要求后，参与人的信念系统就是根据策略组合推导的一个结果。例如图 5.7 所示的博弈模型中，可以先假设参与人 2 在其信息集处的信念为 $\{\mu(\text{数据})=\alpha,\mu(\text{模型})=1-\alpha\}$。对该模型中参与人 2 的分析与图 5.8 所示博弈模型相似，即参与人 2 选择“侵犯”的收益 $u_2(*,\text{侵犯})=1+3\alpha$，而选择策略“保护”的收益 $u_2(*,\text{保护})=2$ 单位。当 $\alpha>\frac{1}{3}$ 时，参与人 2 应该选择策略“侵犯”；当 $\alpha<\frac{1}{3}$ 时，参与人 2 应该选择策略“保护”。但是根据第 5.1.2 节的分析，由于序贯理性的要求，参与人 1 选择策略“数据”是一个严格劣策略。所以参与人 2 在其信息集处的信念不能偏离 $\{\mu(\text{数据})=0,\mu(\text{模型})=1\}$。这也与第 5.1.2 节对图 5.7 所示博弈模型的求解结果一致。只有这样，参与人 2 在其信息集处的信念才能与在该信息集处的历史——参与人 1 在第一阶段的策略选择达到一致，同时也与参与人 2 在第二阶段的策略选择达到一致。其他任何对信念 $\{\mu(\text{数据})=0,\mu(\text{模型})=1\}$ 的偏移都与参与人 1 的策略选择不一致。信念 $\alpha\neq 0$ 会影响参与人 2 选择策略“保护”的概率。如果参与人 2 选择策略“保护”的概率不为 1，那么这个均衡就不稳定。如果参与人 2 的信念 $\alpha>\frac{1}{3}$，那么参与人 2 的最优策略应该是“侵犯”，为了使参与人 2 达到最优收益，那么参与人 1 该选择策略“数据”。因为参与人 1 的策略“数据”是个劣策略，根据第 2 章介绍的劣策略消去法，参与人的策略“数据”永远不能达到均衡。所以，参与人 2 的信念与策略选择之间的矛盾会破坏均衡的稳定性。根据图 5.8 所示的博弈模型，当参与人 1 没有占优策略或者劣策略时，参与人 2 在其信息集上的信念由贝叶斯法则求得。最开始的假设应该是参与人 2 认为参与人 1：

- 选择不使用隐私保护策略的概率为 $p(\text{拒用})=\alpha\cdot p$；
- 选择使用隐私保护策略的概率为 $p(\text{使用})=(1-\alpha)\cdot p$；
- 选择不参与联邦学习系统的概率为 $p(\text{拒绝})=1-p$。

因为 $p(\text{拒用})+p(\text{使用})+p(\text{拒绝})=1$，所以这是一个有效的概率分布。那么：

$$\mu(\text{数据})=\frac{\alpha\cdot p}{\alpha\cdot p+(1-\alpha)\cdot p}=\alpha$$

5.2.2 联合攻防的有效性

第 5.2.1 节讨论了信念及信念的一致性。信念的一致性包括信念的共同性和信念与策略的一致性，其中信念与策略的一致性解释了在均衡能达到的信息集上信念的设定。但是均衡达不到的信息集上的信念同样也需要设定。为此，需要对均衡路径进行定义。

定义 5.5 均衡路径。在给定一个不完美信息动态博弈模型信息集中的策略集和信念系统后，如果博弈根据均衡策略以正概率达到这个信息集，就称这个信息集在均衡路径上；如果博弈以非正概率达到这个信息集，就称这个信息集不在均衡路径上。

精炼贝叶斯均衡是子博弈精炼纳什均衡的精炼的思想在不完美信息动态博弈模型中的推广。子博弈精炼纳什均衡进一步强化了纳什均衡，排除了纳什均衡中不可置信的威胁。同时，精炼贝叶斯均衡也进一步强化了贝叶斯均衡，排除了贝叶斯均衡中不可置信的威胁。通过前面各节的分析可以看出，贝叶斯均衡在不完美信息动态博弈中具有局限性。为此，对不完美信息动态博弈的分析集中于精炼贝叶斯均衡。

定义 5.6 精炼贝叶斯均衡。一个精炼贝叶斯均衡由满足以下条件的策略与信念构成。

条件 1：每个参与人在其信息集中，对于自己所处的每个决策点有一个信念。对于多决策点信息集，这个信念就是信息集中能达到各个决策点的概率分布；对于单决策点信息集，可以认为达到该决策点的概率为 1。

条件 2：给定参与人在各个信息集中的信念，参与人的策略选择必须是满足序贯理性的。给定了该信息集上的信念和其后所有其他参与人的策略选择后，参与人在其每个信息集中的策略选择，以及其后所有的策略选择都是最优的。

条件 3：在均衡路径上的信息集中，参与人的信念设置满足策略的一致性原则，即信念由贝叶斯法则与参与人的均衡策略来确定。

条件 4：在非均衡路径上的信息集中，参与人可以对信念任意赋值，以使信念满足一致性原则。

其中，条件 1 中的“信念”是第 4 章中介绍的参与人的类型分布的延伸。信念的分布使得子博弈精炼纳什均衡的思想被推广到不完美信息下。条件 2 的“序贯理性”是博弈论中参与人理性在动态模型中的延伸。序贯理性要求参与人的策略选择满足子博弈精炼纳什均衡中的最优条件。条件 3 和条件 4 要求信息集中的“后验信念”由先验信念经过贝叶斯法则运算而来。满足以上 4 个条件的策略组合及后验信念即“精炼贝叶斯均衡”。在对不完美信息动态博弈的分析中，最普遍的一种方法就是精炼贝叶斯均衡。如果把完美信息动态博弈看作不完美信息动态博弈的所有信息集中都只有一个决策点的特殊情况，那么逆向归纳法可以从子博弈精炼纳什均衡被推广到精炼贝叶斯均衡。

再考虑第 5.1.2 节介绍的联合网络攻防博弈。一对黑客互不认识。介绍人 0 准备了两个攻击目标，招募黑客 1、2 同时攻击两个目标（目标 A 和目标 B），但没有告诉两人具体的目标。已知，黑客 1 和 2 合作肯定能攻破目标 A 或 B，单独一个黑客无法攻破任何一个目标。两人收益如表 5.1 所示。如果黑客能够攻击成功，则介绍人收益为 1 单位，否则介绍人收益为−1 单位。如果介绍人放弃招募，则收益为 0。从收益的角度看，介绍人该不该招募两人？

这是一个三人的不完美信息动态博弈。整个博弈过程可以被抽象成图 5.9 所示的博弈扩展式。其中，介绍人被抽象为参与人 0，黑客 1 和黑客 2 分别被抽象为参与人 1 和参与人 2。

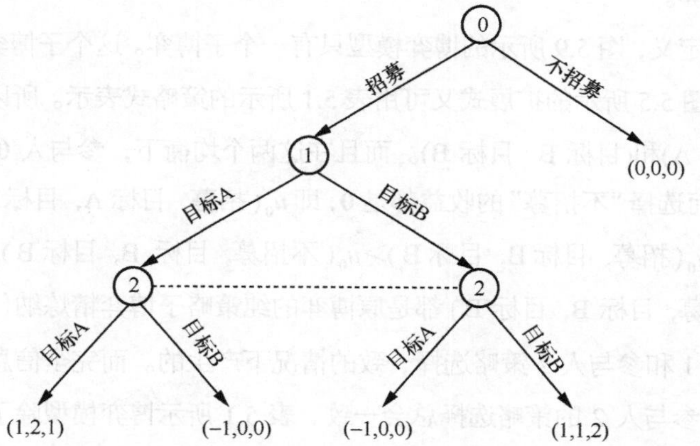

图 5.9　网络联合攻击可行性

利用策略式来分析该博弈。由于该博弈是一个三人博弈，所以需要用三维矩阵的策略式来表示该博弈。策略式如表 5.3 和表 5.4 所示。

表 5.3　参与人 0 选择“招募”

s_1	(u_0, u_1, u_2)	
	s_2=目标 A	s_2=目标 B
目标 A	(1, 2, 1)	(−1, 0, 0)
目标 B	(−1, 0, 0)	(1, 1, 2)

表 5.4　参与人 0 选择“不招募”

s_1	(u_0, u_1, u_2)	
	s_2=目标 A	s_2=目标 B
系统 A	(0, 0, 0)	(0, 0, 0)
系统 B	(0, 0, 0)	(0, 0, 0)

根据第 2 章介绍的三人博弈策略式分析方法，表 5.3 和表 5.4 所示的策略式的纯策略纳什均衡有(招募，目标 A，目标 A)、(招募，目标 B，目标 B)、(不招募，目标 A，目标 B)、(不招募，目标 B，目标 A)。接下来就是分析这 4 个纳什均衡是否都是子博弈精炼纳什均衡。第 3.3 节介绍了动态模型中子博弈精炼纳什均衡的分析方法——逆向归纳法。逆向归纳法要求把完美信息动态博弈模型按照子博弈的定义划分为各个阶段，一个阶段就是原博弈的一个子博弈的初始节点。从最后一个阶段参与人的策略选择开始分析，倒推前一个阶段参与人的策略选择，逐阶段回退，直至第一个阶段。但是在不完美信息动态博弈中，存在非单决策点的信息集。所以，不完美信息动态博弈中的逆向归纳法不能按照阶段分析。但是依然可以按照不完美信息动态博弈中子博弈的定义，从最后一个子博弈开始分析，倒推前一个子博弈参与人的策略选择，按照每个子博弈回退，直至原博弈。

根据子博弈的定义，图 5.9 所示的博弈模型只有一个子博弈。这个子博弈可以用图 5.5 所示的扩展式表示。而图 5.5 所示的扩展式又可用表 5.1 所示的策略式表示。所以，子博弈有两个均衡：(目标 A，目标 A)和(目标 B，目标 B)。而且在这两个均衡下，参与人 0 的选择“招募”的收益都是 1 单位，而选择“不招募”的收益都是 0，即 u_0(招募，目标 A，目标 A)>u_0(不招募，目标 A，目标 A)且 u_0(招募，目标 B，目标 B)>u_0(不招募，目标 B，目标 B)，所以(招募，目标 A，目标 A)和(招募，目标 B，目标 B)都是原博弈的纯策略子博弈精炼纳什均衡。但是这两个均衡都是在参与人 1 和参与人 2 策略选择一致的情况下产生的。而完全信息静态博弈模型中不能保证参与人 1 和参与人 2 的策略选择总会一致。表 5.1 所示博弈模型除了两个纯策略纳什均衡，还有一个混合策略纳什均衡。设 $p_i(J)$ 为参与人 i 选择策略目标 J 的概率。根据第 2 章介绍的策略式混合策略纳什均衡分析方法，该子博弈的混合策略纳什均衡为 $\left(\left(p_1(A)=\dfrac{2}{3}, p_1(B)=\dfrac{1}{3}\right), \left(p_2(A)=\dfrac{1}{3}, p_2(B)=\dfrac{2}{3}\right)\right)$。根据假设条件，参与人 1 和参与人 2 的策略选择之间没有任何联系，即两个参与人的策略选择是独立的。

如果参与人 1 和参与人 2 以混合策略纳什均衡选择策略，那么参与人 0 选择策略“招募”时的收益为：

$$
\begin{aligned}
&u_0\left(\text{招募}, p_1(J), p_2(J)\right)= \\
&p_1(A)p_2(A)u_0(\text{招募,目标A,目标A})+ \\
&p_1(A)p_2(B)u_0(\text{招募,目标A,目标B})+ \\
&p_1(B)p_2(A)u_0(\text{招募,目标B,目标A})+ \\
&p_1(B)p_2(B)u_0(\text{招募,目标B,目标B})= \\
&\frac{2}{9}+\frac{4}{9}\cdot(-1)+\frac{1}{9}(-1)+\frac{2}{9}=-\frac{1}{9}
\end{aligned}
$$

而参与人 0 选择“不招募”时的收益为

$$u_0(不招募, p_1(J), p_2(J)) = 0$$

因为 u_0(招募, $p_1(J), p_2(J)$)< u_0(不招募, $p_1(J), p_2(J)$)，所以参与人 0 应该选择策略“不招募”。因此，如果参与人在博弈中没有额外的信息，图 5.9 所示的混合策略子博弈精炼纳什均衡为 $\left(不招募, \left(p_1(A)=\frac{2}{3}, p_1(B)=\frac{1}{3}\right), \left(p_2(A)=\frac{1}{3}, p_2(B)=\frac{2}{3}\right)\right)$。这与精炼贝叶斯均衡是一致的。按照精炼贝叶斯均衡定义中条件 1~3 的要求，只需要参与人 2 在其信息集中的信念 $(p_1(A), p_1(B))$ 满足 $u_0(不招募, p_1(J), p_2(J))<0$，参与人 0 就应该选择策略“不招募”。但是在该博弈模型中，信念是共同的，任何偏离子博弈中混合策略纳什均衡的信念都会导致子博弈中纯策略纳什均衡的发生，从而使均衡路径“不招募”不符合一致性原则。也就是说，在该模型中，当参与人 1 和参与人 2 的策略选择不在均衡路径上时，只有信念 $\left(p_1(A)=\frac{2}{3}, p_1(B)=\frac{1}{3}\right)$ 满足精炼贝叶斯均衡的一致性原则。

5.3 不完全信息动态博弈

前面介绍的完全但不完美博弈模型都是在博弈参与人的类型已经确定，并且是公共知识的情况下，对博弈模型进行分析。虽然存在参与人无法观察到其他已经行动参与人的策略选择，但是所有参与人的类型都是公共知识。因此根据第 4 章介绍的信息量对于博弈分析的影响，完全但不完美博弈在一定程度上能够支撑博弈分析的信息量。同第 4 章中的不完全信息博弈一样，数据保护博弈模型中，参与人大多善于隐藏自己的信息，这种信息隐藏不只是隐藏自己的策略选择，更有可能隐藏自己的类型。这时整个过程需要被抽象成一个不完全信息动态博弈模型。

5.3.1 不完全信息下的网络空间被动防御

本书只考虑部分不完全的条件。在部分不完全条件下，每个博弈参与人都知道自己所属类型以及其他参与人可能类型，并知道“自然”赋予参与人的不同类型以及其相应选择之间的关系，但是参与人不知道其他参与人的具体类型。第 4 章介绍过，只要一方参与人类型的概率分布是公共知识，那么就可以通过海萨尼转换，在不完全信息静态博弈模型中将参与人按照收益不同分为不同的类型。然后引进一个虚拟的参与人“自然”首先做策略选择。“自然”可选择的策略集就是不完全信息的参与人可能出现的类型，从而将不完全信息静态博弈模型转换为完全信息动态博弈。但是动态博弈中参与人的策略有先后顺序。参与人可以观测到先行者的策略选择，获得先行者的信息，从而进行自己的策略选择。因此，对不完全信息动态博弈模型的分析更加复杂。所幸，动态贝叶斯博弈与静态贝叶斯博弈在许多方面是相似的，差别只是不完全信息动态博弈模型转化成的不是两阶段有同时选择的特殊不完美信息动态博弈模型，而是更一般的完全不完美信息动态博弈模型，因此可以直接利用完全不完美信息动态博弈的均衡概念进行分析。可以看出，有了海萨尼转换之后，不完美信息动态模型和不完全信息动态模型之间的区别不再重要。不完全信息动态博弈模型都可以被转化为完全不完美信息动态博弈模型进行分析。

我们再来看一个被动防御网络攻防例子。这个例子和第 4.1.2 节中的博弈模型类似。一个信息系统原本的资产是 10 单位。防御者有两种类型 θ_1 和 θ_2，其中，θ_1 表示“激进”，θ_2 表示“保守”。攻击方在博弈开始时，只知道防御方是“激进”的概率是 ϵ，是“保守”的概率是 $1-\epsilon$。攻击者只有一种类型。如果防御方类型是 θ_1，他只愿意花费 1 单位的成本安装低性能防御系统。当攻击者发起攻击的时候，防御者如果选择策略“防御”则能够保住 3 单位资产，而攻击者扣除自己的成本后，只能获得 1 单位收益；如果防御者选择策略“回避”，那么防御者获得剩余资产中的 4 单位，而攻击者获得其中的 5 单位。如果防御者的类型是 θ_2，他愿意花费 2 单位成本安装高性能防御系统。当攻击者发起攻击的时候，防御者如果发起防御则能够有效地保住所有剩余 8 单位的资产，而且让攻击者损失 1 单位成本；如果防御者选择策略“回避”，那么防御者和攻击者平分 8 单位的资产。无论防御者的类型是什么，如果攻击者选择放弃攻击，防御者能够保住自己所有剩余资产，而攻击者的收益为 0。与第 4.1.2 节中攻防双方同时选择策略的不完全信息静态博弈模型不同，在被动防御网络攻击中防御者首先选择策略。此时，防御者和攻击者分别该如何选择自己的策略呢？

因为防御者首先选择策略，攻击者可以观察到防御者的策略选择。因而可以把这个攻击过程抽象成一个不完全信息动态博弈模型。博弈过程可以用图 5.10 所示的扩展式表示。图中参与人 1 表示防御者，参与人 2 表示攻击者。由于攻击者不知道防御者具体的类型，攻击者在该博弈模型中只有两个选择策略的机会，即攻击者只有两个信息集。如图 5.10 所示，攻击者的 4 个策略选择点分别被标记为 A、B、C、D。其中 A 和 C 在同一信息集中，AC 表示当防御者选择策略“防御”时，攻击者可选择的策略；B 和 D 在同一信息集中，BD 表示当防御者选择策略“回避”时，攻击者可选择的策略。

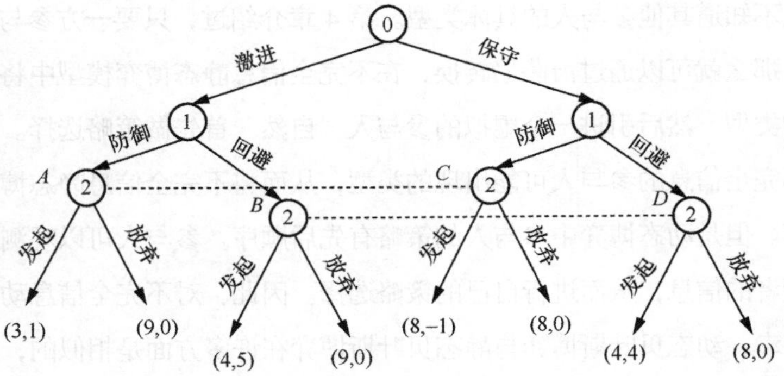

图 5.10　不完全信息动态攻防选择博弈树

该不完全信息动态博弈模型与不完全信息静态博弈模型相似，都是攻击者只知道防御者类型的概率分布，而不知道防御者的具体类型。“自然”作为虚拟参与人 0 首先行动，为防御者赋予类型。最大的区别是在不完全信息静态博弈中，防御者和攻击者同时做出策略选择；而在不完全信息动态博弈中，防御者首先行动，攻击者可以通过观察防御者的策略选择来“估计”防御者的类型，即估计自己处在自己信息集中决策点的概率分布。这个“估计”也就是攻击者的“信念”。由此，攻击者虽然不能知道防御者的具体类型，但是可以观察到防御者的策略选择。当攻击者观察到防御者选择策略“防御”时，攻击者可以对自己在 A 这个决策点还是 C 这个决策点上的信念进行修正；当攻击者观察到防御者选择策略“回避”时，攻击者可以对自己在 B 这个决策点还是 D 这个决策点上的信念进行修正。因此，攻击者必须有一个对所有决策点的置信度。也就是说，攻击者需要通过观察到的防御者的策略选择来推断防御者的类型。那么就需要确定攻击者处在信息集 AC 时防御者类型的概率 $p(\theta_1 \mid \mathrm{AC})$ 和 $p(\theta_2 \mid \mathrm{AC})$，以及攻击者处在信息集 BD 时防御者类型的概率 $p(\theta_1 \mid \mathrm{BD})$ 和 $p(\theta_2 \mid \mathrm{BD})$，其中：

$$p(\theta_1 \mid \mathrm{AC}) + p(\theta_2 \mid \mathrm{AC}) = 1 \tag{5.3}$$

$$p(\theta_1 \mid \mathrm{BD}) + p(\theta_2 \mid \mathrm{BD}) = 1 \tag{5.4}$$

只有明确了这个概率分布，模型中的参与人才能够对模型进行分析，并且攻击者在这 4 个决策点上的概率应该与理性的防御者的推断一致。

在图 5.10 所示的博弈模型中，防御者有 θ_1 和 θ_2 两种类型，且类型分布如式（5.5）所示。

$$\begin{cases} p(\theta_1) = \epsilon \\ p(\theta_2) = 1 - \epsilon \end{cases} \tag{5.5}$$

攻击者只有一种类型，这是双方公共知识。因为攻击者只有一种类型，所以整个博弈对于防御者是完美信息的。如果防御者是 θ_1 类型，那么攻击者可以通过分析发现，防御者不安装防御系统是一个占优策略。无论攻击者如何做策略选择，防御者选择放弃防御的收益都要高于发起防御的收益，因而攻击者可以确认：

$$\begin{cases} p(\mathrm{AC} \mid \theta_1) = 0 \\ p(\mathrm{BD} \mid \theta_1) = 1 \end{cases} \tag{5.6}$$

同理，如果防御者是 θ_2 类型，那么防御者发起防御是一个占优策略，因而攻击者可以确认：

$$\begin{cases} p(\mathrm{AC} \mid \theta_2) = 1 \\ p(\mathrm{BD} \mid \theta_2) = 0 \end{cases} \tag{5.7}$$

根据式（5.5）、式（5.6）和式（5.7），由贝叶斯法则可知：

$$p(\theta_1 \mid \mathrm{AC}) = \frac{p(\mathrm{AC} \mid \theta_1)p(\theta_1)}{p(\mathrm{AC} \mid \theta_1)p(\theta_1) + p(\mathrm{AC} \mid \theta_2)p(\theta_2)} = 0 \tag{5.8}$$

同理，$p(\theta_2 \mid \mathrm{AC})=1$，$p(\theta_1 \mid \mathrm{BD})=1$，$p(\theta_2 \mid \mathrm{BD})=0$。即如果攻击者观察到防御者选择放弃防御，那么攻击者可以评估防御者是θ_1类型，即攻击者在信息集AC时的信念是$p(A)=0$，$p(C)=1$；在信息集BD时的信念是$p(B)=1$，$p(D)=0$。也就是说，当攻击者观察到防御者选择策略“防御”时，参与人 2 可以以100%的概率确认自己处在决策点C，即自己要在收益组合(8,−1)和(8,0)中选择，那么攻击者一定会选择策略“放弃”；当攻击者观察到防御者选择策略“回避”时，参与人 2 可以以 100%的概率确认自己处在决策点B，即自己要在收益组合(4,5)和(9,0)中选择，那么攻击者一定会选择策略“发起”。

所以，图 5.10 所示博弈模型的精炼贝叶斯均衡是：如果防御者是“激进”类型，那么防御者的策略选择是“回避”；如果防御者是“保守”类型，那么防御者的策略选择是“防御”。如果防御者选择了策略“防御”，那么攻击者选择策略“放弃”；如果防御者选择了策略“回避”，那么攻击者选择策略“发起”。

本章介绍了信息对于博弈模型的重要性，即使博弈结构没有改变，只是改变模型中的信息，整个博弈模型的均衡就会发生很大的改变。第 3.4.4 节以巨鹿之战中项羽破釜沉舟为例，讨论了动态博弈中的先行者的优势。项羽原本是第二阶段行动，但是他选择破釜沉舟，在章邯之前行动，那么他的策略选择就成了第一阶段的行动。其实，项羽做完策略选择后，第一阶段还没有结束。因为这个时候项羽的破釜沉舟只是一个私有知识。在这个时候，这个博弈模型还只是一个不完全信息动态博弈。所以项羽需要把这个私有知识变为公共知识。也就是说，项羽还需要让章邯知道自己已经破釜沉舟了，而且还需要让章邯知道，项羽已经知道章邯知道自己破釜沉舟了。所以，这时维持博弈模型为不完全信息博弈还是将模型转化为完全信息博弈就成了策略选择。问题是，项羽该如何让章邯相信自己已经“破釜沉舟”？

图 5.10 所示的博弈模型中也有这个问题。现实生活中，防御者是否公开自己的类型并不是强制的。防御者可以将是否公开自己的类型作为策略选择。如果一个防御者是激进类型，他应该尽量隐藏自己的类型，使攻击者有概率误以为自己是保守类型，从而使攻击者选择策略“不攻击”，即防御者有一定的概率获得 9 单位收益。那么对于保守防御者，他应该尽量公开自己的类型，使攻击者以概率 1 确定自己是保守类型，从而使攻击者选择“放弃”策略，即防御者的收益不会偏离 8 单位。原命题是真命题，那么其逆反命题也是真命题。最后，因为保守防御者一定会选择公开自己的防御成本，所以选择不公开自己成本的一定是激进防御者。假设按照防御措施性能划分，现在有 100 种类型的防御者，防御性能分别是 1, 2, ···, 100。用户安装的防御措施性能越高，攻击者攻击后所获得的收益越小。在这个模型中，最开始防御措施性能为 100 的防御者会为了迫使攻击者放弃攻击选择公开自己的防御性能。剩下 99 种类型的防御者中，性能为 99 的防御者就成了性能最高的防御者。他也会选择公开自己的防御性能。依次类推，最后

性能为 2 的防御者也会选择公开自己的防御性能。只有性能为 1 的防御者不会公开自己的防御性能。通过以上分析可以看出，从博弈论的角度看，在这个网络攻防的场景中，是不存在不完全信息这个现象的。

5.3.2 联邦学习动态激励机制

在不完全信息动态博弈中，存在参与人的类型是未知的。其他参与人对这个参与人的类型的评估，主要依靠自己针对这个未知类型参与人观察到的信息。因而作为信息的私有者，可以向他人传递关于自己类型的信号。这种信号既可能为了显示自己真实的类型，也可能为了隐瞒自己真实的类型。例如 5.3.1 节介绍的不完全信息下的网络空间被动防御博弈。无论保守防御者还是激进防御者，都会向攻击者发送自己是保守类型的信号。所以，在信号博弈模型中，如何构造一个信号以满足均衡的要求就成为信号博弈中亟须解决的问题。当然，这种要求可以是信号发送者公布自己的类型，也可以是信号发送者隐藏自己的类型。从博弈论的角度来看，无论是哪种类型的信号，信息的发送者总是希望自己发送的信号给自己带来更大的收益。

作为一种不完全信息动态博弈，信号博弈的应用非常广泛。它的基本特征是：参与人被分为信号发送者和信号接收者。信号发送者的类型是私有知识，他首先行动。发送的信号就是其策略选择。信号接收者的类型是公共知识，他随后行动。对参与人的策略选择影响最大的是信号发送者的类型到底是什么。虽然信号发送者的类型是私有知识，但是信号接收者可以从发送者发送的信号中获得信息的部分知识。当然，信号发送者也可以声明自己的类型，但是从博弈的角度来看，信号发送者对自己类型的声明没有成本，所以信号发送者的声明并没有可置信性。这就是“听其言，观其行”的理论依据。很多时候，信号发送者为了提高自己的收益会将自己的类型隐藏，所以只是“听其言”会感觉其可靠性不足，还需要观其行。在此“观其行”就是信号接收者观察信号发送者发送的信号。信号发送者做出的某些策略选择是需要付出一定成本的，这种成本的付出势必会影响自己在博弈中的收益。信号发送者发送信号的成本需要与他的类型相关，否则，任何类型的信号发送者都会选择低成本信号。信号发送者的信号生成成本就是一种信号，而信号生成成本又与发送者类型直接相关。因此，对信号接收者来说，信号发送者的信号具有类型传递作用。所以，信号发送者的类型决定了其信号发送，而信号接收者可以通过对信号的观察来推断其类型。

信号博弈始于斯宾塞的教育模型。工人有两种水平的类型：一种是高能力工人，另一种是低能力工人。高能力工人能为雇主创造高利润，从而获得高工资；低能力工人不能为雇主创造高利润，所以只能获得低工资。此处假设高能力工人能有 50 单位的收益，低能力工人只有 30 单位收益。工人知道自己的类型。雇主不知道工人的类型，但是雇主对工人的类型分布有自己的先验信念，例如高能力工人占比 10%，而低能力工人占比 90%。由于工人的能力不是一个易于验证的信号，雇主无法直接分辨高能力工人和低能力工人。此时，如果雇主无差别地雇佣工人，他只能付给员工 $10\%\times50+90\%\times30=32$ 单位。但是这个模型对于高能力员工没有任何激励。因为在这个模型中，工人能力的高低与其收益没有关系，所以使用这个模型的雇主很难吸引到高能力工人。为了区分高能力和低能力工人，需要设计一个好的信号传递方法。这个好的信号不仅易于验证，而且易于甄别。高能力工人愿意传递这个信号。而接受教育的程度是一个易于验证的信号。斯宾塞认为教育的本质是痛苦。而高能力工人更容易忍受痛苦，所以对他们来说，受教育的成本更低；而对低能力工人来说，受教育的成本更高。此处设高能力工人受教育的成本为每年 5 单位，而低能力工人受教育的成本为每年 10 单位。

如果受教育年限是 3 年，即对于高能力工人成本为 15 单位，对于低能力工人成本为 30 单位。那么，高能力工人接受教育的收益为 50−15=35 单位，而他不接受教育的收益为 30 单位。显然，高能力工人接受教育的收益大于不接受教育的收益，所以对于高能力工人来说，接受教育才能达到均衡。而低能力工人接受教育后的收益为 50−30=20 单位，而他不接受教育的收益为 30 单位。对于低能力工人来说，不接受教育才能达到均衡。此时，雇主能够通过受教育程度来很好地区分高能力工人和低能力工人。

如果受教育年限是两年，即对于高能力工人成本为 10 单位，对于低能力工人成本为 20 单位。那么，高能力工人接受和不接受教育的收益分别为 40 单位和 30 单位，所以高能力工人依然选择接受教育。此时，无论是否选择接受教育，低能力工人的收益都是 30 单位。这就使得低能力工人有一定的概率选择接受教育。此时，雇主能够通过受教育程度区分低能力工人，但是不能确定高能力工人。

如果受教育年限是一年，即对于高能力工人成本为 5 单位，对于低能力工人成本为 10 单位。那么，高能力工人接受和不接受教育的收益分别为 45 单位和 30 单位，而低能力工人接受和不接受教育的收益分别为 40 单位和 30 单位。所以无论高能力工人还是低能力工人，都会选择接受教育，此时雇主不能通过接受教育程度区分工人。

通过以上分析，可以看出，能否通过接受教育的信号区分工人的能力是由工人的最终收益决定的，而在斯宾塞的教育模型中，是由雇主付给工人的工资和工人受教育的成本决定的。无论工人如何选择，从博弈论的角度来看，这个选择必然会满足序贯理性。因此，这个选择就是精炼贝叶斯均衡。精炼贝叶斯均衡的求解也适用于信号博弈，但是信号博弈有其简明的特性：信号发送者的策略选择 m^* 是类型 θ_i 依存的，记为 $m^*(\theta_i)$，而信号接收者的策略选择 a^* 是信号 m^* 依存的，记为 $a^*(m^*)$。根据信号的传递，博弈的顺序如下。

① “自然”首先以概率 $p(\theta_i)$ 赋予信号发送者类型 $\theta_i\in\Theta$，其中，Θ 为信号发送者类型集

合。信号接收者的所有信息都是公共知识。信号发送者的类型 θ_i 是自己的私有知识，但是 Θ 的概率分布 $\{p(\theta_i)|1 \leqslant i \leqslant n\}$ 是公共知识。

② 信号发送者知道自己的类型 θ_i 后，选择策略 $m_j \in M$ 作为信号发送给信号接收者，其中 M 为信号发送者可选策略的策略集。

③ 信号接收者接收到发送者的信号 $m_j \in M$ 后，选择策略 $a_k \in A$，其中 A 为信号接收者可选择策略的策略集。

④ 根据 θ_i、m_j 和 a_k，可以得到信号发送者和接收者的收益分别为 $u_1(\theta_i, m_j, a_k)$ 和 $u_2(\theta_i, m_j, a_k)$。

此处 Θ、M 和 A 既可以是离散空间，也可以是连续空间。信号博弈中涉及对信号的处理。信号发送者的问题是如何根据自己的类型 θ_i 选择信号 m_j，信号接收者的问题是如何根据信号 m_j 选择自己的策略 a_k，即条件概率 $p(\theta_i | m_j)$。这构成了一个后验信念体系。根据信号发送者的类型集 Θ、策略集 M 和信号接收者的策略集 A，以及双方的收益和后验信念体系，对于信号博弈中的精炼贝叶斯均衡定义如下。

定义 5.7　信号博弈。信号博弈的精炼贝叶斯均衡是策略组合 $\left(m^*(\theta_i), a^*(m^*)\right)$ 及后验概率 $p(\theta_i | m^*)$ 的组合，以下条件成立。

条件 1：信号发送者类型 θ_i 的概率 $p(\theta_i)$ 是博弈开始时信号接收者对信号发送者的先验信念。

条件 2：发送信号 m^* 的信号发送者的类型 θ_i 的概率 $p(\theta_i | m^*)$ 是信号接收者根据先验信念得到的后验信念。

条件 3：对于信号接收者，在接收到信号 m^* 后，选择策略 a^* 的收益不小于选择其他策略的收益，即 $u_2(*, m^*, a^*) \geqslant u_2(*, m^*, \neg a^*)$。

条件 4：类型为 θ_i 的信号发送者选择策略 m^* 的收益不小于选择其他策略的收益，即 $u_1(\theta_i, m^*, *) \geqslant u_1(\theta_i, \neg m^*)$。

条件 1 是整个博弈的基础。同普通不完全信息博弈模型一样，信念是一个主观的先决条件。条件 2 中的后验概率可以通过贝叶斯法则得出：

$$p(\theta_i | m^*) = \frac{p(\theta_i) p(m^* | \theta_i)}{\sum_{i=1}^{n} p(\theta_i) p(m^* | \theta_i)}$$

其中，贝叶斯法则的分母：

$$p(m^*) = \sum_{i=1}^{n} p(\theta_i) p(m^* | \theta_i) > 0$$

即 m^* 出现的概率必须大于零。如果出现 $p(m^*) \leqslant 0$，即 m^* 是一个不被选择的信号，则贝叶斯法则失效。此时，根据信念的结构一致性，信号接收者的信念可以以任意概率赋值。此时后验信念存在的目的只是确定均衡，只要求信念与均衡策略相容。

作为一种分布式机器学习框架，联邦学习系统通常由一个系统服务器和多个用户构成。用户利用自己的设备训练本地模型，如个人计算机、智能手机等。这种用户设备间的异质性使得联邦学习在训练模型的过程中受到包括带宽、存储和能源之类的资源限制。用户设备性能高低直接影响联邦学习训练的精度。假设用户只有两种类型：θ_1表示“高性能用户”，θ_2表示“低性能用户”。高性能用户有高性能设备，能够为系统提供较高的计算资源，假设接受高性能用户能为系统带来的收益为π；低性能用户只有低性能设备，只能够为系统提供较低的计算资源，假设接受低性能用户能为系统带来的收益为π'。通常认为高性能用户为系统提供的收益高于低性能用户，即系统激励高性能用户获得的收益更高，$\pi > \pi'$。为此，系统有可能更希望能够吸引到高性能用户，或者希望能够吸引所有用户。为了吸引目标用户加入系统，对于参与系统的用户，按照其数据选取次数作为激励机制的标准，那么可以认为每次选取的用户所获得的激励为w。当然，用户训练模型是需要成本的，高性能用户训练高质量模型的成本为C_H，低性能用户训练高质量模型成本为C_L。通常认为高性能用户训练高质量模型的成本会低于低性能用户，即$C_H < C_L$。了解每个用户的性能类型也是一个困难的问题，但是系统可以判断用户的数据。系统在观察到用户发送的模型之前，对于用户性能的概率分布是有自己的“评估”的。这个评估可以是系统对于目前高性能设备和低性能设备的使用的一个概括，其中高性能设备的占比是$p(\theta_1) = \epsilon$，低性能设备占比是$p(\theta_2) = 1 - \epsilon$。虽然不能保证参与系统的用户的性能概率分布完全符合这个“评估”，但是可以假设用户性能概率分布和这个“评估”差距不会太大。这是一个主观估计的先验概率。根据信念的共同性，系统和用户在这个性能概率分布上的评估应该相同。用户根据自己的类型θ_i在策略集合$\{m_1$（训练），m_2（不训练）$\}$中进行策略选择，然后将所训练结果作为信号发送给系统。在系统接收到用户发送的高质量模型后，会得到一个后验概率$p(\theta_1 \mid m_1)$或者$p(\theta_2 \mid m_1)$，表示接收到高质量模型后，对方是高性能用户或者低性能用户的概率；在系统接收到用户发送的低质量模型后，也会得到一个后验概率$p(\theta_1 \mid m_2)$或者$p(\theta_2 \mid m_2)$，表示接收到低质量模型后，对方是高性能用户或者低性能用户的概率。

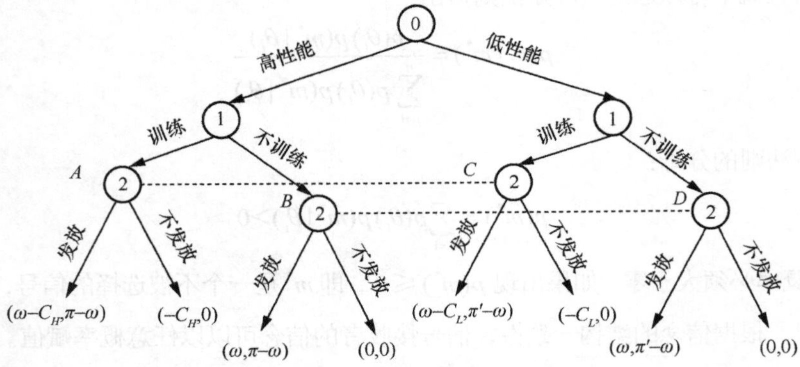

图 5.11　联邦学习激励信号博弈树

系统与用户的激励过程可以被抽象成一个如图 5.11 所示的信号博弈。用户作为博弈模型中的参与人 1，系统作为博弈模型中的参与人 2。参与人 2 不知道参与人 1 具体的类型，只知道参与人 1 的类型空间。所以，"自然"作为参与人 0 首先进行策略选择：θ_1 或者 θ_2。用户认识到自己的类型，可以根据自己的类型选择自己的策略："训练"或者"不训练"。然后用户向系统发送信号——自己的模型。系统不知道用户的类型，但是对于用户的类型有先验信念：

$$\begin{cases} p(\theta_1)=\epsilon \\ p(\theta_2)=1-\epsilon \end{cases} \tag{5.9}$$

系统在接收到用户的信号（模型）之后，就可以根据信号来推断用户的类型，也就是后验信念。根据这个后验信念，系统决定是否接收用户的模型，并且给用户相应激励。如果用户进行训练，那么用户获得的收益就是他获得的激励 w 减去成本 C_H，即：

$$u_1(\theta_1,m_1,a_1)=w-C_H \tag{5.10}$$

如果高性能用户训练了一个高质量的模型，且系统采用了，那么系统所得的收益是：

$$u_2(\theta_1,m_1,a_1)=\pi-w \tag{5.11}$$

依次类推，博弈模型中用户和系统的收益组合如图 5.11 所示。

在此例中的用户有两种类型，每种类型都有两个策略选择。所以，根据用户的类型和策略选择进行分析可知，用户有 4 种纯策略。

策略 1：如果用户类型为 θ_1，则用户选择策略"训练" m_1；如果用户类型为 θ_2，则用户选择策略"训练" m_1。

策略 2：如果用户类型为 θ_1，则用户选择策略"训练" m_1；如果用户类型为 θ_2，则用户选择策略"不训练" m_2。

策略 3：如果用户类型为 θ_1，则用户选择策略"不训练" m_2；如果用户类型为 θ_2，则用户选择策略"训练" m_1。

策略 4：如果用户类型为 θ_1，则用户选择策略"不训练" m_2；如果用户类型为 θ_2，则用户选择策略"不训练" m_2。

博弈模型中，系统的信息集为 I_{AC} 和 I_{BD}，分别对应观测到的信号"训练" m_1 和"不训练" m_2。因此系统的策略为 $I\to A$，其中 I 为系统的信息集集合，即 $I=\{I_{\mathrm{AC}},I_{\mathrm{BD}}\}$。即无论用户的性能为 θ_1 还是 θ_2，只要用户做了策略选择，系统观察到的信号 m_1 是无区别的。系统可以接收两种信号，每种信号下都有两个策略选择激励 a_1 和不激励 a_2。所以，根据系统接收的信号和策略选择进行分析可知，系统有 4 种纯策略。

策略 1：如果系统收到用户发送的信号 m_1，则系统选择策略 a_1；如果系统收到用户发送的信号 m_2，则系统选择策略 a_1。

策略 2：如果系统收到用户发送的信号 m_1，则系统选择策略 a_1；如果系统收到用户发送的信号 m_2，则系统选择策略 a_2。

策略 3：如果系统收到用户发送的信号 m_1，则系统选择策略 a_2；如果系统收到用户发送的信号 m_2，则系统选择策略 a_1。

策略 4：如果系统收到用户发送的信号 m_1，则系统选择策略 a_2；如果系统收到用户发送的信号 m_2，则系统选择策略 a_2。

对用户的类型和策略选择之间的关系进行分析，可以将用户的 4 种策略选择分为两类。

- 分离均衡：在用户的策略 2 和策略 3 中，不同类型的用户发送的信号不同。对于不同类型的用户，当其做出不同的策略选择时，分别能得到最大的收益。系统通过信号也能够直接判断出用户的类型。因此，系统也可以选择相应的纯策略：系统的策略 2 与策略 3。
- 混同均衡：在用户的策略 1 和策略 4 中，所有类型的用户发送相同的信号。对于所有类型的用户，做出相同的策略选择时，才能得到最大收益。除了一类用户，其他类型的用户都希望隐藏自己的类型，混同于这种类型中。系统已无法通过信号进行策略选择。此时，系统通过后验信念来进行策略选择。

除了分离均衡和混同均衡两种纯策略均衡，还有一种混合策略均衡——杂合均衡。

- 杂合均衡：某些类型的用户以一定的概率发送不同的信号。对于这些类型的用户，他们在某些策略选择的期望收益上是相等的。这就导致他们可以以一定的概率分布去选择这些策略。此时，不仅系统要利用贝叶斯法则来进行策略选择，用户也需要用贝叶斯法则来进行策略选择。

除了分离均衡、混同均衡和杂合均衡，当信号博弈模型中参与人的类型多于两种时，还有部分分离均衡和部分混同均衡。例如，参与人有 3 种类型，但是策略选择有两个。其中有两种类型的参与人以概率 1 选择一个纯策略，剩下一种参与人以概率 1 选择另外一个纯策略。本书只对分离均衡、混同均衡和杂合均衡做分析。

在博弈模型中，系统的分析稍显复杂。因为系统不完全清楚用户的类型，所以它只能通过后验信念 $p(\theta_1|m_1)$、$p(\theta_2|m_1)$、$p(\theta_1|m_2)$ 和 $p(\theta_2|m_2)$ 来预测自己的收益。系统如果选择接受发送高质量模型的用户，那么它的收益是：

$$\begin{aligned}&u_2(*,m_1,a_1)=\\&p(\theta_1|m_1)u_2(\theta_1,m_1,a_1)+p(\theta_2|m_1)u_2(\theta_2,m_1,a_1)=\\&p(\theta_1|m_1)(\pi-w)+p(\theta_2|m_1)(\pi'-w)=\\&p(\theta_1|m_1)\cdot\pi+p(\theta_2|m_1)\cdot\pi'-w\end{aligned}\tag{5.12}$$

如果系统选择不接受发送高质量模型的用户，那么它的收益是：

$$\begin{aligned}&u_2(*,m_1,a_2)=\\&p(\theta_1\mid m_1)u_2(\theta_1,m_1,a_2)+p(\theta_2\mid m_1)u_2\left(\theta_2,m_1,a_2\right)=\\&p(\theta_1\mid m_1)\cdot 0+p(\theta_2\mid m_1)\cdot 0=0\end{aligned}\tag{5.13}$$

根据序贯理性原理，如果式（5.14）成立，那么系统应该选择激励发送高质量模型的用户；如果式（5.15）成立，则系统应该拒绝激励发送高质量模型的用户。

$$p(\theta_1\mid m_1)\cdot\pi+p(\theta_2\mid m_1)\cdot\pi'-w>0\tag{5.14}$$

$$p(\theta_1\mid m_1)\cdot\pi+p(\theta_2\mid m_1)\cdot\pi'-w<0\tag{5.15}$$

如果系统选择接受发送低质量模型的用户，那么它的收益是：

$$\begin{aligned}&u_2(*,m_2,a_1)=\\&p(\theta_1\mid m_2)u_2(\theta_1,m_2,a_1)+p(\theta_2\mid m_2)u_2(\theta_2,m_2,a_1)=\\&p(\theta_1\mid m_2)(\pi-w)+p(\theta_2\mid m_2)(\pi'-w)=\\&p(\theta_1\mid m_2)\cdot\pi+p(\theta_2\mid m_2)\cdot\pi'-w\end{aligned}\tag{5.16}$$

如果系统选择不接受发送低质量模型的用户，那么它的收益是：

$$\begin{aligned}&u_2(*,m_2,a_2)=\\&p(\theta_1\mid m_2)u_2(\theta_1,m_2,a_2)+p(\theta_2\mid m_2)u_2(\theta_2,m_2,a_2)=\\&p(\theta_1\mid m_2)\cdot 0+p(\theta_2\mid m_2)\cdot 0=0\end{aligned}\tag{5.17}$$

根据序贯理性原理，如果式（5.18）成立，那么系统应该选择激励发送低质量模型的用户；如果式（5.19）成立，则系统应该拒绝激励发送低质量模型的用户。

$$p(\theta_1\mid m_2)\cdot\pi+p(\theta_2\mid m_2)\cdot\pi'-w>0\tag{5.18}$$

$$p(\theta_1\mid m_2)\cdot\pi+p(\theta_2\mid m_2)\cdot\pi'-w<0\tag{5.19}$$

式（5.14）、式（5.15）、式（5.18）、式（5.19）的判定中，π、π' 和 w 的值已经由图 5.11 给出。因此，若要判定以上 4 个计算式，只需要给出 $p(\theta_1\mid m_1)$、$p(\theta_1\mid m_2)$、$p(\theta_2\mid m_1)$ 和 $p(\theta_2\mid m_2)$ 的值。

系统得出自己的纯均衡策略后，用户开始分析自己的纯均衡策略。用户知道自己的类型，但是不能完全确定系统的策略选择，所以用户也只能通过后验信念 $p(a_1\mid m_1)$、$p(a_2\mid m_1)$、$p(a_1\mid m_2)$ 和 $p(a_2\mid m_2)$ 来确定自己的收益。如果高性能用户选择训练模型，那么它的收益是：

$$\begin{aligned}&u_1(\theta_1,m_1,*)=\\&p(a_1\mid m_1)u_1(\theta_1,m_1,a_1)+p(a_2\mid m_1)u_1(\theta_1,m_1,a_2)=\\&p(a_1\mid m_1)\cdot(w-C_H)+p(a_2\mid m_1)\cdot(-C_H)=\\&p(a_1\mid m_1)w-C_H\end{aligned}\tag{5.20}$$

如果高性能用户选择不训练模型，那么它的收益是：

$$\begin{aligned}&u_1(\theta_1,m_2,*)=\\&p(a_1\mid m_2)u_1(\theta_1,m_2,a_1)+p(a_2\mid m_2)u_1(\theta_1,m_2,a_2)=\\&p(a_1\mid m_2)\cdot w+p(a_2\mid m_2)\cdot 0=\\&p(a_1\mid m_2)w\end{aligned}\tag{5.21}$$

根据序贯理性原理，如果式（5.22）成立，那么高性能用户应该选择训练模型；如果式（5.23）成立，高性能用户应该选择不训练模型。

$$p(a_1\mid m_1)w-C_H>p(a_1\mid m_2)w\tag{5.22}$$

$$p(a_1\mid m_1)w-C_H<p(a_1\mid m_2)w\tag{5.23}$$

如果低性能用户选择训练模型，那么它的收益是：

$$\begin{aligned}&u_1(\theta_2,m_1,*)=\\&p(a_1\mid m_1)u_1(\theta_2,m_1,a_1)+p(a_2\mid m_1)u_1(\theta_2,m_1,a_2)=\\&p(a_1\mid m_1)\cdot(w-C_L)+p(a_2\mid m_1)\cdot(-C_L)=\\&p(a_1\mid m_1)w-C_L\end{aligned}\tag{5.24}$$

如果低性能用户选择不训练模型，那么它的收益是：

$$\begin{aligned}&u_1(\theta_2,m_2,*)=\\&p(a_1\mid m_2)u_1(\theta_2,m_2,a_1)+p(a_2\mid m_2)u_1(\theta_2,m_2,a_2)=\\&p(a_1\mid m_2)\cdot w+p(a_2\mid m_2)\cdot 0=\\&p(a_1\mid m_2)w\end{aligned}\tag{5.25}$$

根据序贯理性原理，如果式（5.26）成立，那么低性用户应该选择训练模型；如果式（5.27）立，低性能用户应该选择不训练模型。

$$p(a_1\mid m_1)w-C_L>p(a_1\mid m_2)w\tag{5.26}$$

$$p(a_1\mid m_1)w-C_L<p(a_1\mid m_2)w\tag{5.27}$$

式（5.22）、式（5.23）、式（5.26）、式（5.27）的判定中，C_H、C_L和w的值由图5.11给出。因此，若要判定以上4个计算式，只需要给出$p(a_1\mid m_1)$、$p(a_1\mid m_2)$和$p(a_2\mid m_1)$、$p(a_2\mid m_2)$的值。

以上是对纯策略分离均衡和混同均衡的分析。分离均衡和混同均衡中所有类型的用户往往有一个严格占优的策略选择。如果式（5.22）和式（5.23）都不成立，或者式（5.26）和式（5.27）都不成立，那么用户选择策略“训练”还是策略“不训练”的期望收益就没有区别。我们以低性能用户策略选择的混同为例来说明。高性能用户策略选择的混同分析方法与低性能用户策略选择的混同分析方法一致，此处不赘述。当低性能用户的任意策略选择带来相同的收益时，低性能用户会进行混合策略选择，即$p(a_1|m_1)w-C_L=p(a_1|m_2)w$；此时高性能用户依然选择策略“训练”，则$p(a_1\mid m_1)w-C_H>p(a_1\mid m_2)w$。此时系统可以分辨发送低质量模型的用户为低性能用户，但是不能分辨发送高质量模型的用户的类型。所以，当$p(\theta_1\mid m_2)\cdot\pi+p(\theta_2\mid m_2)\cdot\pi'-w<0$时，系统对低质量模型用户只有一个不激励的纯策略。但是对发送高质量模型的用户只能有一个混合

策略，此时系统选择任意策略的收益相同，即 $p(\theta_1 \mid m_1)\cdot\pi + p(\theta_2 \mid m_1)\cdot\pi' - w = 0$ 。

接下来，根据以上分析对各种可能产生的均衡分类讨论。

首先我们讨论系统只希望吸引高性能用户的情况，毕竟高性能用户带来的收益 π 大于低性能用户带来的收益 π' 。不同类型的用户选择相同信号的概率为 0，而且这样的选择对于各个类型的用户来讲都是最优的。此处分析高性能用户以概率 1 选择“训练”，低性能用户以概率 1 选择“不训练”。当然，高性能用户以概率 1 选择“不训练”，低性能用户以概率 1 选择“训练”也是一个分离均衡。但是本例中的条件不能满足这个均衡，比如 $C_H < C_L$ 。所以，当达到本例中的分离均衡时，系统的似然度是 $p(m_1 \mid \theta_1)=1$ 、$p(m_1 \mid \theta_2)=0$ 、$p(m_2 \mid \theta_1)=0$ 、$p(m_2 \mid \theta_2)=1$ 。

根据贝叶斯法则，系统通过似然度得到后验信念：

$$p(\theta_1 \mid m_1) = \frac{p(m_1 \mid \theta_1)p(\theta_1)}{p(m_1 \mid \theta_1)p(\theta_1) + p(m_1 \mid \theta_2)p(\theta_2)} = 1$$

$$p(\theta_2 \mid m_2) = \frac{p(m_2 \mid \theta_2)p(\theta_2)}{p(m_2 \mid \theta_1)p(\theta_1) + p(m_2 \mid \theta_2)p(\theta_2)} = 1$$

同理，可得：$p(\theta_2 \mid m_1) = 0$ ，$p(\theta_1 \mid m_2) = 0$ 。

- 根据式（5.12）、式（5.13），当系统收到一个高质量模型 m_1 时，系统选择激励 a_1 和不激励 a_2 的收益分别为 $u_2(*, m_1, a_1) = \pi - w$ 、$u_2(*, m_1, a_2) = 0$ 。
- 根据式（5.16）、式（5.17），当系统收到一个低质量模型时，系统选择激励 a_1 和不激励 a_2 的收益分别为 $u_2(*, m_2, a_1) = \pi' - w$ ，$u(*, m_2, a_2) = 0$ 。
- 根据式（5.14），当 $\pi - w > 0$ 时，系统激励发送高质量模型的用户。
- 根据式（5.19），当 $\pi' - w < 0$ 时，系统不激励发送低质量模型的用户。

综上，当 $\pi > w > \pi'$ 时，系统达到分离均衡的策略选择是激励发送高质量模型的用户，同时不激励发送低质量模型的用户。同理，根据式（5.15）和式（5.18），当 $\pi < w < \pi'$ 时，系统达到分离均衡的策略选择是激励发送低质量模型的用户，同时不激励发送高质量模型的用户。后者与本例中的条件高性能用户带给系统的贡献更高（即 $\pi' < \pi$ ）不符。所以接下来的讨论只涉及前者。

当系统的策略选择是激励发送高质量模型用户，而拒绝激励发送低质量模型用户时，用户的后验信念是 $p(a_1 \mid m_1) = 1$ 、$p(a_2 \mid m_1) = 0$ 、$p(a_1 \mid m_2) = 0$ 、$p(a_2 \mid m_2) = 1$ 。

根据其类型的策略选择收益为：

- 根据式（5.20）和式（5.21），高性能用户 θ_1 选择策略“训练” m_1 和“不训练” m_2 的收益分别为 $u_1(\theta_1, m_1, *) = w - C_H$ 、$u_1(\theta_1, m_2, *) = 0$ 。

- 根据式（5.24）和式（5.25），低性能用户 θ_2 选择策略“训练” m_1 和“不训练” m_2 的收益分别为 $u_1(\theta_2,m_1,*)=w-C_L$、$u_1(\theta_2,m_2,*)=0$。
- 根据式（5.22），当 $w-C_H>0$ 时，高性能用户会选择“训练”。
- 根据式（5.27），当 $w-C_L<0$ 时，低性能用户会选择“不训练”。

综上，当 $C_H<w<C_L$ 时，用户的策略选择是：如果自己是高性能用户 θ_1，则选择策略“训练” m_1；如果自己是低性能用户 θ_2，则选择策略“不训练” m_2。

（1）混同均衡

某些类型的用户选择相同信号的概率为 1，因为有一种类型的用户选择隐藏自己的类型所带来的收益更大，此处高性能用户和低性能用户都以概率 1 选择训练，所以，当达到本例中的混同均衡时，系统的先验信念和似然度为 $p(m_1)=1$、$p(m_1\mid\theta_1)=1$、$p(m_1\mid\theta_2)=1$、$p(m_2\mid\theta_1)=0$、$p(m_2\mid\theta_2)=0$。

系统根据其先验信念获得的后验信念：

$$p(\theta_1\mid m_1)=\frac{p(m_1\mid\theta_1)p(\theta_1)}{p(m_1)}=p(\theta_1)$$

$$p(\theta_1\mid m_2)=\frac{p(m_2\mid\theta_1)p(\theta_1)}{p(m_2)}$$

因为 $p(m_2)=0$ 时贝叶斯法则失效，所以可以对 $p(\theta_1\mid m_2)$ 和 $p(\theta_2\mid m_2)$ 任意赋值，但是需要满足 $p(\theta_1\mid m_2)+p(\theta_2\mid m_2)=1$。

- 根据式（5.12）、式（5.13），当系统收到一个高质量模型 m_1 时，系统选择激励 a_1 和不激励 a_2 的收益分别为 $u_2(*,m_1,a_1)=p(\theta_1)\pi+p(\theta_2)\pi'-w$、$u_2(*,m_1,a_2)=0$。
- 根据式（5.16）、式（5.17），当系统收到一个低质量模型 m_2 时，系统选择激励 a_1 和不激励 a_2 的收益分别为 $u_2(*,m_2,a_1)=p(\theta_1\mid m_2)\pi+p(\theta_2\mid m_2)\pi'-w$、$u(*,m_2,a_2)=0$。
- 根据式（5.14），当 $p(\theta_1)\pi+p(\theta_2)\pi'-w>0$ 时，系统激励发送高质量模型的用户。
- 根据式（5.19），当 $p(\theta_1\mid m_2)\pi+p(\theta_2\mid m_2)\pi'-w<0$ 时，系统不激励发送低质量模型的用户。

综上，当 $p(\theta_1)>\dfrac{w-\pi'}{\pi-\pi'}>p(\theta_1\mid m_2)$ 时，系统达到混同均衡的策略是激励发送高质量模型的用户，同时不激励发送低质量模型的用户。

当系统的策略选择是激励发送高质量模型用户，而不激励发送低质量模型用户时，用户的似然度是 $p(a_1\mid m_1)=1$、$p(a_2\mid m_2)=1$。

根据其类型的策略选择收益为：

- 根据式（5.20）和式（5.21），高性能用户 θ_1 选择策略“训练” m_1 和“不训练” m_2 的收益分别为 $u_1(\theta_1,m_1,*)=w-C_H$ 、$u_1(\theta_1,m_2,*)=0$ 。
- 根据式（5.24）和式（5.25），低性能用户 θ_2 选择策略“训练” m_1 和“不训练” m_2 的收益分别为 $u_1(\theta_2,m_1,*)=w-C_L$ 、$u_1(\theta_2,m_2,*)=0$ 。
- 根据式（5.22），当 $w-C_H>0$ 时，高性能用户会选择训练模型。
- 根据式（5.26），当 $w-C_L>0$ 时，低性能用户会选择训练模型。

综上，当 $C_H<C_L<w$ 时，用户的策略选择是：无论自己是高性能用户 θ_1 还是低性能用户 θ_2，都需要选择训练模型。

（2）杂合均衡

分离均衡和混同均衡中明确了不同类型的参与人选择不同的策略来确定均衡条件。但是杂合均衡中至少有一个参与人有混合策略，这种类型的参与人的策略选择是随机的。也就是说，在杂合均衡中不同类型的参与人选择相同的策略，相同类型的参与人会选择不同的策略。

此处以低性能用户选择混合策略为例来说明。即高性能用户有自己的严格占优策略，无论如何都会选择策略“训练”，即 $p(m_1\mid\theta_1)=1$；而低性能用户会有一个混合策略，其以 $p(m_1\mid\theta_2)=e$ 的概率选择“训练”，而以 $p(m_2\mid\theta_2)=1-e$ 的概率选择“不训练”。此时的系统对于发送高质量模型的用户会有一个混合策略：以 $p(a_1\mid m_1)=f$ 的概率激励发送高质量模型的用户，以 $p(a_2\mid m_1)=1-f$ 的概率不激励发送高质量模型的用户；同时，对于发送低质量模型的用户有一个不激励的纯策略 $p(a_1\mid m_2)=0$ 。所以，杂合均衡中就有了一个混合策略 (e^*,f^*) 使得信号博弈达到均衡。

根据贝叶斯法则，系统根据先验信念得到后验信念：

$$p(\theta_1\mid m_1)=\frac{p(m_1\mid\theta_1)p(\theta_1)}{p(m_1\mid\theta_1)p(\theta_1)+p(m_1\mid\theta_2)p(\theta_2)}=\frac{p(\theta_1)}{p(\theta_1)+ep(\theta_2)}$$

$$p(\theta_1\mid m_2)=\frac{p(m_2\mid\theta_1)p(\theta_1)}{p(m_2\mid\theta_1)p(\theta_1)+p(m_2\mid\theta_2)p(\theta_2)}=0$$

- 根据式（5.12）、式（5.13），当系统收到一个高质量模型 m_1 时，系统选择激励 a_1 和不激励

a_2 的收益分别为 $u_2(*,m_1,a_1)=\frac{p(\theta_1)}{p(\theta_1)+ep(\theta_2)}\pi+\frac{ep(\theta_2)}{p(\theta_1)+ep(\theta_2)}\pi'-w$、$u_2(*,m_1,a_2)=0$。

- 根据式（5.16）、式（5.17），当系统收到一个低质量模型 m_2 时，系统选择激励 a_1 和不激励 a_2 的收益分别为 $u_2(*,m_2,a_1)=\pi'-w$、$u(*,m_2,a_2)=0$。

$$\frac{p(\theta_1)}{p(\theta_1)+ep(\theta_2)}\pi+\frac{ep(\theta_2)}{p(\theta_1)+ep(\theta_2)}\pi'-w=0 \tag{5.28}$$

当式（5.28）成立时，收到高质量模型后，系统选择激励和不激励的收益是相同的。根据式（5.19），当 $\pi'-w<0$ 时，系统不激励发送低质量模型的用户。所以当 $\frac{p(\theta_1)}{p(\theta_1)+ep(\theta_2)}\cdot(\pi-\pi')=w-\pi'=0$ 时，系统达到混同均衡的策略选择是以 $p(a_1\,|\,m_1)=f$ 的概率接受激励发送高质量数据的用户，以 $p(a_2\,|\,m_1)=1-f$ 的概率不激励发送高质量模型的用户；同时，对于发送低质量模型的用户有一个不激励的纯策略 $p(a_1\,|\,m_2)=0$。

根据其类型的策略选择收益为：

- 根据式（5.20）和式（5.21），高性能用户 θ_1 选择策略"训练" m_1 和"不训练" m_2 的收益分别为 $u_1(\theta_1,m_1,*)=fw-C_H$、$u_1(\theta_1,m_2,*)=0$。
- 根据式（5.24）和式（5.25），低性能用户 θ_2 选择策略"训练" m_1 和"不训练" m_2 的收益分别为 $u_1(\theta_2,m_1,*)=fw-C_L$、$u_1(\theta_2,m_2,*)=0$。

在混同均衡条件下，无论系统如何选择策略，低性能用户训练或者不训练模型的收益相同。根据式（5.22），当 $fw-C_H>0$ 时，高性能用户会选择训练模型；当式（5.29）成立时，对于低性能用户来说，其混合策略使得系统无论选择哪个策略都是无差别的。所以，当 $f=\frac{C_L}{w}>\frac{C_H}{w}$ 时，用户的策略选择是：如果自己是高性能用户 θ_1，则选择"训练"；如果自己是低性能用户 θ_2，则以概率 $p(m_1\,|\,\theta_2)$ 选择策略"训练"，以概率 $p(m_2\,|\,\theta_2)$ 选择策略"不训练"，其中 $p(m_1\,|\,\theta_2)=e$。根据式（5.28），$e=\frac{(\pi-w)\cdot p(\theta_1)}{(w-\pi')p(\theta_2)}$。同时，系统以 $p(a_1\,|\,m_1)=f$ 的概率激励发送高质量数据的用户。而根据式（5.29）可得，$f=\frac{C_L}{w}$。

$$fw-C_L=0 \tag{5.29}$$

第6章 重复博弈

第2～5章介绍的博弈主要按照博弈的信息是否完全和参与人的决策是否完美来分类。静态博弈模型只有一个阶段，每个参与人不知道其他参与人的策略选择。而虽然动态博弈模型由多个阶段组成，但是每个参与人在其各个阶段所做的决策并不相同。这就导致一个博弈模型中不太可能出现多个结构相同的子博弈。对于动态博弈，还有另外一种形式，即一个博弈模型中的子博弈重复出现。这类博弈模型被称作“重复博弈”。重复博弈中重复出现的子博弈被称为“阶段博弈”。第2～5章已经分析了各种博弈模型的均衡结果。而重复博弈在结构上是阶段博弈的重复进行。本章分析这种重复进行对于阶段博弈是否有影响。

重复的次数是重复博弈模型最基本的特征。根据阶段博弈重复的次数，可以将重复博弈模型分为有限次数重复博弈和无限次数重复博弈。有限次数重复博弈有终止节点。在这种情境下，参与人需要根据博弈剩余的次数来调整他的策略。而无限次数重复博弈没有明显的终止时间，所以，参与人需要考虑自己的长期收益。

6.1 重复隐私分享博弈

6.1.1 有限次数重复隐私分享博弈

第2.2.1节介绍并分析了隐私分享博弈模型。两个隐私主体分享数据的整个过程可以被抽象成一个完全信息静态博弈模型。该博弈模型中的参与人是两个用户，两个参与人的策略集都是{分享，保护}。整个博弈可以用表2.5所示的策略式表达。

通过分析可以得知，博弈的均衡结果为(保护，保护)，而且策略“保护”是用户的严格占优策略。我们已经知道严格占优均衡是博弈模型中最稳定的均衡，所以看上去用户没有分享自己隐私的可能了。但是我们在现实生活中却能够经常遇到愿意和自己的亲朋好友分享自己的隐私的现象。出现这种情况的原因是在第 2 章分析这个博弈模型时，我们强调的一个重要假设就是双方是单次博弈，而我们和亲朋好友之间的关系通常需要长久地维持。

那么需要解决的是，如果多次执行这个博弈模型，是否可以让用户选择分享自己的隐私。需要强调的是这种选择必须是在没有约束的情况下的。因为数据保护的环境中，用户之间通常没有严格的契约问题，比如我们刚才讲的朋友之间分享隐私的例子。朋友之间通常没有明显的契约，所以需要用户自己主动选择分享自己的隐私。这就需要用户选择策略“分享”的收益大于选择策略“保护”的收益。这种收益上的差别也可以看作对于未来奖励的承诺和未来惩罚的威胁可能会为现在的行为提供的激励。

我们先看一个对于表 2.5 所示博弈两次重复的博弈模型。如果该博弈只重复两次，那么在第二次重复的博弈就成了原博弈的子博弈，这个子博弈就成了一个如表 2.5 所示的完整的阶段博弈。而这个阶段博弈只有一个严格占优均衡：(保护，保护)，而且第二次重复博弈的这个均衡结果不受第一次重复博弈的任何影响，所以第一次重复的博弈的收益就是阶段博弈的收益加上第二次重复选择均衡策略时的收益，而第二次重复的均衡收益为(0, 0)，因此，第一次重复的博弈策略式就可以用表 6.1 表达。

表 6.1　隐私分享博弈

s_1	(u_1, u_2)	
	s_2=分享	s_2=保护
分享	(2+0, 2+0)	(−2+0, 3+0)
保护	(3+0, −2+0)	(0+0, 0+0)

通过表 6.1 可以看出，第一次重复的博弈模型还是一个完整的阶段博弈。这个阶段博弈还是只有一个严格占优均衡(保护，保护)。所以这个两次重复的隐私分享博弈的严格占优均衡是((保护，保护), (保护，保护))。即每个用户在每个阶段都选择策略“保护”。依次类推，根据逆向归纳法，当博弈进行完第 n−1 次后，第 n 次重复博弈的子博弈与阶段博弈是同构的，所以当表 2.5 所示博弈重复任意有限 n 次时，用户还是会选择策略“保护”。而且这个均衡的结果符合子博弈精炼纳什均衡的要求。

在重复的隐私分享博弈模型中用户之所以不会分享自己的隐私，是因为在最后一次博弈中，用户没有足够的激励来使自己改变策略选择。因为博弈的重复次数是有限的，而且重复的次数是用户之间的公共知识，那么最后一次博弈中任何用户肯定选择自己在阶段博弈中的均衡策略。这也是朋友之间分享隐私的前提。当双方都认定这种关系不会再维持的时候，分享隐私的激励就会消失，从而很少有人愿意分享隐私。所以，需要设计有限次数重复博弈模型。在新的模型中，即使系统中的用户都知道系统将在不久后就停止运行，依然有用户会选择分享自己的隐私，如表 6.2 所示的博弈模型。

表 6.2 隐私分享博弈

s_1	(u_1, u_2)		
	s_2=A	s_2=B	s_2=C
A	(2, 2)	(−2, 3)	(−1, −1)
B	(3, −2)	(0, 0)	(−1, −1)
C	(−1, −1)	(−1, −1)	$\left(\frac{3}{2},\frac{3}{2}\right)$

这个博弈模型中的策略“A”对应上文系统中用户的策略“分享”，策略“B”对应其中的策略“保护”，策略“C”为新加策略。分析表 6.2 所示博弈模型，该博弈模型的纯策略纳什均衡有两个，分别为(B, B)和(C, C)，而且策略组合(C, C)还是帕累托占优均衡。所以该博弈模型中，不会有用户选择策略“A”。在表 6.2 所示的博弈模型中，策略组合(A, A)明显帕累托占优于该博弈模型中的两个纳什均衡。

如果将表 6.2 所示博弈模型扩充为一个二次博弈，则需要设计一个子博弈精炼纳什均衡，使其包含策略“A”。按照纳什均衡的定义，如果(s_i^*, s_{-i}^*)是一个纳什均衡，则用户 i 的收益需满足$u_i(s_i^*, s_{-i}^*) \geqslant u_i(-s_i^*, s_i^*)$。首先因为策略“B”和策略“C”都是用户的均衡策略，所以策略组合((B, B),(B, B))、((B, C),(B, C))、((C, B),(C, B))和((C, C),(C, C))都是子博弈精炼纳什均衡。其中，均衡的收益是 0 或者$\frac{3}{2}$单位或者 3 单位。显然，对于以上 4 个均衡中的任何一个，任何人偏离均衡路径的次数就是自己负收益的次数，所以收益肯定比遵守均衡要少。因为策略“A”不是任何用户在表 6.2 所示阶段博弈的均衡策略，在新的重复博弈模型中，还是没有用户在第二阶段选择策略“A”。所以该博弈模型中任何均衡的第二阶段都不可能包括策略“A”。但是根据第 2 章对于帕累托占优的分析，虽然策略组合(A, A)不是帕累托占优均衡，但是其明显帕累托占优于策略组合(B, B)和(C, C)。这就使得该博弈模型中的用户在第一阶段还是有动机选择策略“A”的。例如，策略$s_i^* = (\text{A}, X)$，其中 X 如式(6.1)所示。

$$X = \begin{cases} \text{C, 上次策略组合为(A,A)} \\ \text{B, 其他} \end{cases} \tag{6.1}$$

式（6.1）意味着，如果(A, A)是第一次重复时两个用户选择的策略组合，那么用户在第二次重复时选择策略“C”，否则用户在第二次重复时选择策略“B”。在这个两次重复博弈模型中，每个用户都有 10 个信息集。其中，第一次重复博弈过程中，每个用户只有一个信息集。用户在这个信息集下选择策略“A”。而在第一次重复博弈结束后的策略组合有 9 种结果。以每种策略组合为起点的第二次重复博弈都可以构成一个子博弈。只有在以(A, A)这个策略组合为起点的子博弈的信息集中，用户选择策略“C”。其他 8 个信息集中，用户选择策略“B”。两个用户在第一次重复时都选择策略“A”的收益都是 2 单位；在第二次重复都选择策略“C”时，用户 i 的收益为 $\frac{3}{2}$ 单位，则用户 i 遵守均衡策略 s_i^* 的收益为 $u_i(s_i^*, s_{-i}^*) = 2 + \frac{3}{2} = \frac{7}{2}$ 单位。因为第二次重复博弈只有“B”和“C”两个均衡策略，所以，第二次博弈的收益 $\max u_i(\neg s_i^*, s_i^*) = 0$。而第一次博弈时，只有选择策略“B”的收益是 3 单位，才会大于 2 单位。这时第二次博弈的最大收益为 0，$\max u_i(\neg s_i^*, s_i^*) = 3 + 0 = 3 < \frac{7}{2} = u_i(s_i^*, s_i^*)$。因此，$(s_i^*, s_{-i}^*)$ 是一个纳什均衡。

由以上分析可以看出，即使是有限次数的重复博弈，而且重复的次数是用户之间的公共知识，用户仍有机会选择分享自己的隐私。但是在这种博弈模型的阶段博弈中，需要有多个纳什均衡。如果其中有两个纳什均衡有差值，而且两个纳什均衡收益的差值大于用户选择策略“保护”带来的收益，便可将其中的差值作为激励。在最后一次的阶段博弈中，明显策略组合(C, C)是帕累托占优均衡。根据逆向归纳法，无论如何策略“C”对于理性参与人是最优选择。但是用户 i 在第一阶段选择策略“A”的原因是所有用户严格按照纳什均衡选择策略时该选择比偏离均衡选择策略收益高。这个差值可以被看作用户在第一阶段选择策略“A”的激励。如果有用户 i 确定在最后一次的阶段选择能达到帕累托占优均衡的策略“C”，那么用户之间就在第一阶段失去了合作的激励，所以用户的这种激励可能是以自我惩罚为代价的。

6.1.2 无限次数重复隐私分享博弈

通过第 6.1.1 节的分析可以知道，如果是有限次数的重复博弈，根据逆向归纳法，可以从最后一个阶段博弈开始分析。在最后一个阶段，用户总是有选择策略“保护”的激励，所以分享隐私的目的很难达成。虽然有多个纳什均衡的重复博弈模型可以在一定程度上解决这个问题，但是当阶段博弈中只有一个严格占优策略的时候，策略组合(分享，分享)能够在均衡路径上的理论基础会从最后一个阶段开始崩溃。用户在每一次重复博弈的时候都知道，下次重复的阶段博弈中，所有用户肯定选择策略“保护”。每一阶段都有了选择策略“保护”的激励。当然，如果将表 2.5 所示隐私分享博弈模型重复无限次，那么博弈的结果又不一样了。尽管从哲学上来讲，这个世界上不存在无限次数重复，但是人的理性可以容纳无限次的思考。当阶段博弈重复的次数足够多时，可以被看作一个无限次数重复博弈模型。例如，理论上说一个联邦学习系统早晚会有停止运行的那一天，可是并没有具体停运的日期，用户认为一定期限内这个系统还是会正常运行的，所以可以把系统内用户的博弈抽象为一个无限次数重复博弈模型。

因为(保护，保护)是表 2.5 所示博弈模型的严格占优策略，所以用户总是选择策略“保护”是一个纳什均衡。用户在这个均衡下的收益为 0。任何人如果背离均衡路径，收益就会变为$-2k$，其中 k 为背离均衡路径的次数，所以收益比遵守均衡更低。这个均衡的原理和有限次数重复的隐私分享博弈模型的分析原理是一样的，都是子博弈精炼纳什均衡。

当然，因为无限次数重复博弈模型没有最后的子博弈，所以无限次数重复博弈的分析无法使用逆向归纳法。但是，因为在阶段博弈中策略组合(分享，分享)帕累托占优于严格占优均衡(保护，保护)，所以即使表 2.5 所示博弈模型只有一个纳什均衡，用户还是有可能分享隐私。但是很显然，用户在策略选择过程中总是选择策略“分享”不是一个纳什均衡。这是因为用户无论如何总是分享自己的隐私，就给了对方选择策略“保护”的激励。在这个博弈模型中考虑如下策略选择过程 s_i^*：第一次博弈选择策略“分享”，除第一次外第 j 次博弈选择策略 X。策略 X 是：

- 如果第 j 次博弈之前有用户选择过策略“保护”，则选择策略“保护”；
- 如果第 j 次博弈之前两个用户每次都选择策略“分享”，则选择策略“分享”。

如果此时所有用户都遵守策略选择过程，那么用户 i 的收益是 $u_i(s_i^*, s_{-i}^*) = +\infty$。如果用户 i 在第 j 次博弈时偏离了策略选择过程，选择了策略“保护”，那么对于第 $j+1$ 次博弈及以后的各次博弈，所有用户都会选择策略“保护”。第 j 次博弈之后用户 i 在各次的收益 u_i(保护，保护)=0，同时 u_i(分享，保护)=−2。所以用户 i 在之后一定会选择策略“保护”。用户 i 在重复博弈模型中偏离均衡的收益为 $u_i(\neg s_i^*, s_{-i}^*) = 2(j-1)+3 < u_i(s_i^*, s_{-i}^*)$。而策略组合(保护，保护)本身就是阶段博弈中的纳什均衡，所以在重复博弈中策略“保护”本身就是一个可置信的威胁。有限次数重复博弈中，用户的策略选择“保护”是必然的。这个策略选择过程对用户 i 的每一次阶段博弈的重复都是有效的，所以用户 i 的策略选择过程 $s_i^* =$ (分享，X) 是一个均衡策略。而且策略组合 (s_i^*, s_{-i}^*) 是一个子博弈精炼纳什均衡。

因为无限次数重复博弈模型没有最后一个阶段，所以策略组合（分享，分享）能够在均衡路径上的理论基础没有崩溃的起点。这使得用户没有选择策略“保护”的激励。在这种策略选择过程中，用户会一直选择策略“分享”，直到有用户选择策略“保护”。之后的重复博弈中，所有用户都会选择策略“保护”。这个策略选择过程被称作“冷酷策略选择”。

同第 6.1.1 节介绍的有限次数重复选择中的激励一样，冷酷策略选择中用户选择策略“分享”的激励也是依靠用户放弃帕累托有效的可行收益对对方进行惩罚。这种惩罚同时也意味着自己收益的减少，而且这种减少是无穷大的。冷酷策略选择认为所有策略选择错误都是不可饶恕的。第 2 和第 3 章在介绍颤抖手均衡时曾经介绍过，博弈模型中的参与人难免会有小概率的失误。而冷酷策略选择是不承认小概率失误的。所以在现实生活中冷酷策略选择是过激的。此时，需要一个和冷酷策略选择相比更加宽松的策略选择机制。这种策略选择机制最好只影响一个阶段的博弈过程。

在这个博弈模型中考虑如下策略选择过程 $s_i'^*$：第一次博弈选择策略“分享”；除第一次外第 j 次博弈选择策略 Y 。策略 Y 是：

- 如果第 $j-1$ 次博弈的策略组合是(分享, 分享)或者(保护, 保护)，则选择策略“分享”；
- 如果第 $j-1$ 次博弈的策略组合是(保护, 分享)或者(分享, 保护)，则选择策略“保护”。

同冷酷策略选择一样，在重复博弈开始的时候，所有用户都会选择分享隐私。如果所有用户都按照均衡选择自己的策略，那么用户会一直分享自己的隐私数据。一旦在第 $j-1$ 次重复博弈时，用户 i 选择了策略“保护”，那么在第 j 次重复博弈时，所有的用户都要选择策略“保护”，但是从第 $j+1$ 次博弈开始所有的用户又开始分享自己的隐私。这个策略选择过程只利用了第 j 次重复的阶段博弈作为分享数据的激励。如果所有用户都遵守策略选择过程，那么用户 i 的收益是 $u_i(s_i'^*, s_{-i}'^*) = 2+2+v_j$ ，其中 v_j 是用户 i 除第 $j-1$ 次和第 j 次阶段博弈外，其他次阶段博弈的所有收益。如果用户 i 在第 $j-1$ 次的阶段博弈时偏离了策略选择过程，选择了策略“保护”，那么在第 j 次阶段博弈，所有用户都应该选择策略“保护”。在第 j 次博弈用户 i 选择策略“保护”的收益为 u_i(保护, 保护) $=0$ ，而选择策略“分享”的收益为 u_i(分享, 保护) $=-2$ 。所以用户 i 在第 j 次博弈时肯定选择策略“保护”，从而用户 i 在重复博弈模型中的收益为 $u_i(\neg s_i'^*, s_{-i}'^*) = 3+0+v_j < u_i(s_i'^*, s_{-i}'^*)$ 。这个策略选择过程对用户 i 的每一次阶段博弈的重复都是有效的，所以用户 i 的策略选择过程 $s_i'^* =$ (分享, Y) 是一个均衡策略，而且策略组合 $(s_i'^*, s_{-i}'^*)$ 是一个子博弈精炼纳什均衡。

在一个不考虑结束的无限次数重复博弈中，如果在阶段博弈中存在一个帕累托占优于纳什均衡的策略组合，那么每个参与人都有可能会找到由优于纳什均衡的策略组成的子博弈精炼纳什均衡。也就是说，如果在一个无限次数重复的博弈模型中存在一个策略组合，这个策略组合并不一定是阶段博弈模型中的纳什均衡。但是如果这个策略组合在阶段博弈中的收益帕累托占优于纳什均衡的收益，那么这个策略组合就可以出现在一个子博弈精炼纳什均衡的路径上。例如，在表 2.5 所示的阶段博弈模型中，(分享, 分享)不是纳什均衡，(保护, 保护)是纳什均衡，但是在该阶段博弈的无限次数重复博弈中，有子博弈精炼纳什均衡使每次的阶段博弈都出现(分享, 分享)作为均衡路径。

上文中我们以用户参与联邦学习系统为例介绍了现实中重复博弈模型存在的原因。子博弈精炼纳什均衡(分享，分享)能够达成的现实基础是用户认为系统在一定期限内还会正常运行，至少在下次博弈时，还有一定的概率会运行。也就是说，用户对系统正常运行有一定的信念。在重复博弈模型中，信念也是十分重要的。用户在系统内分享隐私依靠下次阶段博弈时帕累托占优的策略组合作为激励。当用户认为系统下次运行的概率低到一定程度的时候，便认为影响自己分享隐私的激励已经不存在了。所以说，这种博弈模型虽然还是无限次数重复博弈，但是每次重复的阶段博弈都有一定概率是最后一次重复的阶段博弈。那么就需要分析信念对重复博弈有什么样的影响。

为了简化模型，我们假设表 2.5 所示阶段博弈每次重复的概率是 δ。虽然该无限次数重复博弈模型在每次重复的时候都有一定的概率终止，但是并没有确定的最后阶段。根据上文分析，当重复博弈没有明确的最后阶段时，阶段博弈的纳什均衡(保护，保护)就是重复博弈模型的可置信威胁。所以，用户 i 选择策略“分享”和选择策略“保护”收益之间的差值还是用户选择策略“分享”的激励。

首先分析新的重复博弈中的冷酷策略选择 s_i^*。当用户 i 在重复每次阶段博弈都严格按照冷酷策略选择来选择策略时，用户 i 的收益是每次阶段博弈用户 i 选择策略“分享”的收益乘以阶段博弈重复的次数。如果按照 s_i^* 选择策略，那么用户 i 每次阶段博弈的收益为 2 单位。关于重复博弈的次数需要讨论。第一次重复博弈是确定需要的，而第二次重复博弈的概率只有 δ，依次类推，阶段博弈重复到第 j 次的概率为 δ^{j-1}。所以阶段博弈能够重复的期望次数为：

$$\hat{n}=1+\delta+\delta^2+\cdots \tag{6.2}$$

根据等比数列求和公式，$\hat{n}=\dfrac{1-\delta^n}{1-\delta}$。由于该博弈为无限次数重复博弈模型，即 $n\to\infty$，所以 $\lim\limits_{n\to+\infty}\hat{n}=\dfrac{1}{1-\delta}$。

当用户 i 按照 s_i^* 选择策略时，收益为：

$$u_i(s_i^*,s_{-i}^*)=\frac{2}{1-\delta} \tag{6.3}$$

如果用户 i 在阶段博弈的第 1 次重复时偏离了 s_i^*，选择了策略“保护”，那么他在以后各阶段只能选择策略“保护”。此时用户 i 的收益为：

$$\max\ u_i(\neg s_i^*,s_{-i}^*)=3 \tag{6.4}$$

根据用户理性的假设，当 $u_i(s_i^*,s_{-i}^*)>u_i(\neg s_i^*,s_{-i}^*)$ 时，用户 i 会在阶段博弈的第 1 次重复时严格按照 s_i^* 选择自己的策略；否则用户 i 会偏离 s_i^*，从而选择策略“保护”。实际上在第 1 次重复的阶段博弈中用户选择了策略“分享”之后，各次重复的阶段博弈就成了以本次重复为起点的子博弈的第 1 次重复的阶段博弈。所以根据式（6.3）和式（6.4），当 $\delta>\dfrac{1}{3}$ 时，s_i^* 对阶段博弈的每次重复都有效，即(s_i^*,s_{-i}^*)是用户 i 的子博弈精炼纳什均衡。

通过以上分析可以看出，虽然现实生活中不可能存在无限次数的重复博弈，但是如果博弈能够持续的概率较大，还是能够使帕累托占优于纳什均衡的非纳什均衡策略组合出现在子博弈精炼纳什均衡的路径上。例如在该重复博弈模型中，用户持续在系统中分享隐私数据的前提是系统持续运行的概率大于$\frac{1}{3}$。一旦用户对于系统持续运行的信念小于$\frac{1}{3}$，用户就有可能侵犯其他用户的隐私。

我们再来分析只影响一次阶段博弈的策略选择过程$s_i'^*$在新的无限次数重复博弈模型中，是否也是子博弈精炼纳什均衡。当用户 i 在每次阶段博弈都严格按照$s_i'^*$选择策略时，用户 i 的收益和冷酷策略选择中的均衡收益一样，根据式（6.3），用户 i 的收益为$\frac{2}{1-\delta}$。

如果用户 i 在阶段博弈的第 1 次重复时偏离了$s_i'^*$，而选择了策略“保护”，获得收益 3 单位，那么他在第 2 次重复时只能选择策略“保护”。此时用户 i 的收益为：

$$\max u_i(\neg s_i'^*,s_{-i}'^*)=3+0+\frac{2\delta^2}{1-\delta}=3+\frac{2\delta^2}{1-\delta} \tag{6.5}$$

根据用户理性的假设，当$u_i(s_i'^*,s_{-i}'^*)>u_i(\neg s_i'^*,s_{-i}'^*)$时，用户 i 会在阶段博弈的第 1 次重复时严格按照$s_i'^*$选择自己的策略，否则用户 i 会偏离$s_i'^*$，从而选择策略“保护”。实际上在第 1 次重复的阶段博弈中用户选择了策略“分享”之后，各次重复的阶段博弈就成了以本次重复为起点的子博弈的第 1 次重复的阶段博弈。所以根据式（6.3）和式（6.5），当$\delta>\frac{1}{2}$时，$s_i'^*$对阶段博弈的每次重复都有效，即$(s_i'^*,s_{-i}'^*)$是用户 i 的子博弈精炼纳什均衡。

通过以上分析可以看出，如果一个无限次数重复博弈中有两个子博弈精炼纳什均衡，其中一个策略选择过程$s_i'^*$要求相对宽松，那么阶段博弈能够继续重复的概率就需要更大。

6.1.3 联邦学习激励重复博弈

以上都是对静态博弈模型的重复。对动态博弈模型的重复也会改变博弈模型的结果。例如，第 3.2.2 节介绍的联邦学习系统中的用户–系统选择博弈模型中，系统可以选择不建立系统，那么系统的收益为 0；同时用户保留自己的计算能力，这些能力被折算为 1 单位。系统也可以选择建立系统以吸引用户。当然，用户如果选择不贡献自己的资源，这就形成了第 2.2.2 节介绍的“搭便车”问题。用户“搭便车”是通过损害系统的收益来提升自己的收益的，这些收益被折算为 1 单位。如果用户贡献资源帮助系统训练全局模型，那么全局模型的价值折算为 3 单位。所以需要根据以上条件设计激励机制，以持续吸引用户。

整个过程可以被抽象成一个如图 6.1 所示的完美信息动态博弈模型。

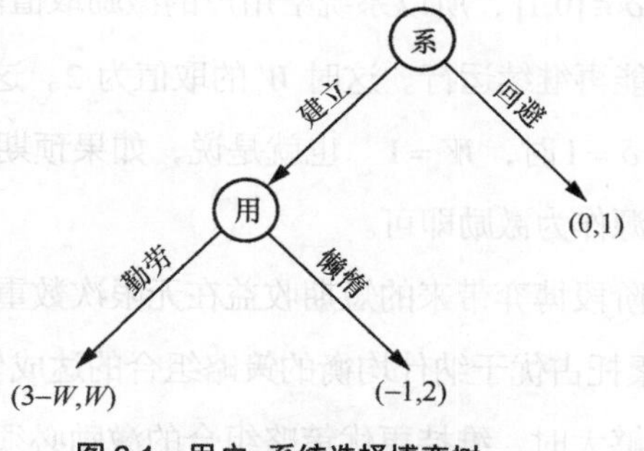

图 6.1　用户–系统选择博弈树

当用户进入系统后，如果贡献资源帮助系统训练全局模型，那么系统会给用户 W 单位激励。理性的系统当然希望自己的收益（$3-W$）单位尽量大。根据逆向归纳法，如果系统给用户提供的激励 $W=0$，那么用户在第二阶段一定会选择策略“懒惰”。系统在第一阶段也一定会选择策略“回避”，不建立这个联邦学习系统。

如果系统希望博弈模型的子博弈精炼纳什均衡为(建立，勤劳)，需要满足：

$$\begin{cases}\max\limits_{W}(3-W)\\ W\geqslant 2\\ 3-W\geqslant 0\end{cases}\tag{6.6}$$

根据逆向归纳法，只有 $W\geqslant 2$ 时，理性的用户才会选择策略“勤劳”贡献自己的资源，而只有 $3-W\geqslant 0$ 时，理性的系统才会选择策略“建立”来建立这个系统。于是，图 6.1 所示博弈问题被转化成一个式（6.6）所示的优化问题，最终解得：$W=2$。所以当 $2\leqslant W\leqslant 3$ 时，图 6.1 所示动态博弈模型的子博弈精炼纳什均衡是(建立，勤劳)。

如果系统以概率 δ 持续运行，那么就会被抽象成图 6.1 所示阶段博弈以概率 δ 重复的无限次数重复博弈。在无限次数重复博弈中，如果系统发现用户选择策略“懒惰”而“搭便车”，系统可以将用户清除出系统。假设用户使用自己计算资源获得利益的概率和系统持续运行的概率相等，那么用户选择策略“懒惰”的收益是自己一次从全局模型获得的利益加上使用自己资源所得的利益。

$$u_2(\text{建立},\text{懒惰})=1+(1+\delta+\delta^2+\cdots)=1+\frac{1}{1-\delta}\tag{6.7}$$

用户选择策略“勤劳”的收益为自己持续从系统获得的激励。

$$u_2(\text{建立},\text{勤劳})=W(1+\delta+\delta^2+\cdots)=\frac{W}{1-\delta}\tag{6.8}$$

根据博弈模型中参与人理性的假设，系统维持吸引用户贡献资源的激励需要满足：u_2(建立，勤劳)>u_2(建立，懒惰)。根据式（6.7）和式（6.8），当$W>2-\delta$时，用户会持续地为系统的全局模型贡献资源。因为$\delta\in[0,1]$，所以系统给用户的激励取值范围$W\in[1,2]$。当$\delta=0$时，意味着系统极不稳定，不可能再继续运行。这时W的取值为2。这和图6.1所示的单次博弈模型的均衡结果是一致的。当$\delta=1$时，$W=1$。也就是说，如果预期这个系统会运行良好，那么只需要将用户自己贡献的资源作为激励即可。

总之，重复博弈中每次阶段博弈带来的短期收益在无限次数重复的博弈模型中已经变得微不足道。每次阶段博弈中帕累托占优于纳什均衡的策略组合的达成依靠之后的收益差作为激励。当对未来博弈持续的信念不够大时，维持更优策略组合的激励必须加大。例如，在联邦学习系统中，需要付给用户丰厚的激励来促使用户贡献自己的资源帮助系统训练全局模型。但是一旦用户认为系统会运行良好，那么系统付给用户的激励会显著减小。

6.2 蜜罐系统攻防博弈

表2.5所示的博弈模型有一个纯策略纳什均衡和一个帕累托占优于纳什均衡的策略，所以将其重复所得的重复博弈均衡并不一定是阶段博弈均衡的线性相加。如果一个博弈模型没有纯策略纳什均衡，那么对它进行重复，会出现什么情况呢?

以第2.1.3节介绍过的蜜罐系统攻防博弈为例来说明。整个过程可以被抽象为表4.7所示的完全信息静态博弈。

首先，这个博弈没有任何纯策略纳什均衡，唯一的纳什均衡是以$\left(\frac{1}{2},\frac{1}{2}\right)$概率混合的混合策略纳什均衡。所以，在这个博弈中防御者和攻击者的收益都是0。

如果对表4.7所示博弈模型进行n次重复，那么在第n次重复的博弈就成了原博弈的子博弈。这个子博弈就成了一个完整的阶段博弈。这个阶段博弈没有任何纯策略纳什均衡，而且这个博弈的均衡结果不受前n-1次重复博弈的任何影响。第n-1次重复博弈的收益就是阶段博弈的收益加上第n次重复选择均衡策略时的收益。而第n次重复的均衡收益为(0, 0)，所以第n-1次重复的博弈策略式还是由表4.7表示。根据逆向归纳法，当表4.7所示博弈重复任意n次时，用户还是会以$\left(\frac{1}{2},\frac{1}{2}\right)$的概率选择混合策略。因此这个有限次数重复博弈模型的子博弈精炼纳什均衡为无论攻击者还是防御者每次博弈都是以$\left(\frac{1}{2},\frac{1}{2}\right)$的概率选择混合策略。可以看出，对没有均衡的博弈模型进行有限次数重复得到的结果只是阶段博弈的线性相加。

在有限次数重复博弈的情况下，蜜罐系统攻防博弈的结果只是阶段博弈的线性相加。其中一个重要原因是攻防双方在阶段博弈中的利益是对立的。重复博弈不会改变双方利益对立的关系，两人不可能产生合作。因为无限次数重复博弈模型没有最后一个阶段，因此不能像有限次数重复博弈模型一样使用逆向归纳法分析。但可以通过各次博弈的独立性来对博弈模型进行分析。首先该博弈模型中每一次博弈的决策跟已经进行的博弈没有关系，每次博弈都不能对后续各次博弈产生影响。其次后续博弈的均衡结果没有改变每一次阶段博弈中参与人的偏好，该博弈模型中每一次博弈的决策不受后续博弈的影响。蜜罐系统攻防博弈模型中并没有纯策略纳什均衡，也就是说肯定没有帕累托占优均衡，该博弈模型的各次博弈之间是相互独立的。当蜜罐系统攻防博弈的重复次数从有限次增加到无限次时，阶段博弈中攻防双方的利益对立关系也没有改变。根据纳什均衡的定义，攻防双方的每次博弈都只能依靠混合策略纳什均衡来保证自己收益最大。

6.3 联邦学习收益分配

前两节介绍的是博弈模型进行有限和无限次数重复后对均衡会有什么样的影响。无论对博弈模型进行有限次数重复还是无限次数重复，阶段博弈的收益在重复过程中是没有发生变化的。但是很多时候，收益本身是有时效的。随着时间的推移，收益可能会越来越小，如联邦学习系统中的激励。第 4 章和第 5 章介绍了一些联邦学习激励机制，那些机制都认为联邦学习的激励机制是一次性的。但是联邦学习本身是一个重复的过程。用户接收到系统发布的学习指令，然后产生一个本地模型并把它发送给系统。系统在收到所有目标用户的本地模型后，根据一定机制计算出一个全局模型，然后将这个全局模型多播给目标用户。目标用户根据这个全局模型再次训练新的本地模型并发送给系统。系统计算出新的全局模型，如果新的全局模型和旧的全局模型之间的误差在规定范围内，则认为训练完成，否则系统会多播新的全局模型。重复这个过程，直到连续两次的全局模型之间的误差在规定范围内。我们假设联邦学习的结果是有收益的，而这个收益可以作为激励在用户之间分配。所以需要设计机制来分配这些收益。

6.3.1 无损收益分配

首先我们看一下有两个用户的联邦学习系统。假设一个联邦学习系统的训练结果是 $V>0$。用户 1 可以向用户 2 提交一个分配方案 $\left(pV,(1-p)V\right)$，即用户 1 分得收益 pV，而用户 2 分得收益 $(1-p)V$。如果用户 2 同意，则按方案 $\left(pV,(1-p)V\right)$ 分配。如果用户 2 不同意这个方案，则双方就如何分配训练结果无法达成一致，联邦学习不能完成，所以两个用户的收益都是 0。这个过程可以被抽象成一个两阶段的无限策略完美信息动态博弈模型。可以使用逆向归纳法分析对其进行。用户 1 在第一阶段的策略选择是无限的，我们设其为 s_1 。则在第二阶段，用户 2 只有两个策略选择：“同意”和“反对”。如果用户 2 选择策略“同意”，则其收益为 $u_2(s_1,$同意$)=(1-p)V$ 。如果用户 2 选择策略“反对”，则其收益为 $u_2(s_1,$反对$)=0$ 。因为 $p\in[0,1]$ ，所以有 $u_2(s_1,$同意$)\geqslant u_2(s_1,$反对$)$。即无论用户 1 在第一阶段做何策略选择，用户 2 在第二阶段应该选择策略“同意”。那么用户 1 在第一阶段为了使自己收益尽量大,可以选择策略 s_1 为 $(V,0)$ ，即 $p=1$ 。综上，该博弈模型的子博弈精炼纳什均衡为$(V,$ 同意$)$。

我们再看一个稍显复杂的博弈模型,用户 1 可以向用户 2 提交一个分配方案$\left(pV,(1-p)V\right)$，即用户 1 分得收益 pV ，而用户 2 分得收益 $(1-p)V$ 。如果用户 2 同意，则按方案$\left(pV,(1-p)V\right)$分配。如果用户 2 不同意这个方案,则提出自己的分配方案$\left(qV,(1-q)V\right)$,即用户 1 分得收益 qV ，而用户 2 分得收益 $(1-q)V$ 。如果用户 1 同意，则按方案$\left(qV,(1-q)V\right)$分配，否则双方就如何分配训练结果无法达成一致，联邦学习不能完成，两个用户的收益都是 0。这个过程可以被抽象成一个三阶段的完美信息动态博弈模型。可以使用逆向归纳法分析对其进行。用户 1 在第一阶段的策略选择和用户 2 在第二阶段的策略选择都是无限的，我们分别设其为 s_1^1 和 s_2^1 。在第三阶段用户 1 只有两个策略选择“同意”和“反对”。如果用户 1 选择策略“同意”，则其收益为 $u_1($同意$,s_2)=qV$ ；如果用户 1 选择策略“反对”，则其收益为 $u_1($反对$,s_2)=0$ 。因为 $q\in[0,1]$ ，所以有 $u_1($同意$,s_2)\geqslant u_1($反对$,s_2)$ 。即无论如何，用户 1 在第三阶段应该选择策略“同意”。那么用户 2 在第二阶段为了使自己收益尽量大，可以选择策略 s_2^1 为 $(0,V)$ ，即 $q=0$ 。所以用户 1 在第一阶段的策略选择也只能是 s_1^1 为 $(0,V)$ ，即 $p=0$ 。其实，三阶段博弈模型和两阶段博弈模型只是用户 1 和用户 2 的角色发生了互换，其他条件一致。因此，该博弈的子博弈精炼纳什均衡为$((0,$ 同意$), 0)$。通过以上两个博弈模型的分析可知，根据逆向归纳法，用户 1 的分配方案，即在第一阶段的策略选择，应该确保用户 2 能够同意。也就是说，用户 2 在第二阶段选择策略“同意”的收益不小于自己选择其他策略的收益。只要博弈模型是一个有偶数阶段的完美信息动态博弈，那么该博弈的子博弈精炼纳什均衡是用户 1 第一阶段选择策略$(V, 0)$，在以后各阶段，只有在自己获得所有收益 V 的情况下选择“同意”，否则选择“反对”并按照$(V, 0)$重新提出策略选择。而用户 2 的策略选择是在各阶段都选择策略“同意”。只要博弈模型是一个有奇数阶段的完美信息动态博弈,那么该博弈的子博弈精炼纳什均衡是用户 1 在第一阶段选择策略$(0, V)$，在以后各阶段都选择策略“同意”。用户 2 只有在自己获得所有收益 V 的情况下选择“同意”，否则选择“反对”并按照$(0, V)$重新提出策略选择。总结起来就是，一个 n（$n>1$）阶段收益分配的博弈模型中，均衡路径为：用户 $n\bmod 2+1$ 获得全局模型的全部收益，用户 $(n+1)\bmod 2+1$ 获得的收益为 0。注意，该博弈模型中，因为最后有用户选择“同意”的一个阶段，所以博弈重复的次数比博弈模型的阶段数少一次。

6.3.2 有损收益分配

在上述两个博弈模型中，再增加一个条件，即考虑到全局模型的时效性，全局模型带来的收益会随着用户之间对于分配的讨论而减少。此处设每次讨论分配，全局模型的收益 a 与上次分配讨论时的收益 b 的关系为 $a=\delta b$，其中$0\leqslant\delta\leqslant 1$。先看两阶段博弈模型。两阶段博弈模型中的全局模型是否有时效性并不影响博弈模型的均衡。因为关于分配方案的讨论还没有重复，所以博弈模型的子博弈精炼纳什均衡还是(V, 同意)，即用户 1 获得全局模型的所有收益，用户 2 什么都没有。

当博弈模型是一个三阶段的完美信息动态博弈时，使用逆向归纳法分析，第二阶段和第三阶段构成的子博弈刚好就是上文介绍的两阶段博弈。只是由于经过了第一阶段用户 1 提出分配方案，这个两阶段博弈的总收益从 V 降低到了 δV。这个两阶段博弈由用户 2 首先提出，然后由用户 1 决策是否同意。通过对两阶段博弈的分析可知，(同意，δV)是子博弈精炼纳什均衡。也就是说，用户 2 在第二阶段的收益为 $u_2(s_1,s_2^*)=\delta V$，其中 s_2^* 是用户 2 的均衡策略；用户 1 在第二阶段及以后的收益为 0。所以根据子博弈精炼纳什均衡的定义，用户 1 的均衡策略选择 s_1^* 需要满足两点：第一，用户 2 在第二阶段选择策略“同意”；第二，自己的收益 pV 在第一阶段大于 0，而且要尽量大。即用户 1 的均衡策略 $\big(pV,(1-p)V\big)$ 的求解被转化成式（6.9）所示最优化问题的求解。

$$\begin{cases}\max pV \\ (1-p)V\geqslant\delta V \\ pV\geqslant 0\end{cases} \tag{6.9}$$

分析式（6.9）所示最优化问题，解得 $p=1-\delta$。所以三阶段博弈模型中用户 1 的均衡策略为 $\big((1-\delta)V,\delta V\big)$。即该博弈模型的子博弈精炼纳什均衡为(($(1-\delta)V$,同意), 0)。

当博弈模型被推广到 n 阶段的收益分配时，有如下结论。

- 在第 n 阶段，用户 $(n+1)\bmod 2+1$ 必须选择策略“同意”。
- 如果博弈进行到第 $n-1$ 阶段，全局模型的收益只剩下 $\delta^{n-2}V$，用户 $n\bmod 2+1$ 可以全部占有这些收益。
- 如果博弈进行到第 $(n-2)$ 阶段，全局模型的收益剩下 $\delta^{n-3}V$，用户 $(n+1)\bmod 2+1$ 需要分配给用户 $n\bmod 2+1$ 的收益为 $\delta^{n-2}V$，同时分配给自己的收益为 $\delta^{n-3}V-\delta^{n-2}V$。
- 如果博弈进行到第 $(n-3)$ 阶段，全局模型的收益剩下 $\delta^{n-4}V$，用户 $n\bmod 2+1$ 需要分配给用户 $(n+1)\bmod 2+1$ 的收益为 $(\delta^{n-3}-\delta^{n-2})V$，同时分配给自己的收益为 $\delta^{n-4}V-(\delta^{n-3}-\delta^{n-2})V$。

……

- 在博弈模型的第一阶段，全局模型的收益是V，用户 1 需要分配给用户 2 的收益为$((-1)(-\delta)+(-1)(-\delta)^2+\cdots+(-1)(-\delta)^{n-2})V$，同时分配给自己的收益为$(1+(-\delta)+\delta^2+\cdots+(-\delta)^{n-2})V$。

$\{1,-\delta,\delta^2,\cdots,(-\delta)^j,\cdots,(-\delta)^{n-2}\}$是一个以$-\delta$为比值的等比数列。根据等比数列求和公式，可得：

$$(-1)(-\delta)+(-1)(-\delta)^2+\cdots+(-1)(-\delta)^{n-2}=\frac{\delta+(-\delta)^{n-1}}{1+\delta}$$

所以该博弈模型的均衡路径，即用户 1 的分配策略是$\left(\left(\frac{1-(-\delta)^{n-1}}{1+\delta}\right)V,\left(\frac{\delta+(-\delta)^{n-1}}{1+\delta}\right)V\right)$。而该博弈模型的子博弈精炼纳什均衡就是以上用逆向归纳法分析博弈模型过程的逆过程。有损收益分配过程也可以用图 6.2 表示。

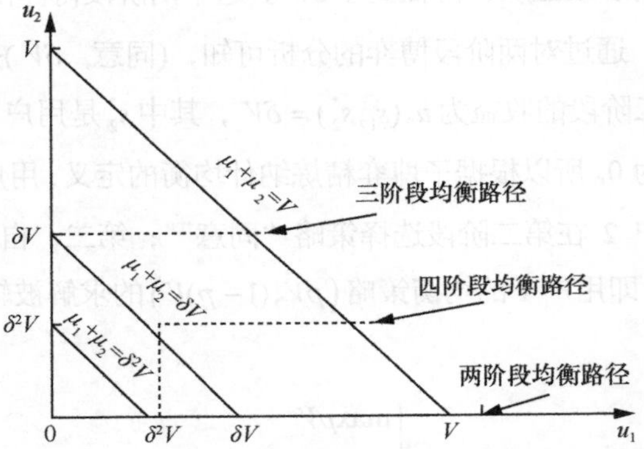

图 6.2 *n* 阶段全局模型收益分配博弈

- 在博弈的第二阶段，用户 1 的收益u_1和用户 2 的收益u_2之和为V，即$u_1+u_2=V$。其反应函数如图 6.2 所示。二阶段博弈模型中，用户 1 和用户 2 的收益交点必须在线段$u_1+u_2=V$上。用户 1 完全可以将所有的收益都占有，所以二阶段博弈的均衡路径是点$(V,0)$。
- 如果模型是三阶段博弈，那么最后一阶段用户 1 的收益u_1和用户 2 的收益u_2之和为δV，即$u_1+u_2=\delta V$。用户 2 完全可以将所有收益δV占有，用户 2 的收益映射到线段$u_1+u_2=V$上是点$((1-\delta)V,\delta V)$，所以三阶段博弈的均衡路径是点$((1-\delta)V,\delta V)$。
- 如果模型是四阶段博弈，那么最后一阶段用户 1 的收益u_1和用户 2 的收益u_2之和为$\delta^2 V$，即$u_1+u_2=\delta^2 V$。用户 1 完全可以将所有收益$\delta^2 V$占有，用户 1 的收益映射到线段$u_1+u_2=\delta V$上是点$\left(\delta^2 V,(\delta-\delta^2)V\right)$。用户 2 的收益是$(\delta-\delta^2)V$，用户 2 的收益$(\delta-\delta^2)V$又映射到线段$u_1+u_2=V$的点$\left((1-\delta+\delta^2)V,(\delta-\delta^2)V\right)$上。所以四阶段博弈的均衡路径是

点$\left((1-\delta+\delta^2)V,(\delta-\delta^2)V\right)$。

……

- 如果模型是个n阶段博弈，那么模型对应着$n-1$个反应函数，最后一阶段用户$n\bmod2+1$和用户$(n+1)\bmod2+1$的收益之和为$\delta^{n-2}V$，即$u_1+u_2=\delta^{n-2}V$。用户$n\bmod2+1$完全可以占有所有收益$\delta^{n-2}V$。将$\delta^{n-2}V$逐级映射到线段$u_1+u_2=\delta^kV$上($0\leqslant k\leqslant n-2$)，最后映射到线段$u_1+u_2=V$的点$\left(\left(\frac{1-(-\delta)^{n-1}}{1+\delta}\right)V,\left(\frac{\delta+(-\delta)^{n-1}}{1+\delta}\right)V\right)$上。所以$n$阶段博弈的均衡路径是点$\left(\left(\frac{1-(-\delta)^{n-1}}{1+\delta}\right)V,\left(\frac{\delta+(-\delta)^{n-1}}{1+\delta}\right)V\right)$。

可以证明，n阶段全局模型收益分配博弈的均衡路径是用户1的分配策略是$\left(\left(\frac{1-(-\delta)^{n-1}}{1+\delta}\right)V,\left(\frac{\delta+(-\delta)^{n-1}}{1+\delta}\right)V\right)$。

- 当$n=3$时，全局模型收益分配博弈的均衡路径是：

$$\begin{cases}\left(\dfrac{1-(-\delta)^2}{1+\delta}\right)V=(1-\delta)V\\[2ex]\left(\dfrac{\delta+(-\delta)^2}{1+\delta}\right)V=\delta V\end{cases}$$

这个结果满足对图6.2的分析。

- 当$n=k$时，该博弈模型的博弈路径是用户1的分配策略是$\left(\left(\frac{1-(-\delta)^{k-1}}{1+\delta}\right)V,\left(\frac{\delta+(-\delta)^{k-1}}{1+\delta}\right)V\right)$。

如果把k阶段全局模型收益分配博弈的用户1和用户2位置交换，该结论也成立，即当用户2首先分配时，博弈模型的均衡路径是用户2的分配策略是分配给自己$\left(\frac{1-(-\delta)^{k-1}}{1+\delta}\right)V$。则当博弈是$k+1$阶段时，第二阶段用户2的收益是$\left(\frac{1-(-\delta)^{k-1}}{1+\delta}\right)V$。设第一阶段全局模型的总收益为$V'$，则有$V=\delta V'$，即$V'=\frac{V}{\delta}$。根据子博弈精炼纳什均衡的定义，第一阶段中，用户1的策略选择需要满足$u_2(s_1^*,s_2^*)\geqslant\left(\frac{1-(-\delta)^{k-1}}{1+\delta}\right)V$下自己的收益$u_1(s_1^*,s_2^*)=\max u_1(s_1,s_2)$。结果就是$u_1(s_1^*,s_2^*)=V'-\left(\frac{1-(-\delta)^{k-1}}{1+\delta}\right)V=\frac{1+(-\delta)^k}{\delta(1+\delta)}V$。因为$V'=\frac{V}{\delta}$，所以$u_1(s_1^*,s_2^*)=\frac{1+(-\delta)^k}{(1-\delta)}V'$。因为$k=n-1$，所以$u_1(s_1^*,s_2^*)=\frac{1+(-\delta)^{n-1}}{(1-\delta)}V'$还是满足均衡路径。

当全局模型收益分享博弈是一个无限次数重复的博弈时，用户1和用户2可以无限次提出自己的分享策略。通过n次博弈的均衡路径可以进一步看出，无限次数重复博弈模型的均衡路径是用户 1 提出分享策略：

$$\begin{cases}\lim\limits_{n\to\infty} u_1(s_1^*, s_2^*) = \dfrac{1}{1+\delta}V \\ \lim\limits_{n\to\infty} u_2(s_1^*, s_2^*) = \dfrac{\delta}{1+\delta}V\end{cases}$$

也就是说，如果全局模型收益分享策略的重复次数是无限的，用户 1 和用户 2 可以轮流在各阶段给出自己的分享方案，用户 1 的收益是 $u_1(s_1^*, s_2^*) = \dfrac{V}{1+\delta}$，用户 2 的收益是 $u_2(s_1^*, s_2^*) = \dfrac{\delta V}{1+\delta}$。因为 $0 \leqslant \delta \leqslant 1$，所以有 $u_1(s_1^*, s_2^*) \geqslant u_2(s_1^*, s_2^*)$。这意味着对于无限次数重复收益分配博弈，无论在全局模型分享过程中收益是否受损，用户都会各自得到其中的一部分收益，而且该博弈模型的“先行优势”具有正收益。

以上讨论的博弈模型一个重要的前提是，两个用户的折损状态是相同的，即两个用户对全局模型收益时效的重视程度相同。如果两个用户对全局模型的时效重视程度不同，其中用户 1 认为全局模型收益随着时间增加的折损程度为 δ_1，用户 2 认为全局模型收益随着时间增加的折损程度为 δ_2，那么该博弈模型的均衡路径就变成用户 1 的收益分配策略是：

$$\begin{cases}\lim\limits_{n\to\infty} u_1(s_1^*, s_2^*) = \dfrac{1-\delta_2}{1-\delta_1\delta_2}V \\ \lim\limits_{n\to\infty} u_2(s_1^*, s_2^*) = \dfrac{\delta_2(1-\delta_1)}{1-\delta_1\delta_2}V\end{cases}$$

再回到第 6.3.1 节介绍的无损收益分配，即当 $\delta = 1$ 时，用户 1 的收益是 $u_1(s_1^*, s_2^*) = \dfrac{V}{2}$，用户 2 的收益是 $u_2(s_1^*, s_2^*) = \dfrac{V}{2}$。在无限次数重复的全局模型收益分配博弈模型中，分配过程是无损收益，且用户对模型收益损失的判断相同时，用户平分全局模型收益。

全局模型收益分配模型是一个完美信息动态博弈模型，前提是全局模型的收益和模型的时效速度都被认为是公共知识。而在现实生活中，每个用户可能并不清楚其他用户对模型和其时效的评价，这就给了用户建立自己声誉的机会。

6.4 重复攻防博弈

前面几节所介绍的重复博弈模型都是完全信息下的重复。博弈模型中参与人的类型没有任何不确定性。但是很多时候，重复博弈中参与人之间也不能完全确定对方类型。本节将讨论参与人类型的不确定性给重复博弈带来的影响。

6.4.1　完美信息下的重复攻防博弈

我们从前面几节的重复博弈模型中可以看出，将一个阶段博弈模型重复执行所得到的重复博弈模型的均衡结果并不是阶段博弈模型均衡的线性相加；参与人在长期的博弈行为过程中会为了某种声誉做出违背均衡策略的选择，而这些选择也非常符合现实。在第 1 章，我们就介绍过，博弈论的一个重要基础就是参与人是理性的，而决定理性参与人的策略选择的最重要的因素就是参与人的偏好或者收益。参与人的策略选择不会受道德影响。那么，这是否意味着建立一个很好的声誉是违背博弈论的呢？其实，从博弈论的角度来看，道德是个人的主观情感，是无法用理论来衡量的。所以博弈论不承认个人天生道德高尚，而从个人收益的角度来看，理性参与人建立个人声誉对自己的收益是有利的。一个道德高尚的"好人"在长期博弈过程中也可能会因为"不好"的策略带来的收益而去选择这个"不好"策略。博弈论认为人的策略选择总是有目的的。建立一个"好"名声和建立一个"坏"名声的动机都是一样的。

我们首先看第 3.2.1 节介绍的被动网络攻防的例子。防御者有两个策略选择，即设置防御系统和不设防御系统；攻击者也有两个策略选择，即发起攻击和放弃攻击。防御者和攻击者的策略组合收益如表 6.3 所示。

表 6.3　攻防选择博弈

s_1	(u_1,u_2)	
	s_2=设置	s_2=不设
发起	(−4, 1)	(6, 4)
放弃	(0, 10)	(0, 10)

与第 3.2.1 节的博弈模型唯一的区别是，在新的博弈模型中，攻击者先行动，那么整个过程就会被抽象成一个完美信息动态博弈。该博弈模型扩展式如图 6.3 所示。

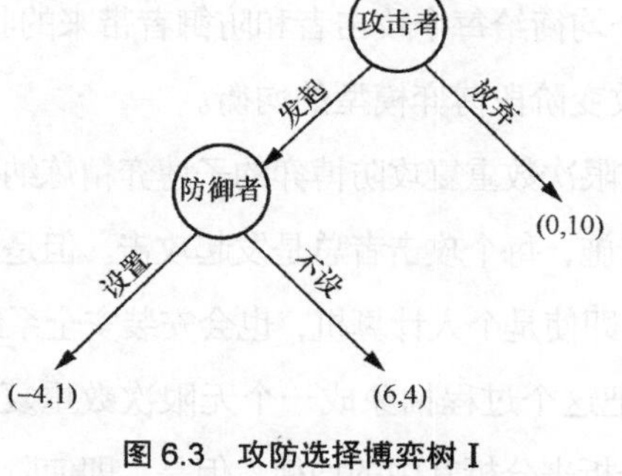

图 6.3　攻防选择博弈树 I

通过对表 6.3 所示策略式分析可知，该博弈模型的纯策略纳什均衡是(发起, 不设)和(放弃, 设置)。即如果攻击者发起攻击，那么防御者放弃防御；如果攻击者放弃攻击，那么防御者发起防御。但是，用逆向归纳法分析图 6.3 所示的扩展式，可以得到该博弈模型的子博弈精炼纳什均衡是(发起，不设)。也就是说，(放弃，设置)这个纳什均衡是不会发生的。第 3 章已经介绍了(放弃，设置)这个纳什均衡不会发生的原因，防御者的“设置”这个策略选择是不可置信的威胁。

在现实中，一个信息系统往往会遭受多个攻击者的轮番攻击。根据中国网络空间安全协会于 2024 年 1 月公布的 2024 年第 2 期《2023 年网络安全态势研判分析年度综合报告》来看，2023 年全年 IPv6 攻击较 2022 年增长 20.34%；全网网络层的 DDoS 攻击次数达 2.51 亿次，受 DDoS 攻击影响的行业较 2022 年有所变化，其中最为严重的是游戏行业；代码执行漏洞数量最多；恶意程序拦截量总体趋于平缓但拦截量仍较大；物联网态势仍严峻，攻击者重点针对消费级 IoT 设备及特定企业的存在漏洞的 IoT 设备进行攻击；累计捕获超过 1200 起针对我国的 APT 攻击活动，APT 组织活动和当前的政治形势、国际关系以及重要漏洞紧密相关，仍以窃取信息和情报，攫取政治、经济利益为目标；新增 1 045 个车联网漏洞，其中高危漏洞 626 个，攻击态势仍严峻。按照图 6.3 所示博弈模型的分析，在所需防御成本大于自身资产损失的时候，设置防御系统明显不是一个最优策略。如果一个防御者面对多个攻击者多次的攻击，例如 10 个攻击者依次攻击一个防御者，那么结果会是什么样呢？

也就是说，如果把这个博弈重复 10 次，博弈模型的均衡会出现什么样的变化呢？重复 10 次的攻防选择博弈还是一个完美信息动态博弈可以利用逆向归纳法来分析。首先对博弈的第 10 个攻击者攻击构成的子博弈模型进行分析。因为没有继续博弈的必要了，该子博弈模型和图 6.3 所示的博弈模型是一样的，所以子博弈精炼纳什均衡也是(发起，不设)。第 10 个攻击者的阶段博弈不受第 9 个攻击者的阶段博弈的影响。因为无论如何第 10 个攻击者的均衡策略是确定的，所以第 9 个攻击者也不受第 10 个攻击者的影响。因此第 9 个攻击者的阶段博弈和图 6.3 所示的博弈模型也是一样的。依次类推，前面 8 次阶段博弈都和图 6.3 所示的博弈模型是一样的。所以该博弈的子博弈精炼纳什均衡是攻击者在每一个阶段都选择策略“发起”，防御者在每一个阶段都选择策略“不设”。这个均衡给每个攻击者和防御者带来的收益也只是图 6.3 所示博弈模型的线性相加。重复并没有改变阶段博弈模型的均衡。

从上文分析可以看出，有限次数重复攻防博弈的子博弈精炼纳什均衡是唯一的。防御者在每个阶段博弈总是不设置防御措施，每个攻击者总是发起攻击。但是这个均衡结果与我们的现实生活是相反的。在现实生活中，即使是个人计算机，也会安装安全系统。当然，原因之一是个人计算机的使用周期通常很长，把这个过程抽象成一个无限次数重复博弈模型，可以用第 6.1.2 节对无限次数重复博弈模型的分析来分析其中的均衡。但是，即使阶段博弈模型重复的次数是事先固定好的，这个重复博弈的子博弈精炼纳什均衡也是同直觉相悖的。例如，一个重复 10 次的攻防选择博弈模型中，防御者在前 9 次都偏离了均衡路径，选择了策略“设置”。因为按照子博弈精炼纳什均衡的指导，攻击者在每次重复阶段博弈时都会选择策略“发起”。所以，攻击者和防御者的收益分别是−4 单位和 1 单位，都是所有策略组合中最低的收益。因为完美信息动态博弈模型中，防御者的策略选择是公共知识，所以攻击者也很清楚防御者的策略选择。那么在第 10 次重复时，攻击者应该如何选择策略呢。直觉上看，攻击者会判断防御者会再次选择策略“设置”。那么此时攻击者选择策略“发起”的收益 u_1(发起, 设置) = −4 ，而攻击者选择策略“放弃”的收益 u_1(放弃, 设置) = 0 。如果攻击者是理性的，肯定会选择策略“放弃”。但是这个策略选择违背了逆向归纳法的理论基础。因为防御者的策略“设置”是一个不可置信的威胁，只要攻击者发起攻击，防御者为了更高的利益肯定会不设置防御系统。逆向归纳法要求，完美信息动态博弈模型中以前阶段参与人的策略选择对后续各阶段参与人的策略选择没有任何影响。第 3.4.2 节对于子博弈精炼纳什均衡的讨论就有分析，前面每次重复中防御者的策略选择“设置”只能被视作防御者的失误，不应该影响第 10 次重复的阶段博弈。该博弈模型的子博弈精炼纳什均衡要求攻击者每次都要选择策略“发起”。这种理论与直觉上的矛盾被称作“连锁店悖论”。

6.4.2 不完美信息下的重复攻防博弈

连锁店悖论是一种对现实抽象过度而导致的建模错误，或者说是完美信息博弈模型使用的局限性造成的。完美信息博弈假设所有博弈的参与人都是理性的，但是生活中总是存在非理性的防御者。可能非理性的防御者存在的概率很小，但是也会影响博弈模型。既然存在非理性的防御者，防御者的类型就不能只有“理性”一个。所以可以把防御者的类型按照其是否理性分为两种：$\Theta=\{\theta_1,\theta_2\}$，其中 θ_1 表示防御者是“理性”类型，θ_2 表示防御者是“感性”类型，且两者概率分别为 $\mu(\theta_1)=1-\epsilon$ 和 $\mu(\theta_2)=\epsilon$ 。这个概率也是公共知识。

为了简化计算，我们对图 6.3 中的收益做了一般化调整，但是没有改变模型的均衡，具体如图 6.4 所示。

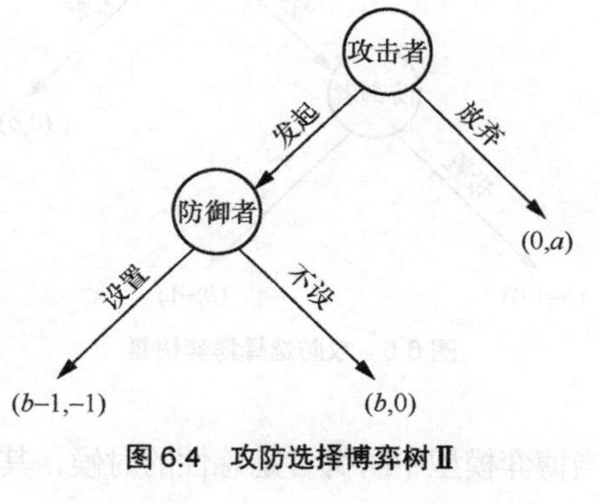

图 6.4 攻防选择博弈树 Ⅱ

从图 6.4 中可以看出，当防御者是理性的时候，防御者的收益函数$u_2(s_1,s_2,\theta_1)$为：

$$u_2(s_1,s_2,\theta_1)=\begin{cases}-1, (s_1=\text{发起})\wedge(s_2=\text{设置})\\ 0, (s_1=\text{发起})\wedge(s_2=\text{不设})\\ a, (s_1=\text{放弃})\end{cases} \quad (6.10)$$

攻击者的收益函数$u_1(s_1,s_2,\theta_1)$是：

$$u_1(s_1,s_2,\theta_1)=\begin{cases}b-1, (s_1=\text{发起})\wedge(s_2=\text{设置})\\ b, (s_1=\text{发起})\wedge(s_2=\text{不设})\\ 0, (s_1=\text{放弃})\end{cases} \quad (6.11)$$

防御者原本资产大小为$a>1$，攻击者攻击成功后的收益为$0<b<1$。如果攻击者不发起攻击，那么攻击者没有收益，而防御者保住了自己的所有资产$a>1$。如果攻击者发起攻击，而用户不设置防御系统，则攻防两者收益分别为b和 0；如果用户设置防御系统，则攻防两者收益分别为$b-1$和-1。

图 6.3 所示的博弈模型中攻击者的收益偏好是u_1(发起，不设，θ_1)>u_1(放弃，*,θ_1)>u_1(发起，设置,θ_1)（即6>0>−4），这和图 6.4 所示博弈模型中攻击者的收益偏好是一致的。而图 6.3 所示博弈模型中防守者的收益偏好是u_2(放弃,*,θ_1)>u_2(发起，不设*,θ_1)>u_2(发起，设置,θ_1)（即10>4>1），这也和图 6.4 所示博弈模型防御者的收益偏好是一致的。所以图 6.3 所示博弈模型和图 6.4 所示博弈模型从结构上看是等价的。如果防御者是理性的，那么图 6.4 所示博弈模型的均衡也是(发起，不设)。

当感性的防御者参与博弈模型的时候，他不太在乎自己在物质上的收益，而更在乎自己是否能够成功阻止攻击。那么当他遭受攻击时，就会偏好设置防御系统。所以感性的防御者与攻击者之间的博弈过程可以被抽象成一个如图 6.5 所示的完美信息动态博弈模型。

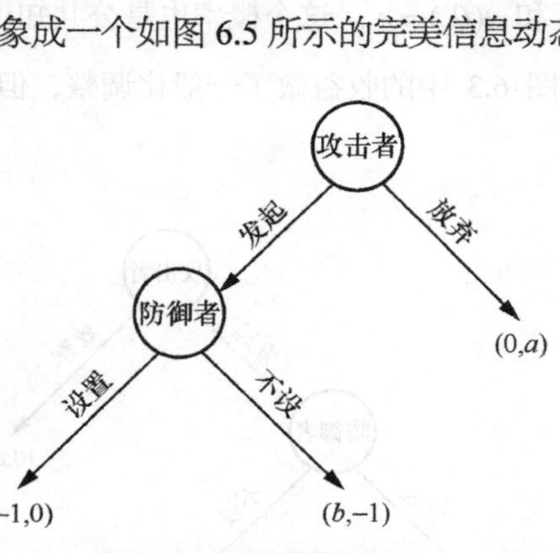

图 6.5　攻防选择博弈树Ⅲ

从图 6.5 中可以看出，当博弈模型中防御者是感性的时候，其收益函数为：

$$u_2(s_1,s_2,\theta_2)=\begin{cases}0, & (s_1=\text{发起})\wedge(s_2=\text{设置})\\ -1, & (s_1=\text{发起})\wedge(s_2=\text{不设})\\ a, & (s_1=\text{放弃})\end{cases} \quad (6.12)$$

攻击者类型是唯一的，所以攻击者的收益只与攻防两方的策略选择有关，与防御者的类型无关。当防御者的类型是“感性”时，攻击者的收益函数$u_1(s_1,s_2,\theta_2)=u_1(s_1,s_2,\theta_1)$，如式（6.11）所示。

当攻击者选择策略“发起”后，防御者的收益是与自己的类型相关的。理性的防御者在攻击者发起攻击的时候，更加偏好策略“不设”；而感性的防御者在攻击者发起攻击的时候，则更加偏好策略“设置”。所以，当攻击者发起攻击时，理性防御者和感性防御者的收益刚好相反。

综上，攻击者的收益为$u_1(s_1,s_2)=u_1(s_1,s_2,\theta_1)$。上述过程可以被抽象成一个精炼贝叶斯博弈。博弈模型如图 6.6 所示。

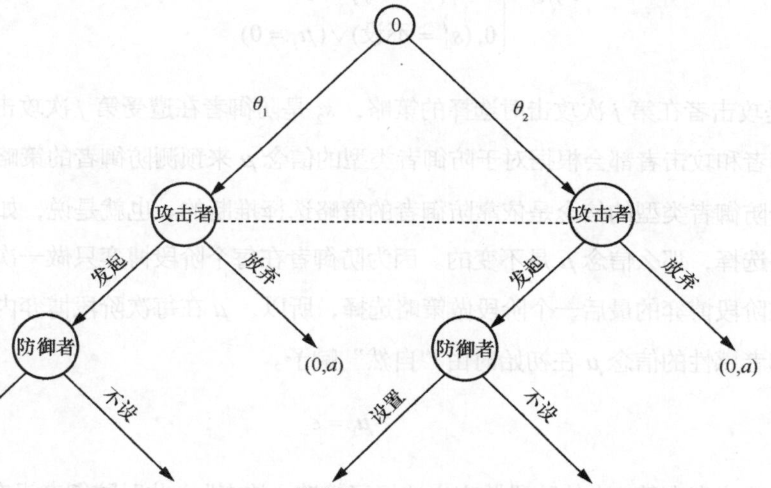

图 6.6　攻防选择博弈树Ⅳ

对图 6.6 所示精炼贝叶斯博弈模型进行分析，当防御者的类型为“理性”时，防御者的策略选择为“不设”。当防御者类型为“感性”时，防御者的策略选择为“设置”。攻击者选择策略“放弃”时的收益$u_1(\text{放弃},s_2)=0$，选择策略“发起”时的收益：

$$u_1(\text{发起},s_2)=(1-\epsilon)b+\epsilon(b-1)=b-\epsilon$$

所以，当$b>\epsilon$时，攻击者选择策略“发起”；当$b<\epsilon$时，攻击者选择策略“放弃”；当$b=\epsilon$时，攻击者以任意概率选择策略。

如果多个攻击者攻击同一个防御者，那么这个过程就可以被抽象成一个图 6.6 所示博弈的有限次数重复博弈模型。设重复次数为 n。当攻击者发起攻击时，对于感性的防御者，肯定会选择策略“设置”，而理性的防御者则会采取一定的策略。根据博弈实验，防御者的一个比较直观的策略是将自己的类型 θ_1 隐藏于 θ_2 中，即防御者希望攻击者认为自己的类型是 θ_2 并认可图 6.4 所示博弈模型中不可置信的威胁，从而使攻击者认为自己会设置防御系统。那么根据第 5.3.2 节信号博弈模型中的描述，基于博弈模型中参与人的理性，理性的防御者隐藏自己的类型的前提是参与人选择隐藏自己的类型的收益会更高。所以理性参与人的一个策略是建立自己感性的声誉。而防御者感性的声誉是依靠自己设置防御措施实现的。理性的攻击者依靠防御者是“感性”类型的概率来预测防御者的策略选择。这个概率就是“信念”。防御者在遭受第 $j+1$ 次攻击时的类型为“感性”的信念 μ_{j+1} 如式（6.13）所示。

$$\mu_{j+1}=\begin{cases}\mu_j,\ (s_1^j=\text{放弃})\\ \max\{b^{n-j},\mu_j\},(s_2^j=\text{设置})\wedge(\mu_j>0)\\ 0,(s_2^j=\text{不设})\vee(\mu_j=0)\end{cases} \tag{6.13}$$

其中，s_1^j 是攻击者在第 j 次攻击时选择的策略，s_2^j 是防御者在遭受第 j 次攻击时选择的策略。理性的防御者和攻击者都会根据对于防御者类型的信念 μ 来预测防御者的策略选择。

- 关于防御者类型的信念是依靠防御者的策略选择推断的。也就是说，如果防御者没有做策略选择，那么信念 μ 是不变的。因为防御者在每个阶段博弈只做一次策略选择，而且是在阶段博弈的最后一个阶段做策略选择，所以，μ 在每次阶段博弈内是不变的。
- 防御者感性的信念 μ 在初始时由“自然”赋予。

$$\mu_1=\epsilon \tag{6.14}$$

- 如果攻击者在第 j 次的阶段博弈中选择了策略“放弃”，此时防御者没有在第 j 次博弈中做出策略选择，所以信念不变。
- 如果攻击者选择了策略“发起”，那么防御者类型的信念根据其选择的策略分为两种情况。
  - ➢ 如果防御者选择了策略“设置”，防御者是感性的概率不会降低。因为 $0<b<1$，所以，b^{n-j} 随着攻击者发起攻击的次数 j 的增加而增大。但是由于防御者又一次选择了策略“设置”，所以防御者的信念不会低于上次攻击时的信念。
  - ➢ 由于感性的防御者的策略选择是一直选择策略“设置”，所以如果防御者选择了策略“不设”，那么认为防御者的类型一定是“理性”。而且，一旦防御者被认定为理性，那么这个信念会一直持续到博弈结束。

例如，某个信息系统已经有了明确的停运日期，所以可以估算直至系统停运会发生多少次系统攻击。防御者需要设置防御系统，防御在某天以内的攻击，而对某天之后的攻击采取不理会的策略。具体措施如下。

- 如果防御者是感性的，则其策略选择为：

$$s_2^*(\theta_2)=\text{设置} \tag{6.15}$$

- 如果防御者是理性的，则其策略选择为：

$$s_2^*(\theta_1)=\begin{cases}\text{不设}, & j=n\\ \text{设置}, & (j\leqslant n-1)\wedge(\mu_j>b^{n-j})\\ m_2^j, & (j\leqslant n-1)\wedge(\mu_j\leqslant b^{n-j})\end{cases} \tag{6.16}$$

其中，m_2^j 表示防御者的混合策略 $(p_j,1-p_j)$，即防御者以 p_j 的概率选择策略“设置”。p_j 满足式（6.17）。

$$p_j=\frac{\mu_j(1-b^{n-j})}{(1-\mu_j)b^{n-j}} \tag{6.17}$$

➢ 因为是否建立声誉在模型中不再有意义，所以最后一次重复的阶段博弈已经没有建立声誉的必要了。而 $u_2(\text{发起, 不设},\theta_1)>u_2(\text{发起, 设置},\theta_1)$，根据博弈模型中理性参与人的假设，理性的防御者在阶段博弈的最后一次重复时，选择策略“不设”。

➢ 当 $j\leqslant n-1$ 时，说明不是最后一次重复的阶段博弈。根据防御者类型的信念，其策略选择也分为两种情况。

◆ 当 $\mu_j>b^{n-j}$ 时，认为此时防御者是感性的信念更高，所以防御者选择策略“设置”。

◆ 当 $\mu_j\leqslant b^{n-1}$ 时，认为此时防御者是理性的信念更高，所以防御者选择混合策略 $m_2{}^j=(p_j,1-p_j)$。防御者在第 j 次重复时，以概率 p_j 选择策略“设置”，以概率 $1-p_j$ 选择策略“不设”。根据式（6.17），有如下几个结论。

✧ 当防御者的信念 $\mu_j=b^{n-j}$ 时，$p_j=1$。也就是说，当自己在一定的概率上被认为是感性的时候，防御者总是选择策略“设置”。

✧ 防御者的信念 $\mu_j=0$ 时，$p_j=0$。也就是说，当自己被确定为理性的时候，防御者再设置防御系统已经没有意义了。

✧ 当最后一个阶段 $(n=j)$ 时，$p_j=0$。也就是说，最后一个阶段理性防御者总是不设置防御系统。这与式（6.16）是一致的。

- 攻击者的策略选择 s_1^* 为：

$$s_1^*=\begin{cases}\text{放弃}, & (\mu_j>b^{n-j+1})\\ m_1^j, & (\mu_j=b^{n-j+1})\\ \text{发起}, & (\mu_j<b^{n-j+1})\end{cases} \tag{6.18}$$

其中，m_1^j 表示攻击者的混合策略 $(q_j,1-q_j)$，即攻击者以 q_j 的概率选择策略“发起”，q_j 满足 $q_j=\dfrac{a-1}{a}$。

攻击者在做第 j 次重复博弈的策略选择时，防御者还没有第 j 次博弈时的行动，所以攻击者只能从前 j–1 次博弈中提取防御者的信息。理性的攻击者的策略选择完全取决于对防御者类型的信念。

➢ 当防御者感性的信念足够大时，攻击者选择放弃攻击。

➢ 当防御者感性的信念处于一个中间值时，攻击者选择混合策略。

➢ 当防御者感性的信念足够小时，攻击者选择发起攻击。

关于攻防的重复选择，最直观的方法是用扩展式来分析。将多个攻击者对防御者的重复攻击用博弈树表示出来。对图 6.5 所示的一阶段博弈模型进行分析，该博弈模型是重复博弈的第一个阶段，即 $j=1$，根据式（6.13），防御者感性的信念为 $\mu_1=\epsilon$。该博弈模型也是重复博弈的最后一个阶段，根据式（6.15），感性的防御者的策略选择是“设置”；根据式（6.16），理性的防御者的策略选择是“不设”。因为 $j=1$ 且 n=1，所以，$b^{n-j+1}=b$。根据式（6.18），攻击者的策略选择是：

- 如果 $\epsilon>b$，则选择策略“放弃”；
- 如果 $\epsilon=b$，则选择混合策略；
- 如果 $\epsilon<b$，则选择策略“发起”。

这个结果与上文对精炼贝叶斯博弈模型的分析是一致的，所以策略组合 $(s_1^*(\theta_1),s_1^*(\theta_2),s_2^*)$ 是图 6.6 所示阶段博弈 1 次重复模型的精炼贝叶斯均衡。

如果两个攻击者依次对一个防御者进行攻击，那么就是一个有 3 个参与人的博弈模型。如图 6.7 所示，防御者重复博弈的收益是两次博弈的收益之和。由于信息系统是数字资产，可以认为攻击者的收益不会因为攻击顺序改变。攻击者不能确定防御者的类型，每个阶段博弈中的攻击者只有一次选择策略的机会。第一次阶段博弈时，第 1 个攻击者只有一次策略选择，所以攻击者 1 只有 1 个信息集。第一阶段博弈产生 3 个博弈结果。攻击者 2 只能观察到每个策略组合下的博弈结果。攻击者 2 在第一阶段博弈的每个博弈结果下也只有一次选择机会。所以攻击者 2 有 3 个信息集。

根据式（6.15）可以确定，感性的防御者在博弈模型中的策略选择都是“设置”；根据式（6.16）可以确定，理性的防御者在第 2 阶段的策略选择都是“不设”。所以，整个博弈模型只剩下图 6.7 中攻击者的 4 个信息集 $\{I_1,I_2,I_3,I_4\}$ 和防御者的一个信息集 T 需要精炼贝叶斯均衡来预测。

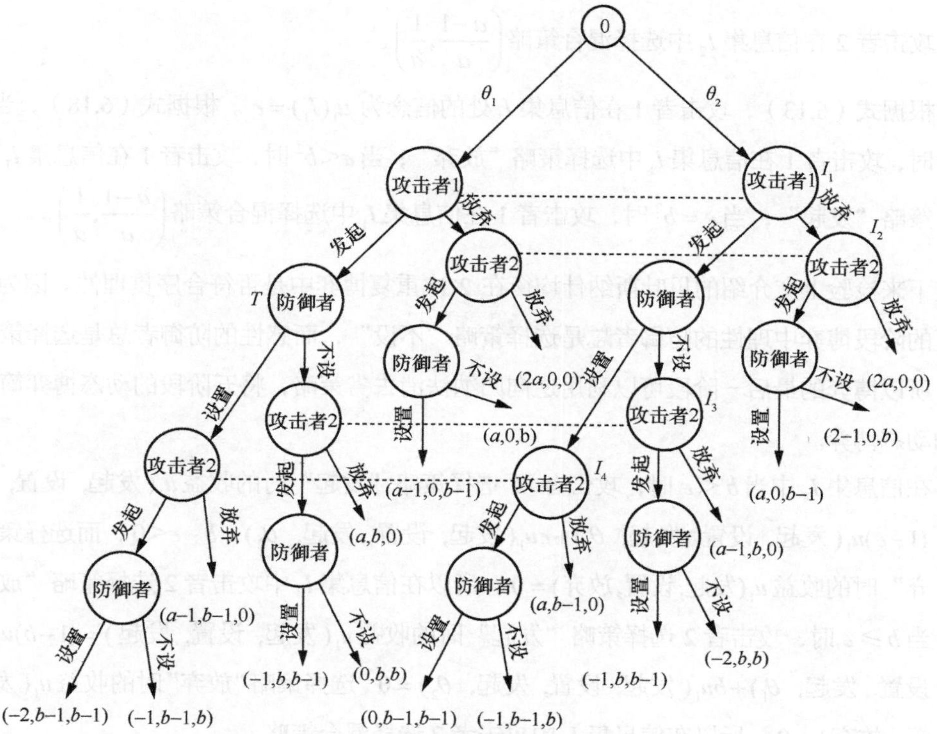

图 6.7　攻防选择博弈树 V

- 根据式（6.13），攻击者 1 在第 1 次阶段博弈时选择策略“发起”后，如果防御者选择策略“设置”，信息集 I_4 内的信念为 $\mu_2(I_4)=\max\{\epsilon,b\}$。根据式（6.18），当 $\epsilon>b$ 时，$\mu_2(I_4)=\epsilon>b$，则攻击者选择策略“放弃”；当 $\epsilon\leqslant b$ 时，$\mu_2(I_4)=b$，则攻击者选择混合策略 $\left(\dfrac{a-1}{a},\dfrac{1}{a}\right)$。
- 根据式（6.13），攻击者 1 在第 1 次阶段博弈中选择策略“发起”后，如果防御者选择策略“不设”，信息集 I_3 内的信念为 $\mu_2(I_3)=0$。根据式（6.18），当 $\mu_2(I_3)<b$ 时，攻击者 2 总是在信息集 I_3 中选择对系统发起攻击。
- 根据式（6.13），防御者在决策点 T 处的信念同攻击者 1 在信息集 I_1 处一致，即 $\mu_1(T)=\mu_1(I_1)$。而攻击者 1 在 I_1 处的信念为自然赋予的初始信念 $\mu_1(I_1)=\epsilon$，所以在决策点 T 的信念为 $\mu_1(T)=\epsilon$。根据式(6.16)，当 $\epsilon>b$ 时，防御者在决策点 T 中选择策略“设置”；当 $\epsilon\leqslant b$ 时，防御者在决策点 T 中选择混合策略 $p_j=\dfrac{\epsilon(1-b)}{(1-\epsilon)b}$。
- 根据式（6.13），攻击者 1 在第 1 次阶段博弈中选择策略“放弃”后信念不变。所以在这个信息集内的信念为 $\mu_2(I_2)=\epsilon$。根据式（6.18），当 $\epsilon>b$ 时，攻击者 2 在信息集 I_2 中选择策略“放弃”；当 $\epsilon<b$ 时，攻击者 2 在信息集 I_2 中选择策略“发起”；当 $\epsilon=b$ 时，

攻击者 2 在信息集 I_2 中选择混合策略 $\left(\frac{a-1}{a},\frac{1}{a}\right)$。

- 根据式（6.13），攻击者 1 在信息集 I_1 处的信念为 $\mu_1(I_1)=\epsilon$。根据式（6.18），当 $\epsilon>b^2$ 时，攻击者 1 在信息集 I_1 中选择策略“放弃”；当 $\epsilon<b^2$ 时，攻击者 1 在信息集 I_1 中选择策略“发起”；当 $\epsilon=b^2$ 时，攻击者 1 在信息集 I_1 中选择混合策略 $\left(\frac{a-1}{a},\frac{1}{a}\right)$。

接下来检验上文介绍的贝叶斯纳什均衡在 2 次重复博弈中是否符合序贯理性。因为在第 2 次重复的阶段博弈中理性的防御者总是选择策略“不设”，而感性的防御者总是选择策略“设置”，所以博弈的最后一阶段可以利用逆向归纳法消去劣策略，将五阶段的动态博弈简化为四阶段的动态博弈。

- 在信息集 I_4 中当 $b<\epsilon$ 时，攻击者 2 选择策略“发起”时的收益 u_1(发起, 设置, 发起)= $(1-\epsilon)u_1$(发起, 设置, 发起, θ_1) $+\epsilon u_1$(发起, 设置, 发起, θ_2) $=b-\epsilon<0$，而选择策略“放弃”时的收益 u_1(发起,设置,放弃) $=0$，所以在信息集 I_4 中攻击者 2 选择策略“放弃”；当 $b\geqslant\epsilon$ 时，攻击者 2 选择策略“发起”时的收益 u_1(发起, 设置, 发起) $=(1-b)u_1$(发起, 设置, 发起, θ_1) $+bu_1$(发起, 设置, 发起, θ_2) $=0$，选择策略“放弃”时的收益 u_1(发起, 设置, 放弃) $=0$，所以在信息集 I_4 中攻击者 2 选择混合策略。
- 在信息集 I_3 中，攻击者 2 选择策略“发起”时的收益 u_1(发起,不设,发起) $=1\times u_1$(发起,不设,发起,θ_1) $=b$，选择策略“放弃”时的收益 u_1(发起,不设,放弃) $=0$。因为 $b>0$，所以在信息集 I_3 中攻击者 2 总是选择策略“发起”。
- 在信息集 I_2 中，攻击者 2 选择策略“发起”时的收益 u_1(放弃,发起,*) $=(1-\epsilon)u_1$(放弃,发起,*,θ_1) $+\epsilon u_1$(放弃,放弃,*,θ_2) $=b-\epsilon$，选择策略“放弃”时的收益 u_1(发起,设置,放弃) $=0$。所以当 $b>\epsilon$ 时，在信息集 I_2 中攻击者 2 总是选择策略“发起”；当 $b<\epsilon$ 时，在信息集 I_2 中攻击者 2 总是选择策略“放弃”；当 $b=\epsilon$ 时，在信息集 I_2 中攻击者 2 总是选择混合策略。
- 当 $b\geqslant\epsilon$ 时，防御者在决策点 T 选择策略“设置”时的收益 u_2(发起, 设置,*,θ_1) $=\frac{a-1}{a}u_2$(发起, 设置, 发起, θ_1) $+\frac{1}{a}u_2$(发起, 设置, 放弃, θ_1) $=0$，选择策略“不设”时的收益 u_2(发起,不设,*,θ_1) $=0$，所以防御者选择混合策略；当 $\epsilon>b$ 时，防御者选择策略“设置”的收益 u_2(发起, 设置,*,θ_1) $=a-1>0$，选择策略“不设”的收益 u_2(发起, 不设,*,θ_1) $=0$，所以防御者选择策略“设置”。
- 由以上分析可知，
  - 当 $\epsilon>b$ 时，防御者在决策点 T 选择策略“设置”，攻击者 2 在信息集 I_4 上选择策略“放弃”，攻击者 1 选择策略“发起”的收益 u_1(发起,*,*,*) $=(1-\epsilon)u_1$(发起, 设置, 放弃, θ_1)$+\epsilon u_1$(发起, 设置, 放弃, θ_2)$=b-1<0$，选择策略“放弃”的收益 u_2(放弃, *, *, *)$=0$。所以当 $\epsilon>b$ 时，攻击者 1 在信息集 I_1 中总是选择策略“放弃”。

➢ 当 $\epsilon\leqslant b$ 时，防御者在决策点 T 选择策略“设置”的收益为：

$$u_1(\text{发起},\text{设置},*,\theta_1)=q_2u_1(\text{发起},\text{设置},\text{发起},\theta_1)+(1-q_2)u_1(\text{发起},\text{设置},\text{放弃},\theta_1)=b-1 \tag{6.19}$$

选择策略“不设”的收益为：

$$u_1(\text{发起},\text{不设},*,\theta_1)=u_1(\text{发起},\text{不设},\text{发起},\theta_1)=b \tag{6.20}$$

如果遇到理性的防御者，根据式（6.19）和式（6.20），攻击者 1 选择策略“发起”的收益为：

$$u_1(\text{发起},*,*\theta_1)=p_1u_1(\text{发起},\text{设置},*,\theta_1)+(1-p_1)u_1(\text{发起},\text{不设},*,\theta_1)=p_1(b-1)+(1-p_1)b=b-p_1 \tag{6.21}$$

如果遇到感性的防御者，攻击者 1 选择策略“发起”的收益为：

$$u_1(\text{发起},*,*,\theta_2)=u_1(\text{发起},\text{设置},*,\theta_2)=q_1u_1(\text{发起},\text{设置},\text{发起},\theta_2)+(1-q_1)u_1(\text{发起},\text{设置},\text{放弃},\theta_2)=b-1 \tag{6.22}$$

根据式（6.21）和式（6.22），攻击者 1 选择策略“发起”的收益为：

$$u_1\left(\text{发起},*,*,*\right)=(1-\epsilon)(b-p_1)+\epsilon(b-1)=(1-\epsilon)\left(b-\frac{(1-b)}{b(1-\epsilon)}\right)+\epsilon(b-1)=\frac{b^2-\epsilon}{b} \tag{6.23}$$

因为攻击者 1 选择策略“放弃”的收益为 0，所以根据式（6.23），当 $\epsilon\leqslant b$ 时，攻击者 1 的策略选择为：

- 当 $b^2<\epsilon\leqslant b$ 时，u_1(发起,*,*,*)<0，所以攻击者 1 选择策略“放弃”；
- 当 $\epsilon=b^2$ 时，u_1(发起,*,*,*)$=0$，所以攻击者 1 选择混合策略；
- 当 $\epsilon<b^2$ 时，u_1(发起,*,*,*)>0，所以攻击者 1 选择策略“发起”。

通过以上分析可知，策略组合 $\left(s_1^*(\theta_1),s_1^*(\theta_2),s_2^*\right)$ 是图 6.6 所示阶段博弈 2 次重复模型的精炼贝叶斯均衡。

在不完美信息有限次数重复网络攻防博弈模型中，攻击者发起攻击的可能性主要与防御者的类型分布和攻击者的收益有关。在“自然”赋予防御者类型分布 ϵ 确定的基础上，攻击者攻击成功后所获得的收益 b 越大，则攻击者收到的激励越大，攻击者发起攻击的概率也就越大。而在攻击者收益 b 确定的基础上，防御者一开始类型为“感性”的概率 ϵ 越大，则攻击者发起攻击的概率越小。另外，还有一个影响攻击者策略选择的因素，即剩余的博弈次数。因为 $0<b<1$，

当攻击者的收益 b 确定后，剩余的博弈次数 $n-j$ 越大，b^{n-j} 越小，也就意味着攻击者发起攻击需要的动机 ϵ 越小。毕竟，如果预计的攻击次数越多，理性的防御者隐藏自己的类型来迫使攻击者放弃攻击的动机也就越大。所以，即使是小型的个人计算机也会安装一定的防御系统来抵御攻击，随着时间的推移，系统将不再运行，那么也就没有对其进行维护的必要了。如果是即将报废的物理设备，也就不需要更新防御系统了。

第 7 章 演化博弈

7.1 隐私分享系统演化

之前介绍的博弈模型都是基于参与人的理性假设，即参与人在博弈模型中，对博弈的信息和知识有准确的认识、分析和判断能力，具备足够的公共知识，能够根据各种策略组合下的收益理性分析博弈模型，进而推导出模型的均衡。然而这个假设在现实生活中过于苛刻。现实中存在着各种各样的系统，一个系统内也有各种各样的用户。这些系统也有自己内在特征，这些特征并不是可以根据参与人的理性选择的。或者参与人不太关心自己在系统中的收益。在竞争的环境下，有些系统的特征可以符合用户的特点，吸引更多的用户参与，从而能够维持运行；但是有些系统的特征就不太能吸引用户，这些系统就缺少持续运行的条件。要分析这种情况，为系统的运行结果做预判，就需要新的博弈工具。

在过去几十年里，博弈论在生物学界，尤其是动物行为学方面有很大的发展。在分析动物行为的时候，可以把动物的基因抽象成博弈模型中的策略，然后把遗传适应看作收益。带有适合基因的个体会繁衍，带有不适合基因的个体会灭绝。如果带有某种基因的动物种群壮大了，并不是它们选择了这种基因，而是带有该基因的生物在生物界中相对于带有其他基因的生物有更高的收益，从而能够繁衍出更多的后代。另外，生物学，尤其是进化生物学对信息学也有所影响。可以把系统的竞争理解成生物的竞争。所有用户可以被抽象成一个生态系统中的种群。被系统吸引的用户就被抽象成带有某种基因的个体的繁衍，而退出系统的用户就被抽象成带有某种基因的个体的灭绝。

进一步地，把这个生物种群抽象成一个博弈模型，种群中的生物个体就是博弈模型中的参与人。由于生物个体之间的竞争属于同种生物的竞争，那么，所有种群中个体的策略集和收益都是相同的，或者说它们的基因和某种基因带给它们的影响是相同的，所以对这种演化状态进行分析的博弈模型都是对称的。这个博弈模型中所有的参与人都采用相同的策略 s，小部分用另一种策略 s' 的个体进入了这个种群，它们将随机配对进行博弈，由此获得了每个策略在博弈模型中的期望收益。这样，对生物种群的分析便被转化成对博弈模型的分析，从而可以用博弈论的方法来解决生物学问题。

博弈模型建模过程中的一个重要假设是参与人的理性，即参与人总是在博弈模型中选择使自己获得最大收益的策略。对个体策略 s 是否成功的衡量就可以被抽象成策略 s 在博弈模型中是否能获得更大的收益。收益高的个体数量会增长，收益低的个体数量会减小。当带有策略 s' 的入侵个体面对周围带有策略 s^* 的原始个体没有收益时，入侵个体很难在种群内繁衍下去，那么就可以认为带有策略 s' 的入侵个体对种群没有影响。此时假设群体中入侵个体占所有个体总数的比例为 ϵ，其中 ϵ 满足 $0<\epsilon<1$，那么原始个体的个数占比为 $1-\epsilon$。通常，一开始使用策略 s' 的个体进入种群的时候数量是较少的。所以，大多数情况下它们与使用策略 s^* 的个体进行博弈。这时，原始种群个体的期望收益为 $E(s^*)=(1-\epsilon)u_{s^*}(s^*,s^*)+\epsilon u_{s^*}(s^*,s')$，而入侵种群个体期望收益为 $E(s')=(1-\epsilon)u_{s'}(s',s^*)+\epsilon u_{s'}(s',s')$。

$E(s^*)>E(s')$，说明入侵种群个体在原始种群中不能生存，所以入侵个体对原始种群的状态不会产生影响。当对于所有入侵个体的策略 s'，原始种群个体的 s^* 都满足 $E(s^*)>E(s')$ 时，那么原始种群的状态就是稳定的，原始种群个体的策略 s^* 就被称作进化稳定策略。

定义 7.1 进化稳定策略。一个有两个参与人的对称博弈 $G=\{\Gamma,S,U\}$ 中，纯策略 $s^*\in S$ 是进化稳定策略，如果存在 $0<\epsilon'<1$，对于任意的 $0<\epsilon<\epsilon'$，

$$(1-\epsilon)u(s^*,s^*)+\epsilon u(s^*,\neg s^*)>(1-\epsilon)u(\neg s^*,s^*)+\epsilon u(\neg s^*,\neg s^*) \tag{7.1}$$

因为博弈模型是对称的，所有参与人的策略集合收益都是相同的，所以收益函数省略了下标。

第 2 章介绍了一个需要用户贡献隐私的系统中，用户的策略集为{分享，保护}。也就是说，某些用户是“分享型”，总是乐于分享自己的隐私数据；而另一些用户是“保护型”，他们不愿意分享自己的隐私数据。整个博弈可以用表 2.5 所示策略式表达。用进化稳定策略可以分析经过长时间的运行，这个系统会达到一种什么样的状态。

可以把系统运行的过程抽象成一个演化博弈模型。此时用户的收益 n 可以理解成博弈用户对系统内其他用户数目的影响，其中 n 为整数。当 $n>0$ 时可以简单理解成用户会帮系统介绍 n 个新的同类型用户加入系统；当 $n<0$ 时，可以理解成会有 n 个同类型用户退出系统。这是一个合理的解释。毕竟，用户如果在系统中能有更好的收益，则更愿意将系统推荐给其他新的同类型用户；如果没有收益，甚至是负收益，则会影响新的同类型用户的加入，甚至使系统内更多同类型用户退出系统。以该博弈模型为例，如果系统内两个用户都是“分享型”用户，那么双方收益都是 2 单位，每个用户都会介绍其他 2 个“分享型”用户加入系统；如果一个“分享型”

用户在系统内遇到了“保护型”用户，“分享型”用户收益为–2 单位，则他会退出系统也会建议系统中其他“分享型”用户退出系统，平均 2 人退出系统。这种情况下对模型中的策略“分享”和“保护”进行分析。

首先根据演化博弈的定义，分析策略“分享”。即一个都是“分享型”用户的系统，最终状态会如何。当对于任意小的ϵ，满足$0<\epsilon<1$。

- 用户选择策略“分享”时的期望收益为$E(\text{分享})=(1-\epsilon)u(\text{分享, 分享})+\epsilon u(\text{分享, 保护})=2\times(1-\epsilon)-2\epsilon=2-4\epsilon$。
- 用户选择策略“保护”时的期望收益为$E(\text{保护})=(1-\epsilon)u(\text{保护, 分享})+\epsilon u(\text{保护, 保护})=3\times(1-\epsilon)+0\epsilon=3-3\epsilon$。

因为$\epsilon\in(0,1)$，所以$E(\text{分享})<E(\text{保护})$。根据式（7.1），策略“分享”不是进化稳定策略。这意味着在一个需要隐私分享的系统中，如果原本的状态是只有“分享型”用户，则这种状态是极不稳定的。如果“保护型”用户加入系统，则其能够获得较大的收益，所以少量的“保护型”用户加入系统后会有更多的“保护型”用户加入系统，从而改变系统的状态。

接下来根据演化博弈的定义，分析策略“保护”。即一个都是“保护型”用户的系统，最终状态会如何。

- 用户选择策略“保护”时的期望收益为$E(\text{保护})=(1-\epsilon)u(\text{保护, 保护})+\epsilon u(\text{保护, 分享})=0\times(1-\epsilon)+3\epsilon=3\epsilon$。
- 用户选择策略“分享”时的期望收益为$E(\text{分享})=(1-\epsilon)u(\text{分享, 保护})+\epsilon u(\text{分享, 分享})=-2\times(1-\epsilon)+2\epsilon=4\epsilon-2$。

因为$\epsilon\in(0,1)$，所以$E(\text{保护})>E(\text{分享})$。根据式（7.1），策略“保护”是进化稳定策略。这意味着在一个需要隐私分享的系统中，原本的状态是只有“保护型”用户，那么这种状态是稳定的。“分享型”用户加入系统后，由于所获得的收益较小，所以这些用户即使加入该系统也会很快退出，或者数目增加的速度小于“保护型”用户增加的速度，不会影响系统的状态。

“进化”的字面上有“进步”的意思。直观上，如果一种突变按照进化论被保留了下来，那么这种基因应该比原始基因有更优的特征。但是从演化博弈的观点来看，按照进化论被保留下来的策略组合可能并不是帕累托占优的。根据第 2 章对“帕累托占优”的介绍，策略组合（分享, 分享）明显帕累托占优于策略组合（保护，保护），但是从表 2.5 所示演化博弈模型来看，按照进化论被保留下来的策略组合不是更有效率的。按照上文的分析，任何需要隐私分享的系统，一旦在策略“分享”或者“保护”中出现突变，那么系统最终的状态是整个系统内只有带有策略“保护”的用户。

从表 2.5 所示博弈模型中可以看出，严格劣策略肯定不是进化稳定策略。这是因为如果个体的策略集中存在一个其他策略严格占优于严格劣策略，那么由带有严格劣策略的个体组成的系统中若存在其他策略则会突变，如该博弈模型中的策略“分享”。相应地，另外一个策略“保护”就是严格占优策略。如果 s^* 是博弈模型中的严格占优策略，则 s^* 对任意的策略 s 满足 $u(s^*,s)>u(\neg s^*,s)$，s 包括 s^* 和 $\neg s^*$，即：

$$\begin{cases} u(s^*,s^*) > u(\neg s^*,s^*) \\ u(s^*,\neg s^*) > u(\neg s^*,\neg s^*) \end{cases}$$

所以，如果 s^* 是严格占优策略，则 s^* 一定满足式（7.1）。因为博弈模型是对称的，所以由策略 s^* 组成的策略组合一定是严格占优均衡。

7.2 联邦学习系统演化

第 7.1 节介绍了，博弈模型中的严格占优策略 s^* 一定是其所示演化博弈模型中的进化稳定策略。严格占优均衡是强纳什均衡的充分条件。那么，是否可以把这个性质推广到博弈模型中构成强纳什均衡的策略呢？根据第 2.3.5 节中“强纳什均衡”的定义，如果策略组合 (s^*,s^*) 是博弈模型中的强纳什均衡，则 s^* 对个体满足：

$$u(s^*,s^*)>u(\neg s^*,s^*) \tag{7.2}$$

定理 7.1　演化博弈模型 G 中的策略 s^* 满足式（7.1）的充分条件为策略组合 (s^*,s^*) 是强纳什均衡。

证明：因为策略组合 (s^*,s^*) 是强纳什均衡，所以满足 $u(s^*,s^*)>u(\neg s^*,s^*)$。$u(s^*,\neg s^*)$ 和 $u(\neg s^*,\neg s^*)$ 的关系可以分为两种：

- 根据式（7.2），当 $u(s^*,\neg s^*)\geqslant u(\neg s^*,\neg s^*)$ 时，则有 $(1-\epsilon^*)u(s^*,s^*)+\epsilon u(s^*,\neg s^*)>(1-\epsilon)u(\neg s^*,s^*)+\epsilon u(\neg s^*,\neg s^*)$，即策略 s^* 是进化稳定策略。
- 根据式（7.2），当 $u(s^*,\neg s^*)<u(\neg s^*,\neg s^*)$ 时，则有 $u(s^*,s^*)-u(\neg s^*,s^*)+u(\neg s^*,\neg s^*)-u(s^*,\neg s^*)>0$，所以 $0<\dfrac{u(s^*,s^*)-u(\neg s^*,s^*)}{u(s^*,s^*)-u(\neg s^*,s^*)+u(\neg s^*,\neg s^*)-u(s^*,\neg s^*)}<1$。也就是说，存在 $0<\dfrac{u(s^*,s^*)-u(\neg s^*,s^*)}{u(s^*,s^*)-u(\neg s^*,s^*)+u(\neg s^*,\neg s^*)-u(s^*,\neg s^*)}=\epsilon'$，对于任意的 $0<\epsilon<\epsilon'$，满足式(7.1)，即策略 s^* 是进化稳定策略。

根据以上分析可得，策略 s^* 是进化稳定策略。

第 7.1 节介绍了进化稳定策略的定义。定义 7.1 是 1973 年由梅纳德·史密斯提出的，是从生物学的观点对进化稳定策略进行定义。其检验标准难免复杂烦琐。而定理 7.1 是从博弈论的角度对进化稳定策略进行描述。对演化博弈模型进行分析，通过博弈模型中的均衡来定义进化稳定策略。这样一来，检验进化稳定策略的标准就大大简化了。

我们以第 2.5.2 节介绍的不对称收益下的联邦学习系统选择为例，根据定理 7.1 分析一下表 7.1 所示博弈模型的进化稳定策略。假设两个有意愿参与联邦学习的用户，分别记为用户 1 和用户 2。训练出高质量模型需要两个用户的本地模型，单独一个用户的本地模型无法训练出有效模型。那么这个系统最终会呈现的状态就可以用式（7.2）进行分析。

表 7.1 联邦学习系统用户选择博弈 I

s_1	(u_1,u_2)	
	s_2=系统 A	s_2=系统 B
系统 A	(2, 2)	(0, 0)
系统 B	(0, 0)	(1, 1)

根据定理 7.2，对博弈模型中的策略进行分析。

- 对策略“系统 A”是否为纳什均衡进行检验：$u(系统A,系统A)=2$，$u(系统B,系统A)=0$。

因为$u(系统A,系统A)>u(系统B,系统A)$，所以策略“系统 A”是进化稳定策略。这意味着在一个需要选择学习系统的联邦学习系统中，原本的状态是只有选择“系统 A”的用户，那么这种状态是稳定的。即使有少量选择“系统 B”的用户加入系统，由于所获得的收益较小，这些用户加入该系统不会影响系统的状态。

- 对策略“系统 B”是否为纳什均衡进行检验：$u(系统B,系统B)=1$，$u(系统A,系统B)=0$。

因为$u(系统B,系统B)>u(系统A,系统B)$，所以策略“系统 B”也是进化稳定策略。这意味着在一个需要选择学习系统的联邦学习系统中，原本的状态是只有选择“系统 B”的用户，那么这种状态是稳定的。即使有少量选择“系统 A”的用户加入系统，由于所获得的收益较小，这些用户加入该系统不会影响系统的状态。

通过以上分析可知，策略“系统 A”和“系统 B”都是强纳什均衡，也都是进化稳定策略。少量选择其他策略的用户的加入不会影响系统的状态。表 2.5 所示演化博弈模型中，只有一个策略为严格占优均衡。根据第 2.3.5 节对严格占优均衡的分析，这个演化博弈模型只有一个强纳什均衡，也只有这一个进化稳定策略，那么这个博弈模型代表的系统最终的结果就是系统内的用户都是持有这个进化稳定策略的用户。所以，这就带来一个问题：所谓的“少量”需要如何衡量？或者说，一个演化博弈模型中有多个进化稳定纯策略，那么有没有其他策略选择可以成为进化稳定策略？

本章到目前为止我们分析的都是强纳什均衡。而构成强纳什均衡的策略一定是纯策略，所以强纳什均衡一定是纯策略纳什均衡。继续分析表 7.1 所示博弈模型可以看出，该博弈模型除了（系统 A, 系统 A）和（系统 B, 系统 B）这两个纯策略纳什均衡，还有一个纳什均衡是混合策略纳什均衡$\left(\left(\frac{1}{3},\frac{2}{3}\right),\left(\frac{1}{3},\frac{2}{3}\right)\right)$，即用户以$\frac{1}{3}$的概率选择策略“系统 A”，以$\frac{2}{3}$的概率选择策略“系统 B”。

设系统内用户分布为$Q=(q,1-q)$，即选择策略“系统 A”的用户占比为q。用户选择策略“系统 A”的期望收益为$u(\text{系统 A},Q)=qu(\text{系统 A, 系统 A})+(1-q)u(\text{系统 A, 系统 B})=2q$，用户选择策略“系统 B”的期望收益为$u(\text{系统 B},Q)=qu(\text{系统 B, 系统 A})+(1-q)u(\text{系统 B, 系统 B})=1-q$。所以当这个系统中选择策略“系统 A”的用户的概率$q>\frac{1}{3}$时，$u(\text{系统 A},Q)>u(\text{系统 B},Q)$；当$q<\frac{1}{3}$时，$u(\text{系统 A},Q)<u(\text{系统 B},Q)$。

设系统中所有用户数量为m，系统内选择策略“系统 A”的用户数目为mq。按照用户收益n为用户介绍n个和自己策略相同的新用户的条件来看，第二次博弈时，系统内选择策略“系统A”的用户数目为$2mq^2$；同理第二次博弈时，系统内选择策略“系统B”的用户数目为$m(1-q)^2$。则第二次博弈时，选择策略“系统 A”的用户占比$q_2=\frac{2q^2}{3q^2-2q+1}$。依次类推，第$k+1$次与第$k$次博弈时选择“系统 A”的用户占比的关系是：

$$q_{k+1}=\frac{2q_k}{3q_k^2-2q_k+1}q_k$$

设q的函数为$f(q)$，如式（7.3）所示，则有$q_{k+1}=f(q_k)q_k$。

$$f(q)=\frac{2q}{3q^2-2q+1} \tag{7.3}$$

对式（7.3）求导得：

$$f'(q)=\frac{2-6q^2}{(3q^2-2q+1)^2}$$

当$q=\frac{\sqrt{3}}{3}$时，$f(q)$取得极大值。函数$f(q)$在$\left[0,\frac{\sqrt{3}}{3}\right]$内单调递增，在$\left[\frac{\sqrt{3}}{3},1\right]$内单调递减。因为$f\left(\frac{1}{3}\right)=1$且$\frac{1}{3}\in\left[0,\frac{\sqrt{3}}{3}\right]$，所以当$q\in\left[0,\frac{1}{3}\right)$时，$f(q)<1$。数列$\{q_k\}$有：

$$\lim_{k\to\infty}q_k=0$$

这个混合策略可以解释为，当这个系统中选择策略“系统 A”的用户占比小于$\frac{1}{3}$时，随着博弈次数的增加，系统中选择策略“系统 A”的用户的比例会慢慢减小，最终趋向 0，这时策略“系统 A”不是稳定的。也就是说，在一个用户都选择“系统 A”的系统中，新加入的选择

“系统 B”的用户有很多，多到占总用户数目的$1-q$，而且$q<\frac{1}{3}$，这时系统内的状态就会发生改变。同理，当这个系统中选择策略“系统 A”的用户占比大于$\frac{1}{3}$时，策略“系统 A”是稳定的。而当$q=\frac{1}{3}$时，选择“系统 A”的用户和选择“系统 B”的用户将以 1∶2 的比例维持一个平衡，但是这个平衡并不稳定。一旦任何一个子系统选择的用户有变动，整个系统的状态会向一个子系统选择的方向演化，直至整个系统中选择这个子系统的用户的比例趋近 1。通过这个演化博弈模型很容易看出，现实生活中会存在不同类型的模型系统。如果不同类型的模型系统对应着不同的策略，那么演化博弈显示，被淘汰的策略并不一定是更低效的模型系统。这个演化模型可以被推广到更广泛的社会应用中，现代社会文化并不是单一的，多种文化并存于社会是常态。文化之间是平等的，并没有高低之分，“一花独放不是春，百花齐放春满园”。

从表 7.1 所示演化博弈模型中可以看出，当一个博弈模型中的策略s^*是强对称纳什均衡的组成策略时，该策略一定是进化稳定策略。那么，是否可以把这个性质推广到博弈模型中构成纳什均衡的策略呢？因为纳什均衡按照参与人是否有动机偏移被分为了两类，一类是强纳什均衡，另一类是弱纳什均衡。既然强对称纳什均衡一定是由进化稳定策略组成的，也只需要分析弱纳什均衡就可以了。我们将表 7.1 所示博弈模型稍加改动，形成表 7.2。在表 7.2 所示博弈模型中，只有两个用户都选择策略“系统 B”时收益为 0，其他情况下，两个用户收益都为 2 单位。

表 7.2 联邦系统用户选择博弈Ⅱ

s_1	(u_1,u_2)	
	s_2=系统 A	s_2=系统 B
系统 A	(2, 2)	(2, 2)
系统 B	(2, 2)	(0, 0)

- 对表 7.2 所示博弈模型进行分析，可得该博弈模型的策略组合(系统 A, 系统 A)为纳什均衡。因为u(系统 A, 系统 A)=u(系统 B, 系统 A)，所以(系统 A, 系统 A)只是一个弱纳什均衡。根据演化博弈的定义，当对于任意小的入侵个体占比ϵ，选择策略“系统 B”的用户侵入都选择“系统 A”的用户的系统，且满足$0<\epsilon<1$时，
  - 用户选择策略“系统A”时的期望收益为$E(\text{系统A})=(1-\epsilon)u(\text{系统A, 系统A})+\epsilon u(\text{系统A, 系统B})=2\times(1-\epsilon)+2\epsilon=2$；
  - 用户选择策略“系统 B”时的期望收益为$E(\text{系统B})=(1-\epsilon)u(\text{系统B, 系统A})+\epsilon u(\text{系统B, 系统B})=2\times(1-\epsilon)+0\epsilon=2-2\epsilon$。

因为$\epsilon\in(0,1)$，所以$E(\text{系统 A})>E(\text{系统 B})$。根据式（7.1），策略“系统 A”是进化稳定策略。这意味着存在组成弱对称纳什均衡的策略s^*是进化稳定策略。

- 第 7.1 节介绍了严格劣策略肯定不是构成纳什均衡的策略，也肯定不是进化稳定策略。

  那么能否把不是进化稳定策略的条件从严格劣策略推广到非纳什均衡呢？例如表 7.2 所示博弈模型中，当对于任意小的ϵ，选择策略“系统 A”的用户侵入都选择“系统 B”的用户的系统，且满足$0<\epsilon<1$时，

  - 用户选择策略“系统 A”时的期望收益为$E($系统A$)=(1-\epsilon)u($系统A, 系统B$)+\epsilon u($系统A, 系统A$)=2\times(1-\epsilon)+2\epsilon=2$；
  - 用户选择策略“系统 B”时的期望收益为$E($系统B$)=(1-\epsilon)u($系统B, 系统B$)+\epsilon u($系统B, 系统A$)=0\times(1-\epsilon)+2\epsilon=2\epsilon$。

因为$\epsilon\in(0,1)$，所以$E($系统A$)>E($系统B$)$。根据式（7.1），策略“系统 B”不是进化稳定策略。

如果一个策略$\hat{s}$不是对称纳什均衡的组成策略，那么存在一个其他策略s^*，满足$u(s^*,\hat{s})>u(\hat{s},\hat{s})$。因为是严格大于，所以不可能存在任意小的$\epsilon\in(0,1)$满足式（7.1）。这也意味着一旦带有$s^*$策略的用户进入都是带有$\hat{s}$策略用户的系统，则带有$s^*$策略的用户有机会增长。

非对称纳什均衡一定不是由进化稳定策略组成的组合。也就是说，由进化稳定策略组成的组合一定是纳什均衡。接下来我们检验组成对称纳什均衡的策略是否一定是进化稳定策略。我们将表 7.1 所示博弈模型再一次稍加改动，形成表 7.3。在表 7.3 所示博弈模型中，只有两个用户都选择策略“系统 A”时两个用户收益分别为 2 单位，其他情况下，两个用户收益都为 0。

表 7.3　联邦学习系统用户选择博弈Ⅲ

s_1	(u_1,u_2)	
	s_2=系统 A	s_2=系统 B
系统 A	(2, 2)	(0, 0)
系统 B	(0, 0)	(0, 0)

对表 7.3 所示博弈模型进行分析，可得策略组合(系统 A, 系统 A)和(系统 B, 系统 B)都是该博弈模型的纳什均衡。因为$u($系统B, 系统B$)=u$（系统A, 系统B），所以(系统 B, 系统 B)只是一个弱纳什均衡。根据演化博弈的定义，当对于任意小的ϵ，选择策略“系统 A”的用户侵入都是选择“系统 B”的用户的系统，且满足$0<\epsilon<1$时，

- 用户选择策略“系统 B”时的期望收益为$E($系统B$)=(1-\epsilon)u($系统B, 系统B$)+\epsilon u($系统B, 系统A$)=0$；
- 用户选择策略“系统 A”时的期望收益为$E($系统A$)=(1-\epsilon)u($系统A, 系统B$)+\epsilon u($系

统 A, 系统 A) $=2\epsilon$ 。

因为 $\epsilon \in (0,1)$，所以 $E($系统 B$) < E($系统 A$)$。根据式（7.1），策略“系统 B”不是进化稳定策略。这意味着存在组成弱纳什均衡的策略 s^* 不是进化稳定策略。那么什么样的组成弱对称纳什均衡的策略是进化稳定策略呢？

弱纳什均衡与强纳什均衡最大的区别就是，强纳什均衡中的参与人一旦偏离均衡，那么所得的收益肯定会减小；而弱纳什均衡中的参与人一旦偏离均衡，所得收益肯定不会增加，即有可能相等。在演化博弈模型中的个体偏离了均衡，收益还不变的情况下，存在 $\neg s^* \in S$，使得 $u(s^*,s^*) = u(\neg s^*,s^*)$。所以在 s^* 只能满足 $u(s^*,s^*) \geqslant u(\neg s^*,s^*)$ 的情况下，只有式（7.4）成立，才能满足式（7.1）。

$$u(s^*,\neg s^*) > u(\neg s^*,\neg s^*) \tag{7.4}$$

也就是说，当组成弱对称纳什均衡的策略 s^* 是进化稳定策略时，式（7.1）和式（7.4）是等价的。

定理 7.2 当演化博弈模型 G 中的进化稳定策略 s^* 只能满足 $u(s^*,s^*) \geqslant u(\neg s^*,s^*)$ 时，s^* 一定满足式（7.4）。

证明：假设定理 7.2 不成立，即存在满足式（7.5）和式（7.6）的策略 $\neg s^*$ 使得策略 s^* 为进化稳定策略。

$$u(s^*,s^*) = u(\neg s^*,s^*) \tag{7.5}$$

$$s(s^*,\neg s^*) \leqslant u(\neg s^*,\neg s^*) \tag{7.6}$$

将式（7.5）左右两边同时乘以 $1-\epsilon$，等式不变。将式（7.6）左右两边同时乘以 ϵ，不等式不变。将新的等式和不等式左右两边同时相加得：

$$(1-\epsilon)u(s^*,s^*) + \epsilon u(s^*,\neg s^*) \leqslant (1-\epsilon)u(\neg s^*,s^*) + \epsilon u(\neg s^*,\neg s^*) \tag{7.7}$$

即存在满足式（7.7）的策略 s^* 为进化稳定策略。这与定义 7.1 是矛盾的。所以演化博弈模型 G 中的进化稳定策略 s^* 只能满足 $u(s^*,s^*) \geqslant u(\neg s^*,s^*)$ 时，一定满足式（7.4）。

定理 7.1 和定理 7.2 联合起来从博弈论的角度，共同刻画了进化策略的稳定性。由此，便可以只利用博弈论的方法来分析演化博弈模型。

定义 7.2 进化稳定策略Ⅱ。一个策略 s^* 是进化稳定策略，如果 (s^*,s^*) 是对称博弈的纳什均衡，而且对于其他策略 $\neg s^*$，满足以下两个条件之一。

- $u(s^*,s^*) > u(\neg s^*,s^*)$。
- $u(s^*,s^*) \geqslant u(\neg s^*,s^*)$ 且 $u(s^*,\neg s^*) > u(\neg s^*,\neg s^*)$。

7.3 网络空间防御系统演化

第 7.2 节从博弈论的角度给出了进化稳定策略的定义，从而简化了演化博弈模型的分析。但是第 7.1 节和第 7.2 节分析的演化稳定策略都是纯策略。本节分析在混合策略的条件下，定义 7.1 是否等价于定义 7.2。

进化稳定纯策略是自然进化中的稳定存在。它意味着个体的某个特征最终只会进化成一种形态。但是在自然界中，可以存在稳定的混合策略，即自然界中个体的某个特征会产生多种形态。对此，我们将定义 7.2 中纳什均衡的范围从纯策略纳什均衡推广到混合策略纳什均衡。

根据混合策略纳什均衡的定义，演化博弈中个体的混合策略是一个概率分布 P 。混合策略纳什均衡 (P^*,P^*) 需要满足：

$$u(P^*,P^*)\geqslant u(\neg P^*,P^*) \tag{7.8}$$

根据混合策略纳什均衡的思想，个体偏离混合策略纳什均衡时得到的收益不能高于均衡策略，所以可能存在混合策略 $\neg P^*$ 满足 $u(\neg P^*,P^*)=u(P^*,P^*)$ 。因此，需要考虑 $u(P^*,\neg P^*)>u(\neg P^*,\neg P^*)$ 的情况。进化稳定混合策略还可以有如下定义。

定义 7.3 进化稳定策略Ⅲ。如果 (P^*,P^*) 是对称博弈的混合对称纳什均衡，且对于其他策略 $\neg P^*$ ，式（7.9）成立，则混合策略 P^* 是进化稳定策略。

$$u(P^*,\neg P^*)>u(\neg P^*,\neg P^*) \tag{7.9}$$

定义 7.3 将原始种群个体的策略从纯策略扩展到了混合策略，同时也将入侵个体的策略从纯策略扩展到了混合策略。

一个在线讲授网络防御技术的网站只讲授两门课，一门是主动防御技术，另一门是被动防御技术。课程最后需要提供一个网络防御系统作为作业。一个网络防御系统通常是各种网络防御技术的综合，所以需要学习不同防御技术的两名同学合作。负责“主动防御技术”的学生分数会高一些。整个过程可以被抽象成表 7.4 所示的演化博弈模型。

表 7.4 网络空间防御系统选择 I

s_1	(u_1,u_2)	
	s_2=主动	s_2=被动
主动	(0, 0)	(2, 1)
被动	(1, 2)	(0, 0)

通过对表 7.4 所示博弈模型的分析得知，该博弈模型中的两个纯策略纳什均衡是(主动，被动)和(被动，主动)，这两个纳什均衡都不是对称纳什均衡。而策略组合(主动，主动)和(被动，被

动)都不是纳什均衡。根据定义 7.2，该博弈模型中的策略“主动”和“被动”都不是进化稳定策略。因为我们分析的是同一物种的“自我博弈”，所以在该网站中不可能都是学习主动防御技术课程的学生，也不可能都是学习被动防御技术课程的学生。无论上述哪种情况，在该博弈模型中收益都是 0。一个都是学习主动防御技术课程学生的网站，会被学习被动防御技术课程的学生入侵；同样，一个都是学习被动防御技术课程学生的网站，会被学习主动防御技术课程的学生入侵。该博弈模型中没有纯策略 s^* 是进化稳定策略，所以需要分析博弈模型中的混合策略。

通过分析可知，表 7.4 所示博弈模型的混合对称策略纳什均衡为 $\left(\left(\frac{2}{3},\frac{1}{3}\right),\left(\frac{2}{3},\frac{1}{3}\right)\right)$，即有占总数 $\frac{2}{3}$ 的学生选择主动防御技术课程，同时有 $\frac{1}{3}$ 的学生选择被动防御技术课程。

根据定义 7.3 对策略 P^* 进行分析：设 $\neg P^*=(q,1-q)$。因为 $p=\frac{2}{3}$，所以 $q\in[0,1]$ 且 $q\neq\frac{2}{3}$。

$$u(P^*,\neg P^*)=\frac{2}{3}(1-q)u(\text{主动},\text{被动})+\frac{1}{3}qu(\text{被动},\text{主动})=\frac{4}{3}\times(1-q)+\frac{1}{3}\times q=\frac{4}{3}-q$$

$$u(\neg P^*,\neg P^*)=q(1-q)u(\text{主动},\text{被动})+(1-q)qu(\text{被动},\text{主动})=3q-3q^2$$

将以上两式相减得：$u(P^*,\neg P^*)-u(\neg P^*,\neg P^*)=\frac{4}{3}-q-3q+3q^2=\frac{9q^2-12q+4}{3}=\frac{(3q-2)^2}{3}$。

因为 $q\neq\frac{2}{3}$，所以 $u(P^*,\neg P^*)-u(\neg P^*,\neg P^*)>0$。

根据以上分析可知，混合策略 $\left(\frac{2}{3},\frac{1}{3}\right)$ 为表 7.4 所示演化博弈模型的进化稳定策略。在该网站中，如果一开始都是偏爱学习主动防御技术课程的学生，那么这个网站的状态并不稳定。如果有偏爱学习被动防御技术课程的学生加入网站，那么就会有越来越多的学习被动防御技术课程的学生加入网站，直至学习被动防御课程的学生占学生总人数的 $\frac{1}{3}$ 后达到稳定状态。同理，一个都是偏爱学习被动防御技术课程的学生的网站状态也是不稳定的，直到有偏爱学习主动防御技术课程的学生加入网站，并慢慢达到总人数的 $\frac{2}{3}$。

第 4.3 节介绍过，目前对于混合策略纳什均衡还没有一个明确的解释，通常都是根据实际博弈内容具体解释。比如表 7.4 所示演化博弈模型的混合策略纳什均衡也可以为，即使一开始所有同学都偏科，但是随着时间推进，学生们都会用 $\frac{2}{3}$ 的时间和精力来学习主动防御技术课程，同时也用 $\frac{1}{3}$ 的时间和精力来学习被动防御技术课程。

定义 7.3 将演化博弈模型的进化稳定策略从纯策略扩展到了混合策略。通过第 2 章介绍的纳什均衡的存在性可知，完全信息静态博弈模型中一定存在纳什均衡。第 7.2 节介绍的联邦学习系统用户选择博弈Ⅲ中，虽然存在一个非进化稳定策略的纯策略纳什均衡，但是表 7.3 所示博弈模型还是有一个进化稳定策略。那么构成纳什均衡的策略是不是进化稳定策略的充分条件？也就是说，一个完全信息静态博弈模型表示的演化博弈模型是否一定存在进化稳定策略？非常可惜，答案是否定的。我们对上文所提的网站稍做修改。设一个网站教授 A、B、C 这 3 门课程。学生选择 3 门课的收益如表 7.5 所示。

表 7.5　网络空间防御系统选择Ⅱ

s_1	(u_1,u_2)		
	s_2=课程 A	s_2=课程 B	s_2=课程 C
课程 A	(0, 0)	(1, −1)	(−1, 1)
课程 B	(−1, 1)	(0, 0)	(1, −1)
课程 C	(1, −1)	(−1, 1)	(0, 0)

通过对表 7.5 所示博弈模型的分析可知，该博弈模型没有任何纯策略纳什均衡。该博弈只有一个混合策略纳什均衡 $P^*=\left(\frac{1}{3},\frac{1}{3},\frac{1}{3}\right)$。设式（7.9）中 $\neg P^*=(q_1,q_2,1-q_1-q_2)$。因为 $P^*=\left(\frac{1}{3},\frac{1}{3},\frac{1}{3}\right)$，所以 $q_1\in[0,1]$，$q_2\in[0,1]$ 且 $q_1\neq\frac{1}{3}$，$q_2\neq\frac{1}{3}$。

可以计算出 $u(P^*,\neg P^*)=0$，且 $u(\neg P^*,\neg P^*)=0$，所以 $u(P^*,\neg P^*)=u(\neg P^*,\neg P^*)$。根据式（7.9），混合策略纳什均衡 $\left(\frac{1}{3},\frac{1}{3},\frac{1}{3}\right)$ 不是表 7.5 所示演化博弈模型的进化稳定策略。这就意味着这个演化博弈模型没有进化稳定策略。也就是说，这个网站没有稳定的状态。如果这个网站上一开始都是学习课程 A 的学生，那么这个网站就可以吸引希望学习课程 C 的学生，而且学习课程 A 的学生越来越少，学习课程 C 的学生则会越来越多。当学习课程 C 的学生占整个网站的绝大多数时，这个网站开始吸引希望学习课程 B 的学生。之后，学习课程 B 的学生越来越多，学习课程 C 的学生越来越少，这个网站又开始吸引学习课程 A 的学生。如此周而复始。这个网站上的学生选课永远没有稳定的状态。